高等院校计算机课程"十二五"规划教材

Java 程序设计

主　编　陈　锐　李绍华
副主编　曾贤灏　魏　东　冯晶莹
参　编　张西广　卢香清　唐红杰
　　　　孙亚非　郎薇薇　安强强

合肥工业大学出版社

内容简介

本书内容包括Java语言概述、Java语言开发环境、数据类型与运算符、流程控制、数组、字符串、面向对象编程基础、继承和多态、接口和抽象、异常与处理、Java Applet编程、图形用户界面设计、JDBC及其应用、多线程机制、网络编程和Java中的数据结构等。

本书内容全面，结构清晰，语言通俗流畅，重难点突出，例题丰富，所有程序都能够直接运行。本书可作为大中专院校计算机及相关专业的Java程序设计课程的教材，也可作为计算机软件开发、全国计算机等级考试和软件资格（水平）考试人员的参考用书。

图书在版编目(CIP)数据

Java程序设计/陈锐，李绍华主编．—合肥：合肥工业大学出版社，2012.10
ISBN 978-7-5650-0951-8

Ⅰ．①J…　Ⅱ．①陈…②李…　Ⅲ．①JAVA语言—程序设计　Ⅳ．①TP312

中国版本图书馆CIP数据核字(2012)第244550号

Java程序设计

陈　锐　李绍华　主编　　　　责任编辑　汤礼广　魏亮瑜

出　版	合肥工业大学出版社	版　次	2012年10月第1版
地　址	合肥市屯溪路193号	印　次	2012年10月第1次印刷
邮　编	230009	开　本	787毫米×1092毫米　1/16
电　话	理工编辑部：0551－2903087	印　张	26.5
	市场营销部：0551－2903163	字　数	627千字
网　址	www.hfutpress.com.cn	印　刷	合肥现代印务有限公司
E-mail	hfutpress@163.com	发　行	全国新华书店

ISBN 978-7-5650-0951-8　　　　定价：49.00元

前言

Java语言诞生于20世纪90年代，由于Java语言具有跨平台、面向对象、安全性和健壮性等特点，因而它受到IT界的欢迎。现在，Java语言已经在各个领域获得广泛的应用，成为广大程序员的理想开发工具，也越来越显示出它强大的生命力。

目前，大多数高等院校不仅计算机专业开设了Java语言课程，而且非计算机专业也开设了Java语言课程。全国计算机等级考试、软件资格（水平）考试都将Java语言列入考试范围。在数据结构与算法课程中，也将Java语言作为描述语言。

本书作者多年来一直从事Java程序设计课程的教学工作，并长期致力于数据结构与算法、自然语言理解的研究，具有较为丰富的科研实践经验与程序开发能力，对程序设计有独特体会，书中很多内容均打上作者教学经验和科研成果的烙印。本书特色较为明显。

本书的特点

1. 内容全面，讲解详细

本书首先介绍了Java语言的发展历史与特点、开发环境的安装与使用，然后介绍了数据类型、流程控制、继承与多态等基本内容，最后还介绍了数据库编程与网络编程。本书内容全面，几乎覆盖了Java语言的全部基础知识，且对于每个知识点都结合具体示例进行讲解，以方便学生理解。

2. 结构清晰，内容合理

本书按照章、节和小节划分知识点，再将每个知识点进行细化，做到了结构框架清晰、内容讲解合理，易于学生理解与学习。在讲解知识点时，循序渐进，由浅入深，最后通过示例强化知识点，这样的讲解方式的好处是使学生更容易理解和消化。

3. 语言通俗，叙述简单

本书采用通俗流畅的表述形式讲解每个知识点，力求避免使用晦涩难懂的语句，目的是使学生避开障碍，轻松学习。

4. 示例典型，深入剖析

在讲解每一个知识点时，不仅结合具体示例进行剖析，而且在示例的选取方面，尽力选取一些最为常见且能涵盖知识点的典型程序。

本书的内容

第1章：首先介绍了Java语言的发展历史与特点、面向对象基础知识，并介绍了Java语言的发展前景。

第2章：介绍了JDK的安装与配置，并分析了第一个Java语言程序。

第 3 章：主要介绍了基本数据类型（整型、浮点型、字符型、布尔型）、变量与常量、Java 运算符（算术运算符、关系运算符、逻辑运算符、位运算符、移位运算符、赋值运算符等）。

第 4 章：主要介绍了条件语句、循环语句、break 语句和 continue 语句。

第 5 章：主要介绍了一维数组、二维数组的概念，数组的基本操作，还介绍了排序算法。

第 6 章：主要介绍了 String 类、StringTokenizer 类、StringBuffer 类、Character 类及字符串的相关操作。

第 7 章：主要介绍了面向对象编程基础。首先介绍了对象和类的概念，然后介绍了包的概念。

第 8 章：主要介绍了继承和多态。首先介绍了继承的概念，然后介绍了类与类之间的关系，最后介绍了多态概念。

第 9 章：主要介绍了接口和抽象。首先介绍了接口的产生、接口的声明与实现、接口的继承，然后介绍了浅拷贝和深拷贝，最后介绍了内部类与抽象。

第 10 章：主要介绍了异常与处理。

第 11 章：主要介绍了 Java Applet 小程序的开发过程。

第 12 章：主要介绍了图形用户界面设计。首先介绍了 AWT 基本组件，然后介绍了布局管理器，接着介绍了 AWT 事件处理模型，最后介绍了 Swing。

第 13 章：主要介绍了 JDBC 及其应用。首先介绍了 JDBC 相关技术，然后介绍了如何查询、建表、创建数据库。

第 14 章：主要介绍了 Java 的多线程机制。首先介绍了 Java 的线程概念、多线程的实现方法，最后介绍了线程的控制。

第 15 章：主要介绍了网络编程。首先介绍了网络编程的概念，然后介绍了基于 URL 的网络编程和基于套接字的网络编程，最后利用数据报发送与接收数据。

第 16 章：首先介绍了组织数据结构的两个接口——Collection 和 Iterator，然后介绍了链表、散列表、树集、Vector 类。

本书由陈锐（高级程序员）、李绍华（大连外国语学院）主编，曾贤灏（兰州工业学院）、魏东（海军航空兵学院）、冯晶莹（辽宁警官高等专科学校）担任副主编，张西广（中原工学院）、卢香清（南阳师范学院）、唐红杰（辽宁警官高等专科学校）、孙亚非（沧州职业技术学院）、郎薇薇（北京信息职业技术学院）、安强强（榆林学院）参编。全书由陈锐负责统稿。

由于作者水平有限，加之时间仓促，错误和疏漏之处在所难免，恳请广大读者批评指正。在使用本书的过程中，如遇任何问题，或想索取本书的例题代码，请从博客 http://blog.csdn.net/crcr 下载，或通过电子邮件 nwuchenrui@126.com 索取。

编　者

目录

第1章 Java 语言综述

■ 本章导读

Java 语言自诞生到现在，已经成为目前流行的网络编程语言之一，是当今计算机业界不可忽视的力量，代表着重要的发展潮流与方向。在学习 Java 语言之前，要先了解 Java 语言的发展历程及特点，初步建立面向对象的概念，从而对面向对象的核心思想有个较清晰的认识。通过本章学习，读者可以全面认识 Java 语言，并了解学习 Java 语言应该注意的事项。

■ 学习目标

（1）了解 Java 语言及其发展史；

（2）了解面向对象的概念；

（3）掌握 Java 语言的基本特点；

（4）掌握学好 Java 语言的关键。

1.1 Java 语言发展史

Java 语言是由 Sun 公司推出的。早在 1991 年，Sun 公司的 Patrick Naughton 和 James Gosling 就成立了 Green 项目组，专门为消费类电子产品开发分布式代码系统。该项目组的研究是以 C＋＋为基础的，但 C＋＋太复杂，且安全性差，最后开发了基于 C＋＋的一种新语言 Oak（Java 的前身），Oak 是一种精巧而安全的网络语言。

1994 年下半年，Internet 的快速发展促进了 Java 语言研制的进展。Green 项目组成员用 Java 编制了 HotJava 浏览器，发起了 Java 向 Internet 的进军，使其逐渐成为最受欢迎的开发语言与编程语言。现在，Java 已发展成为一种重要的 Internet 平台。

1995 年，以 James Gosling 为首的编程小组在 wicked. neato. org 网站上发布了 Java 技术，这门语言的名字也从 Oak 变为 Java。之所以叫做 Java，是因为印度尼西亚有一个盛产咖啡的重要岛屿，中文译名为爪哇。而这门语言的开发者为其起名为Java，寓意是为世人端上一杯热气腾腾的咖啡。所以，Sun公司有关Java的产品上都会有一杯冒着热气的咖啡卡通图标。Java技术一经发布，便被美国著名杂志《PC Magazine》评为1995年十大优秀科技产品之一。

1996年，Sun公司发布了包括运行环境和开发工具的JDK（Java Development Kit）1.0，之后陆续发布新的版本JDK 1.1、JDK 1.2等。

1998年，Sun公司发布了Java 2。Java 2是应用Java最新技术的核心品牌。JDK 1.2支持Java 2技术，自JDK 1.2之后的JDK版本正式更名为Java 2 SDK，由于多数程序员已经习惯了JDK的名字，所以可以将Java 2 SDK称为JDK。

2010年，发布了JDK 1.7（Oracle官方称为JDK 7），增加了简单闭包功能。

2011年，甲骨文公司发布Java 7的正式版。

Java是一门优秀的程序设计语言，具有面向对象、与平台无关、安全、稳定和多线程等特点，是目前软件设计中极为健壮的编程语言之一。Java语言被称为革命性的编程语言，这是因为传统编程语言的实现与具体的操作环境有关，而用Java编写的程序却不必考虑这些问题。Java语言在所有平台上的字节码是兼容的，即只要提供Java解释器，Java编写的程序就能在计算机上运行，从而实现了Java语言编写者“一次编写，处处运行”的口号。

Java不仅可以用来开发大型的应用程序，而且特别适合于Internet的应用开发。Java已成为网络时代最重要的编程语言之一，它是第一个能编写可嵌入Web网页中的、所谓小应用程序（Applet）的程序设计语言。作为计算机语言，Java曾有一些过火的宣传，但现在看来，Java真正的用武之地应当是嵌入式开发。Java自正式发布至今已经变得相当稳定、强健，现在它的类库仍然在不断地壮大、扩展中，相信这也必将使Java在网络世界的应用变得更加广泛。

1.2 面向对象的初步介绍

1.2.1 面向对象程序设计的分类

Java是一种面向对象的编程语言，要想真正掌握它，首先必须明确什么是面向对象以及面向对象的核心思想。近几年来，面向对象编程在软件开发领域掀起了一阵狂热的风潮，得到迅猛发展的同时也受到越来越多的关注，同时也吸引了越来越多的人加入到程序开发的行列中。随着面向对象程序设计方法的提出，出现了不少面向对象的程序设计语言，如Java、C++等。这些语言大致可分为以下两类：

（1）开发全新的面向对象程序设计语言。其中，最具代表性的就是Java、Smalltalk和Eiffel。Java语言适合网络编程，Smalltalk语言完整地体现了面向对象程序设计的核心思想，而Eiffel语言除了具有封装和继承之外，还具有了其他面向对象的特征，是一种很好的面向对象程序设计语言。

（2）对传统语言进行面向对象程序设计语言扩展的语言。这类语言又称为“混合型语言”，一般是在其他语言的基础上加入面向对象程序的概念开发出来的，最典型的就是C＋＋。

任何事物都能抽象为对象，面向对象程序设计是以对象为模型描述现实世界。面向对象程序设计（OOP）具有多方面的吸引力：对于生产管理人员来说，它实现了一次性投入、多次使用，使开发成本更加低廉；对于程序设计分析人员来说，利用UML建模更加直观、方便，完成的程序也更易于维护；对于程序员来说，能更快地理解并领会设计人员的意图，使开发过程变得不再枯燥无味。

在我们利用面向对象时，也必须为掌握它而付出努力。因为思考对象的过程需要用抽象思维，而不再是程序化的思维，这种思想的形成需要长时间的努力和实践。面向对象不仅仅是一种编程语言的实现，更重要的是抽象思想的形成。这种思想就是把一切事物都抽象为对象，并给对象赋予一定的特征。简单地说，面向对象就是抽象与具体的过程，抽象的过程是得到对象，具体的过程是将对象实例化。

1.2.2 面向过程与面向对象的区别

在Java诞生以前，开发软件的方式基本上都是面向过程的。接下来介绍面向过程与面向对象的区别。

我们用一个比较形象的比喻来说明。例如，对于五子棋游戏，面向过程的设计思路就是按照具体的执行步骤分析问题：

（1）开始游戏；（2）黑子先走；（3）绘制画面；（4）判断输赢；（5）轮到白子；（6）绘制画面；（7）判断输赢；（8）返回步骤（2）；（9）输出最后对局结果。

把上面每个步骤分别用函数来实现，问题就解决了。而面向对象的设计则是从功能角度来解决问题。整个五子棋游戏可以分为3个子系统：

（1）黑白双方，这两方的行为是一模一样的；（2）棋盘系统，负责绘制画面；（3）规则系统，负责判定诸如犯规、输赢等操作。

玩家对象负责接受用户输入，并告知棋盘对象棋子的布局变化。棋盘对象接收到了棋子的变化就要在屏幕上面显示出这种变化，同时利用规则系统对棋局进行判定。

对于绘制棋局，在面向过程的设计中要分散在许多步骤中进行，很可能出现不同的绘制版本，因为设计人员通常会考虑到实际情况进行各种各样的简化；而在面向对象的设计中，绘图只可能在棋盘对象中出现，从而保证了绘图的统一。面向对象设计具有可维护性。例如要加入悔棋功能，若在面向过程的设计中，那么从输入、判断到显示这一连串的步骤都要改动，甚至步骤之间的顺序都要进行大规模地调整；而在面向对象的设计中，只用改动棋盘对象就行了。棋盘系统保存了黑白双方的棋谱，只需简单回溯即可。此时，其他功能不用修改，改动的只是局部。

当然，通过这几段文字不可能完全涵盖面向对象的思想，只是想让大家对面向对象有个初步认识，并在以后的学习中尝试着用面向对象的思维方式去思考问题、分析问题。

1.2.3 对象的概念

任何事物都可以看成是一个对象，对象随处可见。我们可以把对象理解为现实生活中存在的实实在在的物品，像灯、桌子等，也可以理解为抽象中的每一件事情、逻辑等。每个物品、每件独立的事物都可以作为一个对象；一类东西也可以作为一个对象，如砖和积木。可以把不同形状的砖或积木作为一个对象；也可以把多个相同形状的砖或积木作为一个对象；还可以把所有的砖或积木作为一个对象。

对象的概念是面向对象技术的核心所在。以面向对象的观点来看，所有面向对象的程序都是由对象组成的。更确切地说，对象就是现实世界中某个具体的物理实体在计算机逻辑中的映射和体现。

1.2.4 对象的属性和行为

对象既具有静态属性又有动态行为。例如，每个人都有自己的姓名、年龄、身高等属性，又有吃饭、走路等行为。对象是由对象名、一组属性数据和一组操作封装在一起构成的实体。

对象的状态又称为对象的静态属性，主要指对象内部包含的各种信息，也就是变量。每个对象个体都具有自己专有的内部变量，这些变量的值标明了对象所处的状态。比如，每台电视机都具有以下信息：种类、品牌、尺寸、外观、颜色、所在频道等。当对象经过某种操作和行为而状态发生改变时，具体地就体现在它属性的改变。

行为又称为对象的操作，操作的作用是改变或设置对象的状态。比如，一台电视机可以有打开、关闭、调节音量、改变频道等行为或操作。

1.3 Java 语言的特点

Java 语言是一门很优秀的编程语言，它最大的优点是与平台无关，在 Windows 9x、Windows NT、Solaris、Linux、Mac OS 以及其他平台上，都可以使用相同的代码。Java 语言与 C++语言的语法结构十分相似，因此 C++程序员学习 Java 语言非常容易。

Java 语言的规范是公开的，可以在 http：//www. sun. com 上找到，阅读 Java 语言的规范是提高技术水平的好方法。Java 语言的主要特点如下所示：

1. 简单性

Java 语言是一种面向对象的语言，它通过提供最基本的方法来完成指定的任务，只需理解一些基本的概念，就可以用它编写出适合于各种情况的应用程序。Java 语言中省去了运算符重载、多重继承等模糊概念，并且提供自动垃圾收集机制，大大简化了程序设计者的内存管理工作。

2. 面向对象

Java 语言的设计集中于对象及其接口，它提供了简单的类机制以及动态的接口模型。对象中封装了它的状态变量以及相应的方法，实现了模块化和信息隐藏；而类则提供了一类对象的原型，并且通过继承机制，子类可以使用父类提供的方法，从而实现了代码的复用。

3. 分布性

Java 是面向网络的语言。用户可以通过 Java 提供的类库处理 TCP/IP 协议，也可以通过 URL 地址在网络上很方便地访问其他对象。

4. 健壮性

Java 在编译和运行程序时，都要对可能出现的问题进行检查，以消除错误的产生。它提供自动垃圾收集机制来进行内存管理，防止程序员在管理内存时产生错误。在编译时，通过集成的面向对象的例外处理机制提示可能出现但未被处理的例外，帮助程序员正确地进行选择，防止系统崩溃。另外，Java 还可捕获类型声明中许多常见错误，防止动态运行时不匹配问题的出现。

5. 安全性

用于网络、分布环境下的 Java 必须要防止病毒的入侵。Java 不支持指针，一切对内存的访问都必须通过对象的实例变量来实现，这样就防止程序员使用“特洛伊”木马等欺骗手段访问对象的私有成员，同时也避免了在指针操作中产生错误。

6. 体系结构中立

体系结构中立也称平台无关。Java 解释器生成与体系结构无关的字节码指令，只要安装了 Java 运行系统，Java 程序就可以在任意处理器上运行。这些字节码指令对应于 Java 虚拟机中的表示，Java 解释器得到字节码后，对它进行转换，使之能够在不同的平台运行，这也成为 Java 应用软件便于移植的良好基础。

7. 可移植性

Java 程序不必重新编译就能在任何平台上运行，具有很强的可移植性。同时，Java 的类库也实现了与不同平台的接口，从而使这些类库可以移植。另外，Java 编译器是由 Java 语言实现的，Java 运行时系统由标准 C 实现，这使得 Java 系统本身也具有可移植性。

8. 解释执行

Java 解释器直接对 Java 字节码进行解释执行。Java 程序被编译成 Java 虚拟机（Java Virtual Machine，JVM）编码，即字节码。字节码本身携带了许多编译时的信息，它能够在任何具有 Java 解释器的机器上运行，连接过程更加简单。

9. 高性能

因为 Java 是解释型的，字节码不在系统上直接运行，而是通过解释器运行，所以字节码的运行速度较之 C++之类的编译语言稍有逊色。但随着 Sun 公司对 Java 技术的改进，Java 虚拟机的运行速度也在不断提高。Java 字节码的设计使之能很容易地直接转换成对应于特定 CPU 的机器码，从而得到较高的性能。

10. 多线程

多线程机制使应用程序能够并行执行，而且同步机制保证了对共享数据的正确操作。通过使用多线程，程序设计者可以分别用不同的线程完成特定的行为，而不需要采用全局的事件循环机制，这样可以很容易地实现网络上的实时交互行为。

11. 动态性

Java 的设计使它适应一个不断发展的环境，在类库中可以自由地加入新的方法和实例变量而不会影响用户程序的执行。而且，Java 通过接口来支持多重继承，使之比严格的类继承具有更灵活的方式和扩展性。例如，对于一个 Circle 类来说，可以增加表示颜色的新属性，也可以增加表示获取周长的新方法。

基于以上这些特点，Java 语言备受程序员的青睐。

1.4 Java 虚拟机

Java 程序可以利用记事本编写，并保存为扩展名为 .java 的文件。经过编译后，生成 .class 文件，该文件为字节码文件。此时的 .class 文件并不能被处理器直接运行，必须通过虚拟机转换为二进制文件后才能被处理器运行。Java 程序的运行过程如图 1-1所示。

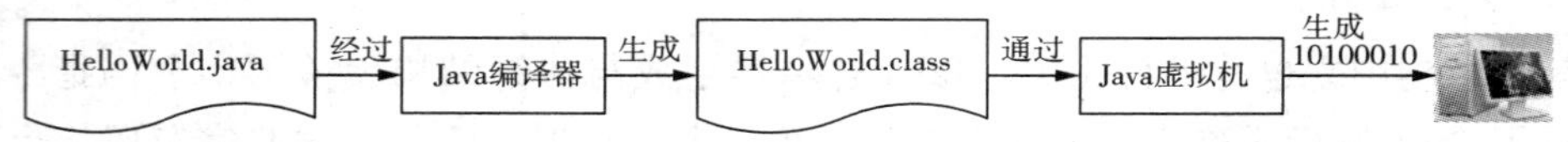

图 1-1 Java 程序在虚拟机上的运行过程

Java 是跨平台的高级编程语言，这里的平台是指操作系统平台，如 Windows、UNIX、Linux、Mac 等。正因为有 Java 虚拟机的存在，Java 语言编写的程序一次编译后才可以在上述所有平台上运行。Sun 提供了在各种操作系统平台上运行安装的 Java 虚拟机，虚拟机都可以执行 .class 文件。通过 Java 虚拟机，在不同平台上执行 Java 程序的过程如图 1-2 所示。

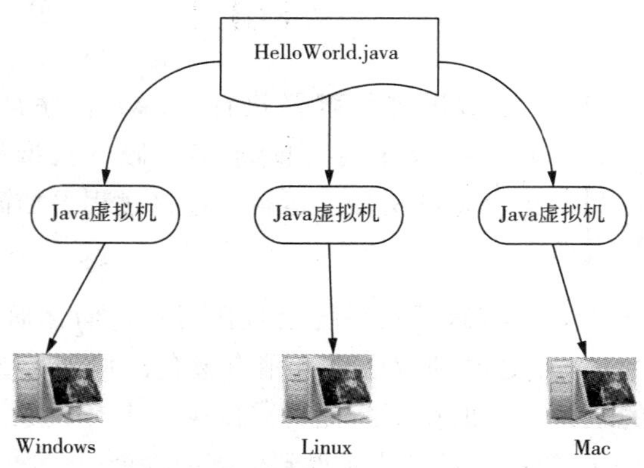

图 1-2 不同平台上通过虚拟机执行 Java 程序

注意：

不同平台上的 Java 虚拟机（JVM）是不同的，可以根据需要到 Sun 网站下载适合自己机器操作系统平台的虚拟机。

作为软件平台的 Java 由下面两部分组成：

Java 虚拟机（Java Virtual Machine，JVM）：Java 虚拟机是 Java 软件平台的基础。基于不同的操作系统平台，有相应的虚拟机。

Java 应用程序编程接口（Java API）：API 是一套编写好的软件组件集合。这些 API 按照功能通过包（package）来提供，包是一系列具有相似功能的类和接口的集合。

Java 虚拟机和应用程序编程接口与各种操作系统的层级关系如图 1－3 所示。

Java源程序		
Java 应用程序编程接口		
Java虚拟机		
Windows操作系统	Linux操作系统	Mac操作系统
计算机硬件		

图 1－3　Java 虚拟机和 API 与操作系统之间的关系

说明：

Java 虚拟机使 Java 实现了平台的独立性，这也使 Java 程序比 C 或 C＋＋语言编写的程序运行速度要慢一些，但是随着编译器技术的不断发展，两者之间的差距会越来越小。

1.5　Java 的不同版本

Sun 公司为了实现“一次编写，处处运行”的目标，提供了相应的 Java 运行平台。目前，Java 主要有 3 种版本。

1. Java 2 Platform Standard Edition（J2SE）

自 Java 1.2 版本发布后，Java 改名为 Java 2，相应的 JDK 也改名为 J2SE。J2SE 是 Java 2 标准版，主要用于开发一般台式机应用程序。我们平时所说的 JDK 就是指 J2SE，学习 Java 也是从学习 J2SE 开始，这是本书主要讲述的内容。

2. Java 2 Platform Micro Edition（J2ME）

J2ME 是 Java 2 微型版，用于开发掌上电脑、手机等移动通信设备上使用的应用程序。现阶段并不是所有的移动设备都支持 Java，只有具备 J2ME 运行环境（JVM＋J2ME API）的设备才能运行 Java 程序。J2ME 的集成开发工具（通常都带有一些仿真器）有 Sun 的 J2ME Wireless Toolkit、IBM 的 Visual Age Micro Edition 等。

3. Java 2 Platform Enterprise Edition（J2EE）

J2EE 是 Java 2 企业版，用于开发分布式的企业级大型应用程序。其中的核心是 Enterprise Java Beans（EJB，分布式 Java 组件，又称为企业 Java Bean）的开发。

如果想了解更多关于 Java 的信息，可以登录 Sun 公司的官方网站 http：//www. sun. com。

1.6 Java 的发展前景

通过简单了解 Java 的发展史，可以感受到 Java 的发展是随着网络及 Web 应用而壮大的。Java 使平淡、枯燥的网页变得有声有色，使声音、图形、图像和动画等内容在网络上的动态交互变得简单、稳定和丰富。可以说，网络的应用促进了 Java 的诞生，而 Java 的诞生又推动了网络的发展，两者是相辅相成的。

Java 语言从诞生到发展壮大，得益于它在网络世界的出色表现。没有网络，Java 也就失去了它的魅力。随着现代社会 Web 应用的普及、推广，Java 也越来越展现出它的能力及优点。Java 语言的前景可以概括成以下几点：

（1）所有面向对象的应用开发，包括面向对象的事件描述、处理和综合等。

（2）计算过程的可视化、可操作化的软件开发。

（3）动态画面的设计，包括图形、图像的调用。

（4）交互操作设计。

（5）Internet 的系统管理功能模块，包括 Web 页面的动态设计、管理和交互操作设计等。

（6）Internet 上的软件开发。

（7）与各类数据库连接、查询的 SQL 语句的实现。

（8）其他应用类型的程序。

1.7 学好 Java 的关键

Java 虽说是一门简单易学的语言，但是要想学好这门语言，还是需要花一些精力、注意一些问题的。下面介绍几点学好 Java 的注意事项。

1. 多动手

学习编程语言不仅仅是理论上的学习，更重要的是要利用这门语言为读者服务。理解并掌握这门语言是首要的，但如果要达到心领神会、融会贯通，就必须亲自动手、多实践，编一些具有特定功能的程序，用实践去验证自己的思想。在本书中，我们会列举大量的示例，包括演示、示例分析等，希望读者在学习的过程中，能将这些示例手动输入、编译和测试，这样才能真正明白示例的含义。

2. 多动脑

对于编程语言的学习，需要周密的逻辑思维。因此学习Java语言，不仅仅是对语言本身的学习，更重要的是面向对象思想的建立。如果想把Java学习提升到一个更高的层次，建议大家从一开始就尝试用面向对象的思维方式去看待接触的每件事情。

3. 多查阅J2SE API文档

J2SE API是以HTML的形式发布的，读者可以把它下载下来，也可以在线查找。J2SE API是Java编程的基本方法，也是在编程过程中可以利用的重要资源。学习Java不仅仅是学习基本语法，更重要的是学习和掌握它所提供的API类库。因此建议读者在学习的过程中，对于所接触到的每个类和方法，首先要仔细去阅读文档说明，然后再用编写的示例去调试、运行。

4. 约束自己，规范编码习惯

养成良好的编码习惯对于一个程序员来说具有相当大的意义。一方面，良好的编程习惯可减少编码过程中一些人为的错误；另一方面，一段程序写得好坏，不仅是功能上的实现，更主要的是其是否具有可读性、可维护性，没有人愿意去阅读一段没有顺序、杂乱无章的代码。当然，习惯的养成不是一日之功，所以建议大家在编码的时候要时刻想到这段代码别人是否看得懂，条理是否清楚，要力争做到简单易懂、条理清晰。

5. 用有意义的名字

名字是一个标识，是一种有内涵的简单表述。我们强烈建议读者在编写程序的过程中，为每个类和方法起一个有意义的名字。这样在程序的运行过程中，看到名字就可以知道它所具备的功能。比如编写一个学生类，我们可以将类命名为Student，在阅读代码时就会知道它是关于学生的类。

6. 添加适量的注释

注释不仅仅是对程序逻辑处理的一种注解，更多的是提高了程序的可读性和可维护性。作为一个软件产品，即使是一个小功能的实现，其中也可能有很多不同的变量及方法。虽然我们强调在命名的过程中要使用具有内涵的名字，但这也并不能完全涵盖变量、方法的功能及内涵，所以为了提高程序的可读性，必须添加一些的注释。合理的注释不仅能美化程序，提高程序的可读性及可维护性，还能使程序更具专业性。关于注释的添加及格式将在后面的章节中详细介绍。

7. 相信自己

这里所说的相信自己包括两方面：一是相信自己的能力；二是相信自己的答案。

所谓相信自己的能力，就是要相信自己具有解决问题的能力。一个好的程序员不仅能编写出好的代码，更重要的是能自己去调试、解决编码过程中所遇到的问题。很少有程序员能一次写出成功的代码，只有在不断地调试、修正中才能编写出好的代码。调试、解决问题的过程也是学习、提高的过程。

练　习　题

选择题

1. 当初Sun公司发展Java的原因是（　　）。

   A. 要发展航空仿真软件　　B. 要发展人工智能软件

   C. 要发展消费性电子产品　　D. 要发展交通运输行业

2. Java是由（　　）语言改进并重新设计的。

   A. C　　B. C＋＋　　C. Pascal　　D. B

简答题

1. Java语言有哪些特点？
2. 什么叫做对象？
3. 什么是虚拟机？
4. Java有几种版本？

第2章 Java语言开发环境

■ **本章导读**

要想运行Java程序，必须要有Java开发环境，Sun公司为Java开发人员提供了免费的JDK软件开发包。在安装JDK软件包之后，必须对JDK环境变量进行配置。本章主要介绍了JDK的开发环境配置、Java程序的开发流程。

■ **学习目标**

(1) 熟悉Java开发及运行环境；

(2) 掌握JDK的安装与配置；

(3) 掌握环境变量的配置与测试；

(4) 认识Java标识符和关键字；

(5) 掌握Java程序的创建、编译与运行。

2.1 JDK的安装配置

Sun公司提供了一个免费的Java开发工具集JDK (Java Development Kit)，也称为J2SE，该工具软件包含Java语言的编译工具、运行工具以及执行程序的环境(JRE)。由于这个开发工具箱仍在不断地升级中，请读者在阅读本书时注意J2SE版本的变动。如果有最新版本，请下载最新版本并安装。JDK主要包含以下几方面的内容。

(1) Java虚拟机：负责解析和执行Java程序，可以在各种操作系统平台上运行。

(2) JDK类库：提供了最基础的Java类及各种实用类。例如，java. lang、java. io、java. util、java. awt、java. swing和java. sql包中的类都位于JDK类库中。

(3) 开发工具：这些开发工具都是可执行程序，主要包括javac. exe (编译工具)、

java. exe（运行工具）、javadoc. exe（生成 Javadoc 文档的工具）、jar. exe（打包工具）等。

目前 JDK 的最新版本为 JDK 1.7，读者可以登录 Sun 公司的官方网站 http：//java. sun. com 进行免费下载。考虑系统的稳定性和兼容性，本书使用 JDK 1.6 版本（jdk - 6u14 - windows - i586. exe）。

双击“jdk - 6u14 - windows - i586. exe”，即可按照提示进行安装。在安装过程中，如果不指定安装路径，系统会按照默认路径安装，如图 2 - 1 所示。然后单击“下一步”，直到安装完成。如果想更改安装目录，可以点击“更改”，重新选择安装目录，读者可以自己试一下。

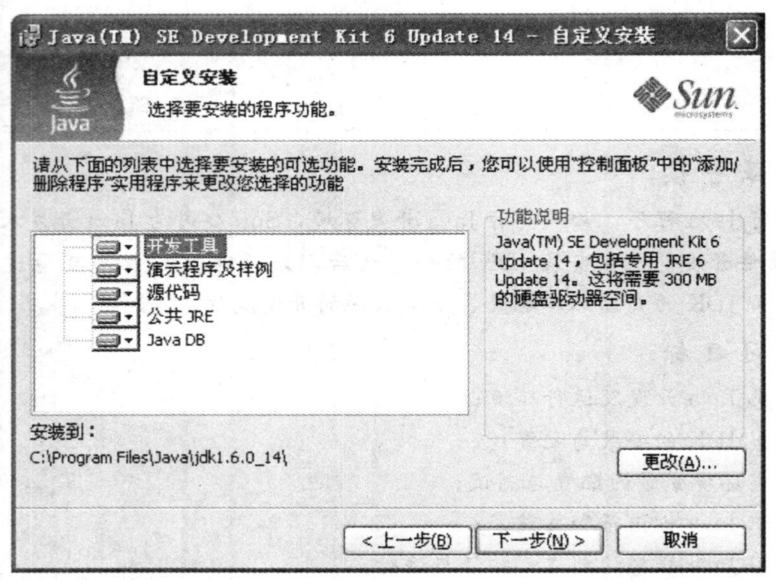

图 2 - 1　JDK 安装界面

按照默认路径（C：\ Program Files \ Java \ jdk1. 6. 0 _ 14）安装成功后，在默认路径下会生成如图 2 - 2 所示的目录结构。在 JDK 的目录结构中，我们看到下面几个文件夹。

bin：存放可执行文件。

lib：存放 Java 的类库文件。

include：存放用于本地方法的文件。

demo：存放一些示例文件。

jre：存放与 Java 运行环境相关的文件。

sample：存放程序示例。

另外，还有 src. zip 文件，该压缩文件中有 Java 库程序的源程序，有兴趣的读者可以阅读并学习。

名称	大小	类型	修改日期
bin		文件夹	2012-5-23 14:51
demo		文件夹	2012-5-23 14:51
include		文件夹	2012-5-23 14:51
jre		文件夹	2012-5-23 14:51
lib		文件夹	2012-5-23 14:51
sample		文件夹	2012-5-23 14:51
COPYRIGHT	4 KB	文件	2009-5-21 12:21
LICENSE	17 KB	文件	2012-5-23 14:51
LICENSE	18 KB	RTF 格式	2012-5-23 14:51
README	29 KB	HTML Document	2012-5-23 14:51
README_ja	26 KB	HTML Document	2012-5-23 14:51
README_zh_CN	21 KB	HTML Document	2012-5-23 14:51
register	6 KB	HTML Document	2012-5-23 14:52
register_ja	6 KB	HTML Document	2012-5-23 14:52
register_zh_CN	5 KB	HTML Document	2012-5-23 14:52
src	19,179 KB	WinRAR ZIP 压缩...	2009-5-21 12:22
THIRDPARTYLICENSEREADME	247 KB	文本文档	2012-5-23 14:51

图 2-2 JDK 目录结构

2.2 环境变量的配置与测试

安装完 JDK 之后，仍然不能运行 Java 程序。为了让自己的机器在编译、运行 Java 文件时知道去寻找什么样的编译器、解释器，需要手动配置一些环境变量。配置环境变量有两方面工作：一是设置类路径（classpath）；二是设置系统路径（path）。

2.2.1 设置类路径

类路径又称为 classpath，是系统编译 Java 文件时用到的类库路径。JDK 的安装目录 jre 文件夹中包含着 Java 应用程序运行时所需要的 Java 类库，这些类库包含在 jre \ lib 目录下的压缩文件 rt. jar 中。安装 JDK 一般不需要设置环境变量 classpath 的值，但是如果计算机安装过一些商业化的 Java 开发产品或带有 Java 技术的一些产品，如 PB、Oracle 等，那么这些产品在安装后可能会修改 classpath 的值，因此在运行 Java 应用程序时，会加载这些产品所带的旧版本类库，从而导致程序要加载的类无法找到，程序运行出现错误。此时，需要重新编辑系统环境变量 classpath 的值。

对于 Windows 2000、Windows 2003、Windows XP 系统，右击“我的电脑”，在弹出的快捷菜单中，选择“属性”命令。此时会弹出“系统属性”对话框，再单击该对话框中的“高级”选项，然后单击“环境变量”按钮，会弹出如图 2-3 所示的对话框。

如果以前设置过 classpath，则在“系统变量”下找到变量“classpath”，然后单击“编辑”，在“编辑系统变量”对话框中把 rt. jar 文件（因为 Java 应用程序运行时所需要的 Java 类库包含在 jre \ lib 目录下的压缩文件 rt. jar 中）所在路径“.；C：\ Program Files \ Java \ jdk1. 6. 0 _ 14 \ jre \ lib”添加到变量值的最后面或最前面。注意，要用分号将各个变量值分开。如果以前没有设置过，则单击“新建”，弹出如图

2-4所示的“编辑系统变量”对话框。在“编辑系统变量”对话框中添加变量名“classpath”，变量值“.；C：\Program Files\Java\jdk1.6.0_14\jre\lib”。

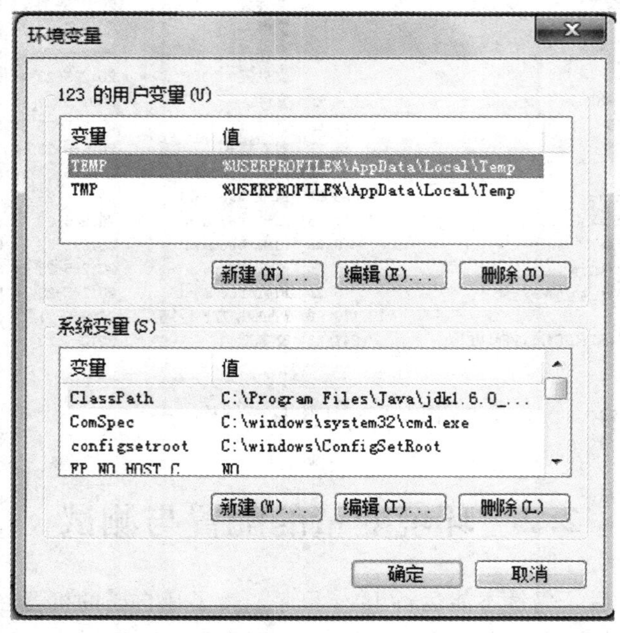

图2-3 “环境变量”对话框

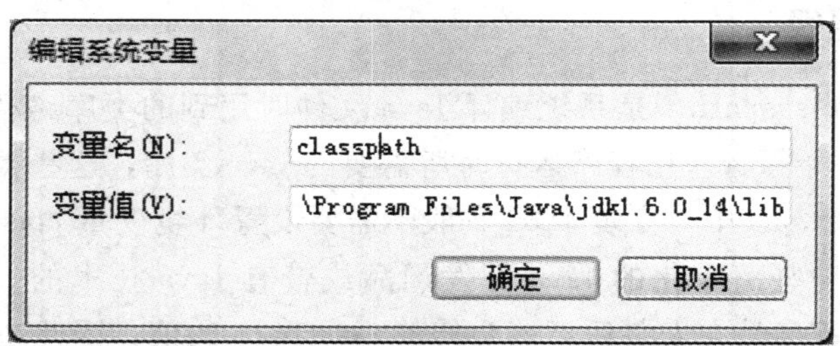

图2-4 “编辑系统变量”对话框

除了用对话框设置classpath之外，还能在命令窗口（MS-DOS窗口）中用命令进行设置。只需在命令窗口中输入下面命令“Set classpath=.；C：\Program Files\Java\jdk1.6.0_14\jre\lib;”即可。

说明：

classpath环境变量设置中的“.;”是指可以加载应用程序当前目录及其子目录中的类，表示所有的class文件都从当前文件夹中开始查找。这个小点不能省略，否则在编译源文件时会遇到系统总是提示“找不到对应文件”的错误。所以请大家一定要注意。

类路径classpath设置完成之后，Java编译系统确定类路径的流程如下：

(1) 如果在javac命令或java命令中设置了-classpath选项，就使用该classpath。

(2) 如果在当前DOS命令窗口中定义了当前环境变量classpath，就使用该classpath。

(3) 如果在操作系统中定义了系统环境变量classpath，就使用该classpath。

(4) 除以上3种情况外，就把当前路径作为classpath。

由此可见，当前环境变量classpath会覆盖系统环境变量classpath，javac命令和java命令中的-classpath选项会覆盖当前环境变量classpath。所以在设置classpath时，最好把当前目录、系统环境变量classpath和当前环境变量classpath都添加到classpath中。

JDK提供了灵活的设置classpath方式，系统环境变量classpath是全局性的，DOS中定义的环境变量是局部的，只在当前窗口中有效。

2.2.2 设置系统路径

在Java安装目录的bin文件夹中，有JDK平台提供的Java常用工具，即Java编译器（javac.exe）、Java解释器（java.exe）和Applet播放器（Appletviewer）。Java编译器用于将Java源代码转换成字节码，Java解释器直接从Java类文件中执行Java应用程序的字节码，Applet播放器用于运行和调试Applet程序（在第11章进行详细介绍）。为了能在任何目录中使用编译器和解释器，应在系统特性中设置path，以指向Java常用工具的安装路径，即bin文件夹所在的路径。也就是说，使用命令行执行命令时，系统能自动找到所键入命令的正确位置。path路径本身是一个已经存在的环境变量，只要在其中加入Java的系统路径内容就可以了。

同样是在“环境变量”对话框中的“系统变量”下找到变量path，然后选中它，单击“编辑”，弹出如图2-5所示的“编辑系统变量”对话框。将bin所在路径“C:\Program Files\Java\jdk1.6.0_14\bin”添加到变量值的最后面或最前面，注意要用分号将各个变量值分开。

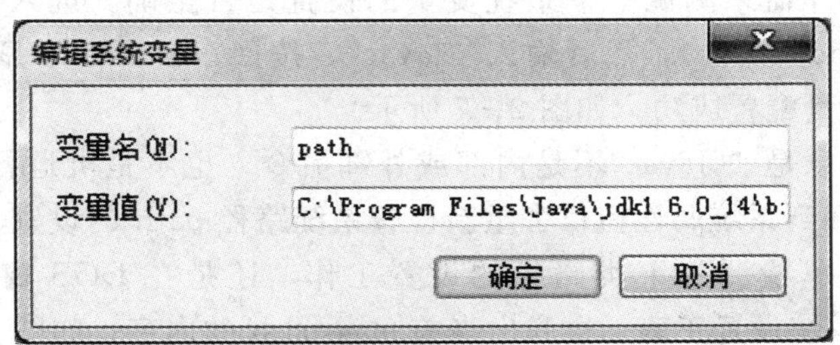

图2-5 “编辑系统变量”对话框

除了用对话框设置path之外，还能在MS-DOS窗口中用命令进行设置。只需在命令窗口中输入命令“Set path=C:\Program Files\Java\jdk1.6.0_14\bin;”即可。

> 📖 **说明：**
>
> 对于 Windows 9x，设置 classpath 和 path 环境变量的方法是不同的。具体的设置方法是用记事本编辑 Autoexec. bat 文件，然后分别加入如下语句：
>
> Set classpath=C：\ Program Files \ Java \ jdk1. 6. 0 _ 14 \ jre \ lib；
>
> Set path=C：\ Program Files \ Java \ jdk1. 6. 0 _ 14 \ bin；

到现在为止，我们已经完成了 Java 编译环境的安装和配置，剩下的任务就是测试所做的设置是否正确。只有配置正确，才能运行 Java 程序。

2.2.3 环境变量的测试

设置好环境变量后，进入 DOS 窗口（点击"运行"，输入"cmd"命令），输入"java - version"，按回车键。如果显示如图 2 - 6 所示的信息，则表示配置成功。"-version"是显示 Java 版本的命令。

读者可以多更换几个目录试一下，如果信息正确，则说明 JDK 的安装是正确的。对比一下显示的版本号与所安装的版本号是否一致，确认无误说明系统变量设置是正确的。

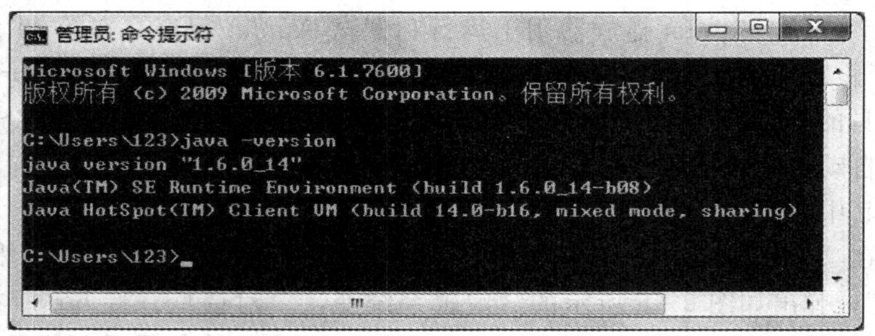

图 2 - 6　环境变量配置成功对话框

我们再通过编译器来测试一下系统变量的设置是否正确。进入 DOS 窗口（点击"运行"，输入"cmd"命令），然后输入"javac"，按回车键。如果显示 java 的帮助信息，则说明环境变量配置成功。如图 2 - 7 所示。

如果输出的信息是"'Javac'不是内部或外部命令，也不是可运行的程序或批处理文件"，则需要返回到系统属性窗口去重新检查系统路径 path 的设置是否正确。

接下来我们简单检测一下类路径的设置工作，还是在 DOS 窗口，输入"：set classpath"，如果系统设置正确，会弹出当前 classpath 的内容，如图 2 - 8 所示。

如果想使在系统属性窗口所做的操作立即生效，必须重新启动 DOS 窗口。

在 Windows 的资源管理器中打开目录"C：\ Program Files \ Java \ jdk1. 6. 0 _ 14 \ demo \ jfc \ Java2D"，可以找到一个 Java2Demo. html 的文件，双击。如果出现美丽页面，说明设置完全正确；如果不能显示，请按照上述的步骤重新检查环境变量的设置。

```
C:\Users\123>javac
用法: javac <选项> <源文件>
其中，可能的选项包括:
  -g                         生成所有调试信息
  -g:none                    不生成任何调试信息
  -g:{lines,vars,source}     只生成某些调试信息
  -nowarn                    不生成任何警告
  -verbose                   输出有关编译器正在执行的操作的消息
  -deprecation               输出使用已过时的 API 的源位置
  -classpath <路径>            指定查找用户类文件和注释处理程序的位置
  -cp <路径>                   指定查找用户类文件和注释处理程序的位置
  -sourcepath <路径>           指定查找输入源文件的位置
  -bootclasspath <路径>        覆盖引导类文件的位置
  -extdirs <目录>              覆盖安装的扩展目录的位置
  -endorseddirs <目录>         覆盖签名的标准路径的位置
  -proc:{none,only}          控制是否执行注释处理和/或编译。
  -processor <class1>[,<class2>,<class3>...]要运行的注释处理程序的名称；绕
的搜索进程
  -processorpath <路径>        指定查找注释处理程序的位置
  -d <目录>                    指定存放生成的类文件的位置
  -s <目录>                    指定存放生成的源文件的位置
  -implicit:{none,class}     指定是否为隐式引用文件生成类文件
  -encoding <编码>             指定源文件使用的字符编码
```

图 2-7　环境变量配置成功对话框

```
Microsoft Windows [版本 6.1.7600]
版权所有 (c) 2009 Microsoft Corporation。保留所有权利

C:\Users\123>set classpath
ClassPath=.;C:\Program Files\Java\jdk1.6.0_14\lib

C:\Users\123>
```

图 2-8　classpath 环境变量配置成功对话框

2.3　第一个 Java 程序

一切准备工作完成后，现在就自己动手编写一个 Java 程序，亲自感受一下 Java 语言的基本形式。

2.3.1　编写第一个 Java 程序

Java 程序一般可以分为两种：一是 Java Application，二是 Java Applet。其中，Java Application 是完整的程序，需要独立的解释器来解释运行；而 Java Applet 是嵌在 HTML 网页中的非独立程序，由 Web 浏览器内包含的 Java 解释器运行。下面是一个简单的 Java Application 程序。

【例 2-1】　第一个 Java 程序。

本示例程序实现的功能是显示“Hello，This is a Java program!”（源程序保存在 D：\ test 文件夹下，文件名为 Hello. java）。

```
import java.io.*;                                  //导入该程序所需要的包
public class Hello
{
```

```
    public static void main (String args[])
    {
      System.out.println("Hello,This is a Java program!"); //在屏幕上显示 Hello,This is a Java program!
    }
}
```

看不懂这个程序没有关系，但从结果可以看出语句 System. out. println ()；用来输出信息 “Hello，This is a Java program!”。随着学习的深入，读者可以慢慢体会每行代码的意思。

2.3.2 编译与运行

高级语言程序一般都需要经过源程序的编辑、目标程序编译生成和可执行程序的运行几个过程。Java 编程可分为编辑源程序、编译生成字节码和解释运行字节码三个步骤。Java 源程序是以 .java 为后缀的文本文件，可以在记事本中编写，也可以利用各种 Java 集成开发环境中的源代码编辑器来编写。例 2 - 1 就是一个在记事本中编写好的 Java 源程序。

编写好源程序之后，要经过编译才能运行。在对源代码进行编译的过程中，要利用 Java 编译器程序 javac. exe，生成相应的字节码文件 Hello. class。javac. exe 的使用方法如下：

```
javac  [options][sourcefiles]
```

javac 命令后面可以跟多个命令选项以便控制 javac 命令的编译方式。javac 的命令方式分为两种情况：一种是不带参数的，如 - nowarn；另一种是带参数的，如 - classpath＜路径＞。javac 命令的主要选项如表 2 - 1 所示。

表 2 - 1　javac 命令的主要选项

主要选项	功　能
- nowarn	不输出警告信息，非默认选项。警告信息是编译器针对程序中能编译通过但存在潜在错误的部分提出的信息
- verbose	输出编译器运行中的详细工作信息，非默认选项
- deprecation	输出源程序中使用了不鼓励使用的 API 的具体位置，非默认选项
- classpath＜路径＞	覆盖 classpath 环境变量，重新设定用户的 classpath。如果既没有设定 classpath 环境变量，也没有设定 - classpath 选项，那么用户的 classpath 为当前路径
- sourcepath＜路径＞	指定源文件的路径
- d＜目录＞	指定编译生成的类文件的存放目录。javac 命令并不会自动创建 - d 选项指定的目录，因此必须确保该目录已经存在。如果没有设定此选项，编译生成的类文件存放在 Java 源文件所在的目录
- help	显示各个命令选项的用法

对于例2-1程序，编译方法如下：

首先，进入DOS环境，方法是单击“开始”菜单中的“运行”，键入“cmd”，按回车键。

然后，进入存放源文件的目录（d:\test），即在DOS窗口中键入“d”，按回车键，再输入“cd test”，按回车键。

最后，在DOS命令行键入以下命令：javac　Hello.java。

Hello.java是源程序文件名（必须加扩展名）。编译时系统会自动检查源代码中是否有语法错误，如果有则在屏幕上显示错误的行号和信息；否则，生成Hello.class字节码文件，编译成功。编译成功之后，相应目录下应有Hello.java和Hello.class两个文件。

编译好源程序之后，运行执行.class文件中的指令。由于Java源代码编译生成的字节码不能直接运行在一般的操作系统平台上，而只能运行在一个被称为Java虚拟机（JVM）的、操作系统之外的软件平台上，所以在运行Java程序时，必须先启动这个虚拟机，这样就能把Java字节码程序和软硬件平台分割开。只有在不同的计算机上安装针对特定平台特点的Java虚拟机，才可以把不同软硬件平台的差别隐藏起来，从而实现了二进制代码级的跨平台可移植性。

运行一个编译好的Java字节码文件，需要调用Java的解释器程序java.exe来解释执行主类（包含main（）方法的类）的字节码文件。Java命令也有一些选项，如表2-2所示。

表2-2　java命令的主要选项

主要选项	功　能
-classpath<路径>	覆盖classpath环境变量，重新设定用户的classpath。如果既没有设定classpath环境变量，也没有设定-classpath选项，那么用户的classpath为当前路径
-verbose	输出编译器运行中的详细工作信息，非默认选项
-D<属性名=属性值>	设置系统属性，如：java -D user=" Tom" classname。其中，“user”为属性名，“Tom”为属性值，“classname”为类名，在classname中调用System.out.println（" user"）方法就会返回“Tom”属性值
-help	显示各个命令选项的用法
-jar	指定运行某个jar文件中的特定Java类

要想运行例2-1程序，则在DOS命令行键入以下命令：java Hello。

说明：

1. Hello为字节码文件名，不要加上扩展名。
2. Java语言区分大小写，Hello和hello是两个不同的类名。

运行程序例 2－1，结果如图 2－9 所示。

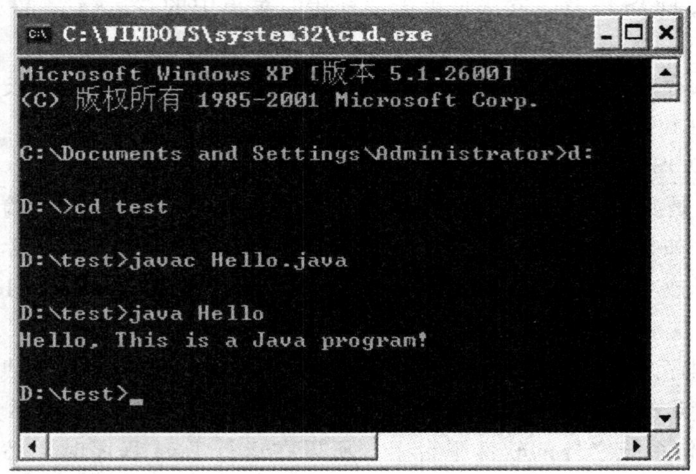

图 2－9　程序运行结果

2.3.3　第一个程序分析

从上面的程序可以看出，一般的 Java 程序文件由以下 3 部分构成。

（1）package 语句（0 个或 1 个）。

（2）import 语句（0 个或多个）。

（3）类定义（1 个或多个）。

package 语句是程序所属的包，如果没有，则为默认包。

```
import java.io.*;
```

import 是导入该程序所需要的包，这就意味着该包中所有的类都加载到当前程序中。import 可以导入类库中的包，也可以导入用户自己编写的类（包）。import 的作用相当于 C 和 C＋＋语言中的＃include（包的概念详见第 7 章）。

```
public class Hello
```

类定义是 Java 源程序的主要部分，每个文件中可以定义若干个类。类的定义格式如下：

```
public class 类名{类体}
```

Java 程序中定义类的关键字用 class，每个类的定义由类头定义和类体定义两部分组成。class 前面可以加一些限定词，如 public，说明它是一个公共的类，而 Hello 则是类的名字。类体部分是“{}”里面的部分。

```
public static void main (String args[ ])
```

main () 方法是唯一的，也是必须的。程序从 main () 方法开始执行，main () 方法所在的类称为主类。main () 方法中声明了一个字符串类型的数组 args [ ]，用来接收命令行传入的参数。虽然在这个程序中，我们没有用到这个参数，但这个参数是不可以删除的。否则，程序在执行时会出现错误。static 表示 main（）方法是一个静态的方法，void 表示没有返回类型。在 Java 应用程序中，main（）方法必须被说明为 public static void。main（）方法后的一对“{}”里面是方法体，用于具体实现某些操作。当程序执行到右括号“}”时，表明该方法结束。

语句是构成 Java 语言的基本单位之一，语句 System.out.println（" Hello，This is a Java program!"）；用来在屏幕上输出“Hello，This is a Java program!”，每条 Java 语句都必须以分号结束。System.out 是标准输出流，是 Java.io 包中 PrintStream 类的一个对象。System.out.println（）和 System.out.print（）这两个方法都是将引号中的内容输出到指定设备中去，唯一的区别在于：println（ ）是在输出内容的同时自动加上了换行符，即若有两个 println（ ），它们会将内容输出到不同的行上；而 print（ ）是将内容显示在同一行上。

程序中最后一行的右括号“}”告诉编译器程序到这里结束。

上述程序中只用到了标准输出流，那么如果想从键盘上输入数据怎么办呢？有标准输出流，相应的就有标准输入流，System.in 就是标准输入流。在 JDK 1.5 工具包中新增的一个类 Scanner，该类在 java.util 包中。Scanner 类可以完成对数据的输入，方法是用其先创建一个对象，如 Scanner reader＝new Scanner（System.in)；，该语句生成一个 Scanner 类对象 reader，然后借助 reader 对象调用 Scanner 类中的方法输入各种类型数据。Scanner 类中常用的输入方法如下所示。

（1）nextInt（ ）：输入一个整型数据。

（2）nextFloat（ ）：输入一个单精度类型数据。

（3）nextLine（ ）：输入一个字符串。

【例 2－2】 输入两个整数，求和并输出。

```
import java.io.*;
import java.util.*;
public class Input
{
    public static void main(String args [ ])
{
int x,y;
System.out.println("请输入两个整数:");
Scanner reader = new Scanner(System.in);
x = reader.nextInt( );
y = reader.nextInt( );
System.out.println("两数和为:" + (x + y));
    }
}
```

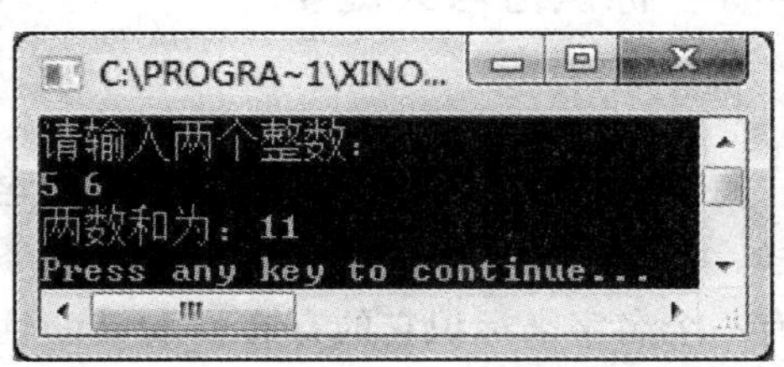

图 2－10 程序运行结果

程序的运行结果如图 2－10 所示。

这里只是介绍了两个简单的程序，目的是让读者对 Java 语言有个初步的了解。程序虽然很短，但是却相当完整。在后面的章节中，将会对 Java 语言的细节部分做更详细的讨论。

> **说明：**
> Java 中的每条语句都要以“;”结束。

2.3.4 注释

注释是程序中的说明性文字，是程序的非执行部分。它的作用是为程序添加说明，增加程序的可读性，便于他人在查看程序代码时理解和修改程序，也可以使用注释在原程序中插入设计者的个人信息。此外，还可以用程序注释来暂时屏蔽某些程序语句，让编译器不要处理这部分语句。等到需要处理时，只需把注释标记取消就可以了。

Java 采用以下三种注释：

（1）“//”用于单行注释。注释从“//”开始，在行尾终止。例如：

```
// int a = 5;
```

（2）“/ * … * /”用于多行注释。注释从“/ *”开始，以“ * /”结尾。例如：

```
/ *  int a = 5;
  float b = 3.2
 * /
```

（3）“/ * * … * /”是 Java 特有的 doc 注释，可以由 Javadoc 将这些内容生成帮助文档。

其中，第三种形式主要是为支持 JDK 工具的 javadoc 而采用的。javadoc 能识别注释中用标记“@”标识的一些变量，并把 doc 注释加入它所生成的 HTML 文件。关于该种注释的内容详见第 7 章。

2.4 命名与保存

2.4.1 标识符与关键字

1. 标识符

每个人都有名字，每个事物也都有名字，有了名字，就可以通过语言表示出来。同样，在程序设计语言中存在的任何一个成分（如变量、常量、方法和类等）也都需要有一个名字来标识它的存在性和唯一性，这个名字就是标识符。标识符通常用以命名变量、常量、方法、对象和类等。

标识符由程序员自己命名，但标识符命名一般遵循以下规则。

(1) 标识符的命名应遵循“见名知意”的原则，如用student表示学生。

(2) 标识符中可以包含字母、数字、下划线（_）和美元符号（$），但必须以字母、下划线（_）或美元符号（$）开头，不能以数字开头。其中，字母不一定是英文字母，也可以是汉字、希腊文、日文、韩文等。例如，a1、$q、_1都是正确的，但1_e是错误的。

(3) 在用Java编程时，通常遵循一些编码习惯，但不是强制性的。比如，一般要求类名开头的第一个字母大写，变量、方法和对象等是小写。

(4) 标识符不能使用Java中的关键字，但可以包含关键字。

(5) 标识符的长度没有限制，但不能过长。

(6) 标识符中如果出现多个单词，要求大写中间单词的首字母。如studentName、getSex等。

(7) Java语言使用16位双字节字符编码标准（Unicode字符集），最多可以识别65535个字符。标识符中最好使用ASCII字母。虽然中文标识符也能够正常编译和运行，却不建议使用。

(8) 尽量少用带$符号的标识符，通常人们不太习惯使用带$符号的标识符，而且在内部类中，$具有特殊的含义。

2. 关键字

关键字对Java技术编译器有特殊的含义，它们可标识数据类型名或程序构造(construct)名。其实关键字就是个约定或者规定，比如我们看到红灯就知道要停下来，看到绿灯就可以前进了。

关键字是Java语言与Java的开发和运行平台之间的约定，是已经被赋予了特定意义的一些单词。程序员只有按照这个约定使用了某个关键字，Java的开发和运行平台才能够认识并正确地处理它，以展示出程序员想要的效果，但不可以把这类词作为标识符来用。

Java语言中的关键字均由小写字母表示，常用关键字如表2-3所示。

表2-3 常用关键字表

abstract	default	goto	operator	synchroni
boolean	do	if	outer	this
break	double	implements	package	throw
byte	else	import	private	throws
byvalue	extends	inner	protected	transient
case	false	instance of	public	true
cast	final	int	rest	try
catch	finally	interface	return	var
char	for	native	static	volatile
class	future	new	super	while
continue	float	long	short	void
const	generic	null	switch	

这些关键字的具体含义和使用方法，会在后面使用的时候详细讲述。Java 的关键字随着新版本的发布不断更新，并非一成不变。

除了这些关键字以外，Java 还定义了如下所示的一些保留字。也就是说，Java 保留了它们，但是没有使用它们。这些词也不能作为标识符使用：cast、goto、future、generic、inner、operator、outer、rest、var。

2.4.2 命名与保存

Java 语言的命名和保存都有一定的规则，源文件的名字不是随便取的。Java 语言中，源文件的命名遵循标识符的命名规则，上节已经详细介绍过，这里不再介绍。在保存 Java 源程序的时候，需要注意以下几点：

(1) 在 Java 程序中，不应该包含中文状态下输入的任何有效符号，这些符号应该全部是英文状态下输入。在保存文件名时，应当特别注意大小写。例如：Welcome、welcome，Java 会认为是不同的文件。

(2) 保存 Java 文件时，一定要加上扩展名 .java，保存类型选择“所有文件”。

(3) 文件与类名必须保持一致。如果文件中只有一个类，那么文件名必须与类名完全一致。注意，大、小写也应该是一致的；如果文件中不只有一个类，那么文件名必须与声明为 public 的类名保持一致；如果没有声明为 public 的类，则文件名可以与其他类名中的任何一个保持一致；如果类中有 main () 方法，必须声明为 public，而且文件名必须与含有 main () 方法的类名一致。

说明：

一个文件中只能有一个 public 类。

看下面的程序，读者可以不必知道程序的作用，只是用该例说明源文件的保存。

```
class studentTest{
  public static void main(String args []){
    graduatestudent stu = new graduatestudent();
    stu. setName("张红");
    stu. setInstructor("张涛");
    System. out. println ("学生的姓名是：" + stu. getName() + ",
                        导师的姓名是：" + stu. getInstructor());
  }
}
classstudent {
  private String name;
  public String getName()
  {return name;}
  public void setName(String strName)
  {
```

```
      name = strName;
    }
  }
  classgraduatestudent extends student{
    private String instructor;
    public String getInstructor()
    {
      returninstructor;
    }
    public void setInstructor(String strName)
    {
      instructor = strName;
    }
  }
```

上述程序中定义了三个类，每个类前面都没有加修饰符 public。在保存文件时，可以使用这三个类名中的任何一个。但是在运行程序时，并不是每个类名都能当做源文件的名字，只有含有 main（）函数的类才能作为源文件的名字。所以在编写程序时，把含有 main（）主函数的类声明为 public。如果把 student 前面加上 public，保存源文件的名字为 studentTest. java，读者可以试一下会出现什么结果。

2.5 Java 程序的开发流程

通过上面简单的 Java 程序可以看到，Java 程序的开发流程分为三步，分别为编辑、编译和运行。Java 程序的开发流程如图 2-11 所示。

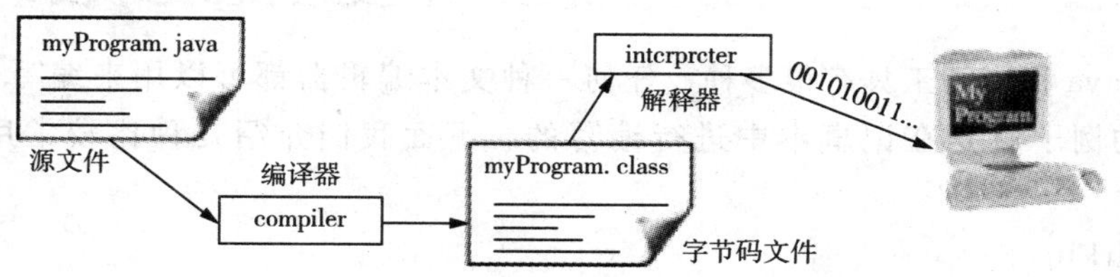

图 2-11 Java 程序的开发流程

（1）编辑源程序

打开记事本，然后输入源程序如下。

```
public class Hello
{
  public static void main (String args[])
{
  System. out. println("Hello,This is a Java program!");
  }
}
```

然后把该程序保存为 Hello. java。

> 📖 **说明：**
> 在 Java 源文件中，语句涉及的小括号及标点符号都是英文状态下输入的。

(2) 编译源程序

创建了 Hello. java 这个源文件后，就可以使用 Java 编译器（javac. exe）对其进行编译了。

编译完成后生成一个 Hello. class 文件，该文件称为字节码文件。这个字节码文件 Hello. class 将存放在与源文件相同的目录中。如果 Java 源文件中包含了多个类，那么用编译器 javac 编译完源文件后将生成多个扩展名为 . class 的文件，每个扩展名是 . class 的文件中只存放一个类的字节码，其文件名与该类的名字相同。这些字节码文件将存放在与源文件相同的目录中。如果对源文件进行修改，那么必须重新编译，然后再生成新的字节码文件。

(3) 运行源程序

Java 应用程序必须通过 Java 虚拟机中的 Java 解释器（java. exe）来解释执行其字节码文件。在命令行状态下执行 java. exe，可将 Application 字节码文件解释为本地计算机能够执行的指令并予以执行，运行结果在 DOS 窗口中显示；如果是图形方式的 Application，将自动返回 Windows 显示图形界面。

> 📖 **说明：**
> 使用 java 命令时，必须指定主程序类的完整名字，即 main () 函数所在的类。

编写 Java 程序的工具有很多种，任何一种文本编辑器都可以用来编写 Java 文件，上述所讲的例子就是在记事本中进行编写的。下面我们介绍几种比较常用的文本编辑器。

● EditPlus

EditPlus 是功能全面的文本、HTML、程序源代码编辑器。读者可以从相关网站 http：//www. editplus. com 下载。

为了在 EditPlus 中方便调用编译及运行功能，需要设置用户工具。在配置 EditPlus 之前，先将 Java 的运行环境安装调试好，然后进入 EditPlus。从菜单“工具(Tools)”→“配置用户工具 ...”进入用户工具设置，选择“组和工具项目”中的“Group 1”，点击面板右边的“组名称 ...”按钮，将“文本 Group1”修改成“Java 编译程序”，点击“添加工具”按钮，选择应用程序，然后就可以修改 Javac 和 Java 属性。

修改 Javac 属性的步骤如下：“菜单文本”里的内容修改为“Javac”，“命令”选择安装 JDK 后 bin 目录中的编译程序 javac. exe，由于 JDK 安装路径为“C：\ Program

Files \ Java \ jdk1. 6. 0 _ 14 \ bin”，那么此路径为“C：\ Program Files \ Java \ jdk1. 6. 0 _ 14 \ bin \ javac. exe”；“参数”选择“文件名”，即显示为“$（FileName)”；“初始目录”选择“文件目录”，显示为“$（FileDir)”；单击“捕捉输出”复选框，结果如图 2-12所示。

修改 Java 属性的步骤如下：“菜单文本”里的内容修改为“Java”；“命令”选择安装 JDK 后 bin 目录中的编译程序 java. exe，路径为“D：\ Program Files \ Java \ jdk1. 5. 0 \ bin \ java. exe”；“参数”选择“不带扩展名的文件名”，即显示为“$（FileNameNoExt)”；“初始目录”选择“文件目录”，显示为“$（FileDir)”（千万不要选择“捕捉输出”复选框！否则不会弹出命令控制台）。

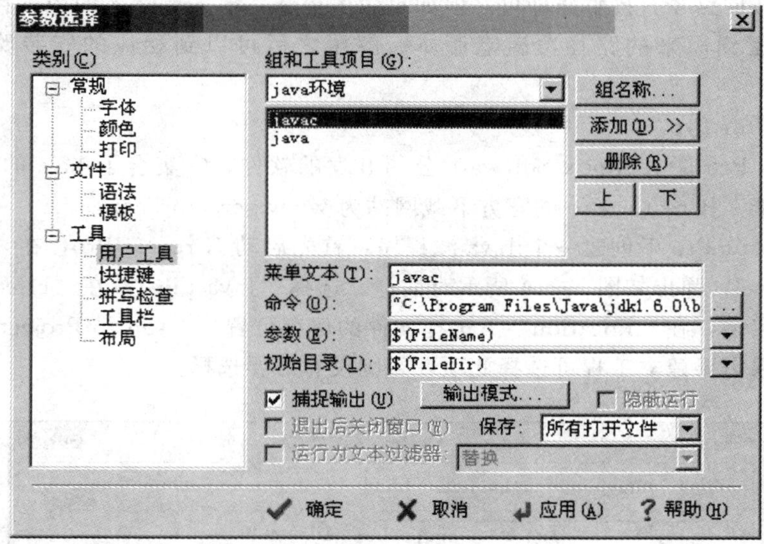

图 2-12　设置用户工具

设置完成之后，就可以编译和运行 Java 程序了，如图 2-13 所示。

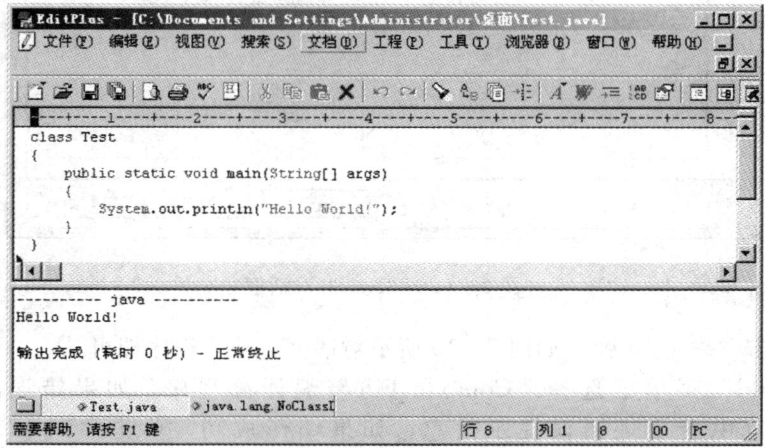

图 2-13　编译与运行 Java 程序

● Eclipse

Eclipse 是具有功能强大的 IDE 开发环境。同时，Eclipse 还是一个开放源代码项目，即任何人都可以下载 Eclipse 的源代码，并且在此基础上开发自己的功能插件；也可以通过开发新的插件扩展现有插件的功能，比如在现有的 Java 开发环境中加入 Tomcat 服务器插件。Eclipse 可以无限扩展，而且有着统一的外观、操作和系统资源管理，这也正是 Eclipse 的潜力所在。读者可以登录网站 http://www.eclipse.org/downloads/免费下载 Eclipse 的最新版本。值得注意的是，Eclipse 本身是用 Java 语言编写的，但下载的压缩包中并不包含 Java 运行环境，需要单独安装 J2SE，并且要在操作系统的环境变量中指明 J2SE 中 bin 的路径。安装 Eclipse 的步骤非常简单，只需将下载的压缩包按原路径直接解压即可。但如果版本更新，要先删除老的版本再重新安装，不能直接解压到原来的路径覆盖老版本。解压之后可以到相应的安装路径运行 Eclipse.exe。

● JCreator Pro

JCreator Pro 是由 Xinox Software 公司开发的软件，它集合了 Java 的编辑、编译和运行等功能。JCreator Pro 的官方下载网站为 www.jcreator.com。

在 JCreator Pro 下创建一个 Java 源程序，首先启动 JCreator Pro，在“File”菜单下选择“New”，弹出如图 2-14 所示对话框。选择“Java File”，在“Filename”下填写源文件的名字，在“Location”下选择文件的保存位置，“Add to Project”表示添加到工程，如果需要建立工程可选择此项，否则没有必要选择。

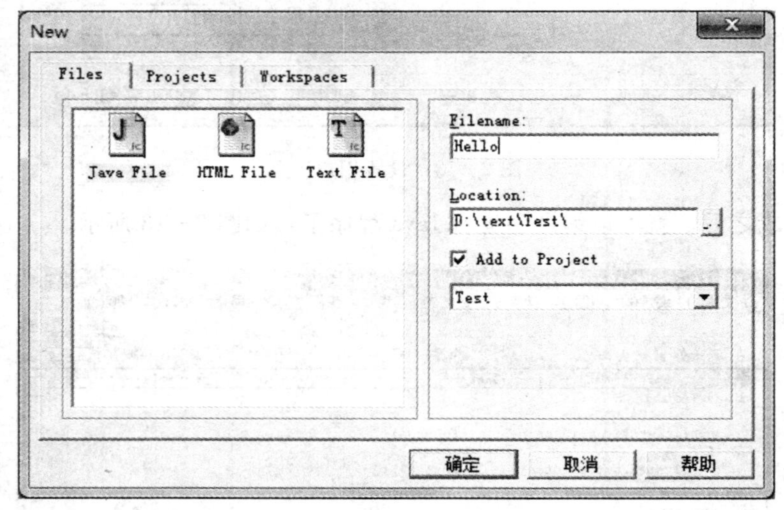

图 2-14 “New”对话框

然后单击“确定”，弹出如图 2-15 所示对话框，输入程序即可。

在“Build”菜单下选择“Compile File”编译源程序。如果错误，在“Build Output”窗口中会出现错误提示信息；如果编译成功，单击“Build”菜单下的“Execute File”，运行源程序，运行结果会出现在“Build Output”窗口中。

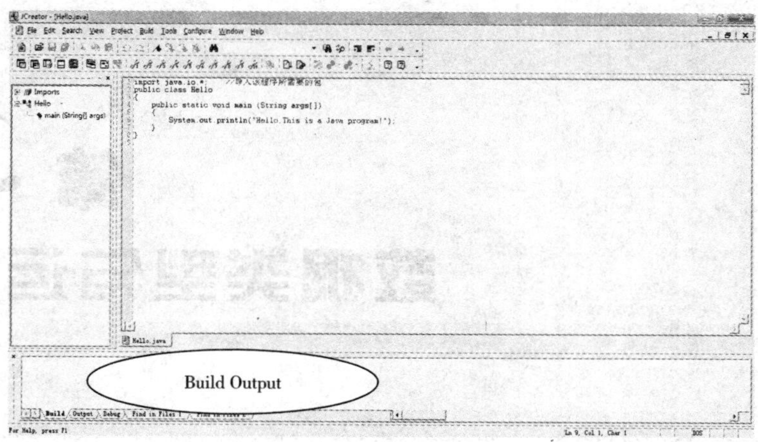

图 2-15　文件编辑窗口

练　习　题

选择题

1. Java 程序的编译器是（　　）。
   A. java. exe　　B. javac　　C. javac. exe　　D. appletviewer. exe
2. 下列叙述正确的是（　　）。
   A. Java 语言的标识符区分大小写　　B. 源文件的扩展名为 . jar
   C. 源文件扩展名可以与 public 类名不同　　D. 程序中 public 类的数目不限
3. 在屏幕上可以正确显示信息的是（　　）。
   A. system. out. println（" Hello"）;　　B. System. out. println（" Hello"）;
   C. System. out. println（" Hello"）;　　D. System. Out. Println（" Hello"）;
4. 下面单词中，属于 Java 语言的关键字的是（　　）。
   A. double　　B. This　　C. string　　D. bool
5. 下面能正确表示 Java 语言标识符的是（　　）。
   A. int　　B. new　　C. 5x　　D. _ abc

填空题

1. 在 Java 中，负责对字节码解释执行的是________。
2. Java 程序中必须且只有一个 ________方法。
3. Java 源程序的扩展名为________。
4. Java 的标识符可由________、________、________、________组成。
5. Java 程序分为________、________两类。

编程题

1. 编写一个 Application 程序，在屏幕上输出“欢迎来到 Java 世界”。

第 3 章 数据类型与运算符

■ 本章导读

数据类型与运算符是编程语言中最基础的部分。本章通过大量的程序代码来介绍如何操作这些数据和运算符。熟练掌握本章的知识，对开发 Java 程序有着非常重要的作用，并且对以后学习其他开发语言也有帮助。

■ 学习目标

（1）了解 Java 语言中的基本数据类型；
（2）掌握常量与变量的基本概念；
（3）熟悉 Java 语言中的运算符与表达式。

3.1 数据类型

简单地说，数据类型就是根据数据各自的特点对数据进行类别的划分，划分出来的每种数据类型都具有区别于其他类型的特征，每一类数据都有相应的特点和操作功能。例如，数字类型的数据能够进行加减乘除的操作。

数据类型是 Java 语言的基础。本章主要讲述 Java 编程的基本概念，如基本数据类型、常量和变量等。在讲述这些知识之前，先了解一下计算机数制的概念，因为 Java 中的各种数据都是用数制来表示的。

3.1.1 数制

计算机能够直接识别的就是二进制数，这就意味着它所处理的数字、字符、图像、声音等信息都是以 0 和 1 组成的二进制数。二进制在表达一个数字时位数太长，不易被人们识别。为了方便表示，产生了八进制、十进制和十六进制。在实际程序开发过程中，用到的往往都是十进制。常用的进制表示如表 3－1 所示。

表3-1 常用进制

数 制	基 数	数 码
二进制（逢二进一）	2	0、1
八进制（逢八进一）	8	0、1、2、3、4、5、6、7
十进制（逢十进一）	10	0、1、2、3、4、5、6、7、8、9
十六进制（逢十六进一）	16	0、1、2、3、4、5、6、7、8、9、A、B、C、D、E、F

说明：

十六进制表示中，用A、B、C、D、E、F这六个字母来分别表示10～15，字母不区分大小写。

下面以十进制数11为例，说明不同进制在Java中的表现形式。

二进制：1011

八进制：013

十六进制：0XB

通过以上示例，我们总结出以下两点：

（1）八进制的数据有一个前缀0，经常与二进制数产生混淆，所以建议在Java中尽量不要使用八进制。

（2）十六进制的数据有一个前缀0X。

3.1.2 数据类型分类

Java中的数据类型可分为两大类：基本数据类型和引用数据类型，如图3-1所示。本章主要讲述基本数据类型，引用数据类型将在后面的章节中详细介绍。

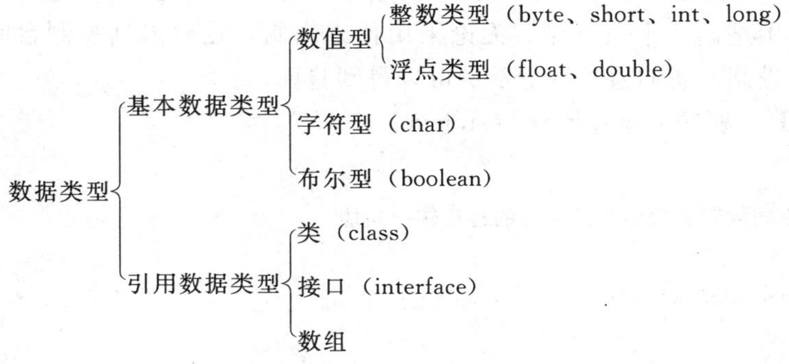

图3-1 Java的数据类型分类

Java 的基本数据类型又可以分为 4 类，共 8 种类型，如表 3 - 2 所示。

表 3 - 2 Java 的基本数据类型

名　称		关 键 字	占用字节数	取值范围
整数类型	字节型	byte	1	$-2^7 \sim 2^7-1$ (−128～127)
	短整型	short	2	$-2^{15} \sim 2^{15}-1$ (−32768～32767)
	整数型	int	4	$-2^{31} \sim 2^{31}-1$
	长整型	long	8	$-2^{63} \sim 2^{63}-1$
浮点类型	浮点型	float	4	−3.4×1038～3.4×1038
	双精度型	double	8	−1.7×10308～1.7×10308
字符类型		char	2	0～65535 或 u0000～UFFFF
布尔类型		boolean	1	true 或　false

3.1.3 整数类型

整数类型简称整型，表示的是没有小数点的数值，可以是正数，也可以是负数。Java 中的整型包括 byte、short、int、long 四种，它们的字节长度分别为 1 字节、2 字节、4 字节、8 字节。Java 的各种数据类型占用固定的内存长度，与具体的软硬件平台无关，这体现了 Java 的跨平台性。以 int 型数据（4 个字节，32 位）为例，看一下十进制数 10 在内存中的存储方式，如图 3 - 2 所示。

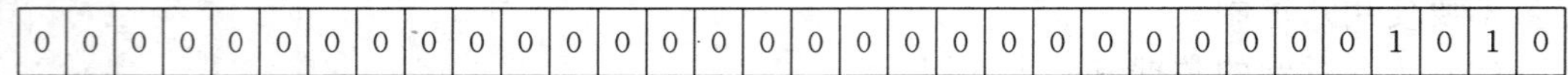

图 3 - 2　十进制数 10 在内存中的存储形式

下面详细介绍各种整数类型。

1. byte 型

byte（字节）型是以一个字节来表示整数值，它的范围是−128 至 127。通常 byte 型有八进制、十进制、十六进制。无论采用什么进制，在输出到控制台时，系统都会自动转化为十进制。我们通过以下示例可以得到验证。

【例 3 - 1】　程序清单：ByteTest.java。

```
/*
    测试不同数制表现形式及系统的自动转化功能
 */
public class ByteTest
{
    public static void main(String args[])
    {
      byte x = 26;                        //十进制
```

```
        byte y = 026;              //八进制
        byte z = 0X26;             //十六进制
        System.out.println("转换成十进制,x = " + x);
        System.out.println("转换成十进制,y = " + y);
        System.out.println("转换成十进制,z = " + z);
    }
}
```

输出结果：

```
转换成十进制,x = 26
转换成十进制,y = 22
转换成十进制,z = 38
```

2．short 型

short 型又称为短整型，它是以 2 个字节来表示整数值，表示范围更大，其整数值介于－32768～32767 之间。short 型也有八进制、十进制、十六进制 3 种表示方法，其表示方法与 byte 型是一样的。如：

```
short x = 22;        //十进制
short y = 022;       //八进制
short z = 0X22;      //十六进制
```

3．int 型

int 型又称为整数型，它是以 4 个字节来表示整数值，其整数值介于－2147483648～2147483647 之间，刚好超过 20 亿。int 型也有八进制、十进制、十六进制 3 种表示方法，其表示方法与 byte 型是一样的。如：

```
int x = 22;          //十进制
int y = 022;         //八进制
int z = 0X22;        //十六进制
```

在通常情况下，int 型是我们最常使用的。

4．long 型

long 型又称为长整型，它是以 8 个字节来表示整数值，表示范围最大，其数值介于－9223372036854775808～9223372036854775807 之间，long 型也有八进制、十进制、十六进制 3 种表示方法，但表示方法却与以上几种类型不一样，请读者注意。它的表示形式如下：

```
long x = 22L;        //十进制
long y = 022L;       //八进制
long z = 0X22L;      //十六进制
```

细心的读者可能已经发现了，long 型在数值后面多了一个 L，这个 L 为 long 型的后缀，不能省略。

long 型是 Java 中可以表示最大范围的基本数据类型，那如果超过了这个数值范围怎么办？在 Java 中还有一种可以表示任意精度数值的类型——大数字（Big numbers）。但大数字属于对象类型，我们将在第 7 章中讲述如何使用它。

3.1.4 浮点型

浮点型包括单精度 float 和双精度 double 两种类型，它们都表示实数，只是范围不同，在计算机中分别占 4 字节和 8 字节。

1. float 型

float 型占 4 个字节，有效数字最长为 7 位。它的表示形式如下：

```
float x = 22.2F;
```

同 long 型类似，它也有一个后缀 F，大小写都可以接受。也就是说，如果想声明一个 float 型的浮点数值，后面必须加上 F 或 f，否则系统会认为是 double 型的。

【例 3-2】 程序清单：FloatTest.java。

```
/*
    测试 float 型数值
 */
public class FloatTest
{
    public static void main(String args[])
    {
        float x = 22.2F;
        float y = 42.6F;
        float z = x*y;
        System.out.println(x + "*" + y + "=" + z);
    }
}
```

输出结果：

```
22.2*42.6=945.72
```

2. double 型

double 型的有效数字最长为 15 位。之所以称之为 double 型，是因为它的精度是 float 型精度的两倍，所以又称为双精度型。double 型也有一个后缀 D 或 d，即如果想声明一个 double 型的浮点数值，后面可以加上 D 或 d。系统默认不带任何后缀的浮点数值为 double 型的。例如：

```
double x = 2.3D;
```

【例 3-3】 程序清单：DoubleTest.java。

```
public classDoubleTest
```

```
{
    public static void main(String args[])
    {
        float x = 3.6F;
        float y = 4F;
        double z = 10;
        double m = 3.6D;
        System.out.println("x=" + x+","+"y="+y);
        System.out.println("z=" + z+","+"m="+m);
    }
}
```

输出结果：

```
x=3.6,y=4.0
z=10.0,m=3.6
```

上述程序中，y、z 都被赋予一个整型数值，但输出结果却分别为 y＝4.0 和 z＝10.0，因为系统会根据数据类型自动进行转换。

3.1.5 char 型

char 型又称为字符型，在不同的书中对它描述不同。有的把它单独作为一个类型，有的把它作为整型的一部分。我们倾向于将 char 型作为一种单独的类型。

char 占用两个字节，是以单引号表示的类型。例如：'A'表示的是一个字符，这个字符是 A，它与" A" 是不同的。" A" 表示一个字符串，虽然只有一个字符，但它仍是一个字符串，字符串属于对象类型。

> **注意：**
> 字符类型只能用于表示单个字符，任何超过一个字体的内容都不能声明为字符型，字符的声明使用单引号。

char 类型的字符编码类型是 Unicode 编码，便于东西方字符的处理。Java 语言使用 16 位的 Unicode 字符集，这种字符集不仅包括标准的 ASCII 字符集，也包括许多其他系统的通用字符集，如拉丁文、法文、汉语、日语等，这使 Java 语言处理语言的能力大大增强。

Unicode 编码又叫统一码、万国码或单一码，是一种在计算机上使用的字符编码。它为每种语言中的每个字符设定了统一并且唯一的二进制编码，以满足跨语言、跨平台进行文本转换、处理的要求。Unicode 编码于 1990 年开始研发，1994 年正式公布。随着计算机工作能力的增强，Unicode 编码在面世以来的十多年里得到极大的普及。

Unicode 编码是在 0～65535 之间的编码字符，它是用“\u0000”到“\uFFFF”之间的十六进制值来表示的。其中，前缀“\u”表示是一个 Unicode 值，后面的 4 个十六进制值就表示是哪个 Unicode 字符。所以字符型可以转化为整数，它的值介于 0～65535 之间。Unicode 的表达形式如下：

```
'\u???? '
```

以上表示一个 Unicode 字符，“????”应严格按照 4 个十六进制数进行替换。例如：'\ u4F60 '代表中文中的“你”。

char 类型的可见字符必须使用单引号括起来，如：char c1＝'a'，char c2＝'我'；也可以使用转义字符“\”，如：char c4 ＝ '\ t' //制表符。

下面的写法是错误的：char c3 ＝'我们'，char c3 ＝ " a"。

关于 Unicode 的详细信息，请登录网站 http：//www. unicode. org 进行了解。

【例 3－4】 程序清单：CharTest. java。

```
/*
    测试 char 型与整数的转换
 */
public class CharTest
{
    public static void main(String args[])
    {
        char x = 'M';
        char y = '\120';                    //请注意数字在输出时被转化成字符
        char z = 'V';
        System.out.println("字符 x = " + x);
        System.out.println("字符 y = " + y);
        System.out.println("数值 Z = " + (x + z));
    }
}
```

输出结果：

```
字符 x = M
字符 y = P
数值 Z = 163
```

通过这个例子可以发现，'\ 120 '被系统自动转化为大写字母 P，而另外两个字符进行了相加的操作，这说明字符型数据可以进行相关的数学运算。

3.1.6 布尔型

布尔（boolean）型是 Java 中最简单，也是最常用的一种类型，它的取值只有两种：true 和 false。其中，true 表示“真”，flase 表示“假”。

【例 3－5】 程序清单：BooleanTest. java。

```
public class BooleanTest
{
```

```
    public static void main(String args[])
    {
        int a = 2;
        int b = 3;
        boolean x,y,z;
        x = (a > b);        //判断 a 是否大于 b
        y = (a < b);        // 判断 a 是否小于 b
        z = (a = = b );     // 判断 a 是否等于 b
        System.out.println("x = " + x);
        System.out.println("y = " + y);
        System.out.println("z = " + z);
    }
}
```

输出结果：

```
x = false
y = true
z = false
```

Java 虚拟机对 boolean 类型的处理比较特别。当编译器把源程序编译为字节码文件时，会用 int 或 byte 来表示 boolean。在 Java 虚拟机中，用整数 0 表示 false，用任意一个非 0 整数表示 true。当然，Java 虚拟机这种底层处理方式对源程序是透明的。在 Java 源程序中，不允许把整数或 null 赋值给 boolean 类型的变量，这是与其他高级语言（C/C++）不同的地方，即在整数类型和 boolean 类型之间无转换计算。C/C++语言允许将数字值转换成逻辑值（所谓“非零即真”），这在 Java 编程语言中是不允许的。在 Java 中，boolean 类型只允许使用 boolean 值（true 或 false）。

因此，下面代码是不合法的：

```
boolean x = 0;        //编译出错,类型不匹配
boolean y = null;     //编译出错,类型不匹配
```

上述介绍了基本数据类型，Java 的引用数据类型将在以后章节中详细介绍。

注意：

boolean 型数据的取值只能是 true 和 flase，不能用 1 和 0 代替。

3.2 变 量

计算机在处理数据时，首先按照不同的数据类型为数据分配不同的存储空间，将其装入内存，然后借助于对内存单元的命名来访问这些数据。Java 是严格区分数据类型的强类型语言，要求在程序中使用任何变量之前都要先声明。

3.2.1 变量的声明

Java语言规定，变量应遵循“先定义后使用”的原则。变量定义需要指出变量的类型和变量名，在声明变量的时候允许为变量赋初值。变量的声明格式如下：

```
类型名 变量标识符[=初始值];
```

其中，“[ ]”里面的内容可省略，分号不能省略。

例如：

```
int a;              //声明一个变量
double a,b;         //同时声明两个变量
char b='A';         //定义并赋初值
int salary;         //变量名中间不能有空格
```

变量命名的规则我们在上一章已经讲述，在这里重点强调以下几点：

(1) 变量名中不能有空格；

(2) 变量名大小写很重要；

(3) 变量名不限长度；

(4) 保留字及关键字不能作为变量名；

(5) 同一类型的不同变量，可以声明在一行，也可以声明在不同的行。如果声明为同一行中，不同的变量之间用逗号分隔。例如：

```
int studentNumber,peopleNumber;
```

(6) 没有赋值的变量是不可以使用的。例如：

```
int i;
System.out.println(i);    //编译错误,没有初始值
```

注意：

声明变量后面的分号不能省略，它是Java语句的结束符号。

3.2.2 什么是变量

变量是内存的一块空间，提供了可以存放信息的地方，具有记忆功能。这块空间中存放的信息就是变量的值，该值在程序的整个运行过程中可以发生改变。变量有变量名、变量值、变量类型以及变量的作用域4个基本属性。

变量的创建通过声明完成，执行变量声明语句时，系统根据变量的数据类型在内存中开辟相应的存储空间并赋予初始值。赋值就是为一个声明的变量或者常量赋予具体的值，使用“=”来表示。

由此可知，变量的声明只是申请了一个存储空间，但空间里还没有具体的值。要

想使空间中有值，必须把一个数值放到空间当中。例如，假如定义了一个整型变量 a，则 a=3 就是把 3 放到空间当中，a 的值为 3，a 是变量名，3 是变量值，int 是变量的数据类型。存储结构如图 3-3 所示。

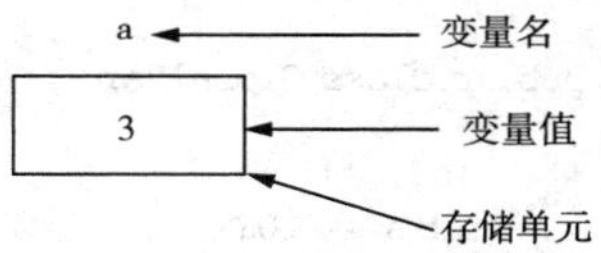

a ← 变量名
3 ← 变量值
← 存储单元

图 3-3 整型变量存储结构

【例 3-6】 变量的声明和赋值。

```
import java.io.*;
public class Declare
{
    public static void main(String args[])
    {
        int x,y = 3;
        x = 13;
        float f = 1.2f;
        double d = 2.34;
        char c ;
        c = 'A' ;
        System.out.println("x = " + x);
        System.out.println("y = " + y);
        System.out.println("f = " + f);
        System.out.println("d = " + d);
        System.out.println("c = " + c);
    }
}
```

输出结果：

```
x = 13
y = 3
f = 1.2
d = 2.34
c = A
```

3.2.3 变量的分类

根据不同的分类方法，变量有不同的名称。

(1) 根据作用范围分类

根据作用范围，变量可以分为全局变量和局部变量。

全局变量就是在整个范围内都起作用的变量。它影响类所属的整个范围，在类的任何位置都可以对该变量进行操作。局部变量是针对全局变量的。

【例 3-7】 程序清单：GlobalVar.java。

```
/*
    测试全局变量的操作
```

```
 */
public class GlobalVar
{
    int a = 10;
    double b = 20;
    public static void main(String args[])
    {
        GlobalVar globalVar = new GlobalVar();
        System.out.println("before changed the value a = " + globalVar.a);
        globalVar.print();
        System.out.println("after changed the value a = " + globalVar.a);
    }
    public void print()
    {
        System.out.println("the global variable a = " + a + ",b = " + b);
        a=30;
        System.out.println("the global variable a = " + a + ",b = " + b);
    }
}
```

输出结果：

```
before changed value a = 10
the global variable a = 10,b = 20.0
the global variable a = 30,b = 20.0
after changed the value a = 30
```

通过这个示例我们可以看到，a 与 b 是在 print（）方法外面定义的，但可以在方法内部访问并对 a 的值进行修改，在 main（）方法内部我们也可以访问到 a 的值。

由此我们可以得到如下的定义：

所谓全局变量，就是在程序运行的全过程中，由程序自动向内存申请的内存空间，空间的内容在程序全过程中可以进行操纵或修改。

所谓局部变量，就是在程序运行的局部过程中，由程序自动向内存申请的内存空间，空间的内容在程序的局部范围内可以被操纵或修改。

下面用一个示例验证一下这条结论。我们将对上面的示例程序 GlobalVar.java 进行一些修改。

【例 3-8】 程序清单：LocalVar.java。

```
/*
    测试局部变量的操作
 */
public class LocalVar
{
```

```
    public static void main(String args[])
    {
        LocalVar localVar = new LocalVar();
        System.out.println("before changed the value a = " + localVar.a);
        localVar.print();
        System.out.println("after changed the value a = " + localVar.a);
    }
    public void print()
    {
        int a = 10;
        double b = 20;
        System.out.println("the local variable  a = " + a + ",b = " + b);
        a = 30;
        System.out.println("the local variable  a = " + a + ",b = " + b);
    }
}
```

读者可以想象一下会是什么样的结果。也许有人会想，在 main () 方法内无法访问到 int a 的值。事实上确实是这样的。因为 int a 是在 print () 方法内定义的，因此只能在 print () 方法内才能对 a 的值进行操作或修改。我们来编译一下。

输出结果：

```
LocalVar.java:9: cannot resolve symbol
symbol   : variable a
location: class LocalVar
          System.out.println("before changed the value a = " + localVar.a);
LocalVar.java:11: cannot resolve symbol
symbol   : variable a
location: class LocalVar
          System.out.println("after changed the value a = " + localVar.a);
2 errors
```

通过测试我们可以看到，编译是不能通过的，系统已经发现用到没有定义的变量，并且告诉我们该不能解释的符号位于第 9 行和第 11 行。

接下来，将 LocalVar.java 再进行一下修正，删除第 9 行和第 11 行，程序的代码如下。

【例 3-9】 程序清单：LocalVar2.java。

```
/*
    测试局部变量的操作
 */
public class LocalVar2
{
```

```
    public static void main(String args[])
    {
          LocalVar2 localVar = new LocalVar2();
        localVar.print();
    }
    public void print()
    {
        int a = 10;
        double b = 20;
        System.out.println("the local variable a = " + a + ",b = " + b);
        a = 30;
        System.out.println("the local variable a = " + a + ",b = " + b);
    }
}
```

再一次编译，程序已经能正确地运行了。输出结果：

```
the local variable a = 10,b = 20.0
the local variable a = 30,b = 20.0
```

通过这个示例我们可以得出结论：局部变量只有在它的定义范围内才能被操作。

很多程序员在编写程序时，有时也会因为这个超出范围的访问导致一些错误发生。因此，建议读者在编写程序时一定要清楚所定义的变量访问的范围是多大，不要试图在范围以外访问变量。

注意：

如果在编译过程中发现这种编译错误：cannot resolve symbol（不能被解释的符号），重点检查变量是否正确定义，拼写是否正确。

(2) 按照类型分类

按照类型可以将变量分为基本类型变量和对象类型变量。

所谓基本类型变量，就是指我们前面讲述的 8 种基本类型，除了基本类型变量以外的其他变量，都可以看成是对象变量。这与我们讲的数据类型是对应的，基本数据类型对应的是基本类型变量，在类中又被称为成员变量。对象数据类型对应的就是对象类型变量，在类中又可以被称为实例变量。

3.2.4 变量的引用

如果变量类型不同，那么保存的地方也不同，使用上存在差异。所以，变量的引用方式一般分为两种，一种是传值引用，一种是传址引用。在 Java 里面，对变量的引用还有一些争论，其中有这样一个结论：Java 里面，参数传递都是传值引用，即按值传递。这样说很容易让人误解，其实这句话的意思是传值引用传递的是值的拷贝，而传址引用传递的是引用的地址值，所以统称传值引用。

为了能正确地理解这两种引用的本质区别，有必要对变量在内存中的分配进行探讨。

1. 内存的分配

Java中的变量主要保存在6个地方。

(1) 寄存器。对于Java来讲，寄存器是最快的保存区域，它位于计算机CPU的内部。因为寄存器的数量十分有限，所以寄存器是根据需要由编译器自主分配的。我们对寄存器没有任何控制权，在程序中也找不到寄存器的任何操作踪迹。

(2) 栈。它是仅次于寄存器的保存区域，对应于物理上的概念就是驻留常规的RAM区域，又被称为随机访问存储区域。栈是通过栈指针来进行操作的，指针下移，创建新的内存，指针上移，释放内存，基本类型变量就放在这里。我们还要另外介绍一个概念——对象句柄，对象句柄也存放在这里。请注意：不是对象本身，而是对象句柄。

(3) 堆。这是一种常规用途的内存池，也就是RAM区域。在Java中，我们的任务基本上都是在堆中进行的，一直所说的对象就位于堆中。

(4) 静态存储。这里所说的静态是指位于固定位置。程序在运行期间，静态的数据将随时等候调用，它也是位于RAM中。在Java中，可用关键字static指出一个对象的特定元素是静态的，但Java对象本身永远不可能置于静态存储空间。

(5) 常量存储。常量存储通常直接写在程序代码中，在Java中用关键字final来声明，这样做是为了保证它们的值永远不被改变。

(6) 非RAM存储。这主要是针对程序外部的资源而言的。也就是说，数据完全独立于程序并在程序的控制范围之外，程序不运行时仍然可以存在。最明显的例子就是我们以后讲到的流式文件，它们保存在磁盘上，一旦需要程序可以将其加载到RAM中。

了解了变量在内存中的分配之后，我们看一下什么是传值引用和传址引用。

2. 传值引用

当把Java的基本数据类型（如int，char，double等）作为入口参数传给函数体时，传入的参数在函数体内部变成了局部变量，这个局部变量是输入参数的一个拷贝。所有函数体内部的操作都是针对这个拷贝进行的，函数执行结束后，这个局部变量也就完成了它的使命，它不影响作为输入参数的变量。这种方式的参数传递被称为传值引用，即按值传递。按值传递主要针对的是基本数据类型，传递变量的实际值是原值的一个拷贝，一个变量值的改变不会影响到另一个变量值。来看下面的程序段。

```
void mothed( )
{
  int x = 0;
  int y = 1;
```

```
    swap( x,y);
    System.out.println("x = " + x);
    System.out.println("y = " + y);
  }
    void swap(int a,int b)
    {
    int c = a;    a = b;    b = c;
    }
```

上面是一个交换 a、b 值的函数，看起来似乎很正确，但是这个函数永远也不会完成想要的工作。这是因为形参的改变不会影响实参的值。下面再看例 3－10 程序，仔细理解传值引用的过程。

【例 3－10】 传值引用的应用。

```
import java.io.*;
public class Vartest
{
    private void test1(int a)
    {
        a = 5;
        System.out.println("test1()方法中的 a = " + a);
    }
    public static void main(String args[])
    {
        Vartest t = new Vartest();
        int a = 3;
        t.test1(a);                    //传递后,test1()方法对变量值的改变不影响这里的 a
        System.out.println("main()方法中的 a = " + a);
    }
}
```

程序执行到 t. test1 (a)；语句时，把实参 3 传递给 test1 (int a) 方法中的 a，此时 test1 () 方法对 a 的改变不会影响实参，即主函数 main () 中 a 的值。在执行 test1 () 方法时，该方法中的局部变量 a 又被重新赋值为 5。

输出结果：

```
test1()方法中的 a = 5
main()方法中的 a = 3
```

3. 传址引用

在 Java 中，用对象作为入口参数的传递则缺省为引用传递，即传址引用。传址引用仅仅传递了对象的一个“引用”，也就是变量对应的内存空间的地址。这个“引用”的概念同 C 语言中的指针引用是一样的。当函数体内部对输入变量改变时，实质上是对这个对象的直接操作。传址引用主要针对对象进行操作（关于对象的概念详见第7章）。

【例3-11】 引用传递的应用。

```
import java.io.*;
public class TempTest
{
    private void test1(A a)
    {
        a.age = 20;
        System.out.println("test1()方法中的age = " + a.age);
    }
    public static void main(String args[])
    {
        TempTest t = new TempTest();
        A a = new A();              //创建一个A的实例,age = 0
        a.age = 10;                 //main()方法中a = 10
        t.test1(a);
        System.out.println("main()方法中的age = " + a.age);
    }
}
class A
{
public int age = 0;
}
```

输出结果：

```
test1()方法中的age = 20
main()方法中的age = 20
```

程序执行到t.test1（a)；语句时，把main（）方法中的变量a引用的内存空间地址按传址引用传递给test1（）方法中的a变量。请注意：这两个a变量是完全不同的，不要被名称相同所蒙蔽。此时，main（）方法和test1（）方法中的age都为10。当调用test1（A a）方法时，main（）方法和test1（）方法中的age都变成了20。因此，我们可以得出这样一个结论：对象传递是传址引用，也称按址传递，不同的句柄操纵的是同一个对象。

3.3 基本类型变量的初始化

本节主要讲述的是基本类型变量的初始化，对象类型变量的初始化将在第7章进行讲述。

我们先来看两个例子，请读者将这两个例子分别进行编译、运行，然后观察发生什么问题，得到什么答案。

【例 3-12】 程序清单：InitPrimitive1.java。

```
/*
    测试基本类型变量的初始化
 */
public class InitPrimitive1
{
        byte a;
        short b;
        int c;
        long d;
        float e;
        double f;
        char g;
        boolean h;
    public static void main(String args[])
    {
        InitPrimitive1 aInit = new InitPrimitive1();
        aInit.print();
    }
    public void print()
    {
        System.out.println("字节型,a = " + a);
        System.out.println("短整型,b = " + b);
        System.out.println("整数型,c = " + c);
        System.out.println("长整型,d = " + d);
        System.out.println("单精度型,e = " + e);
        System.out.println("双精度型,f = " + f);
        System.out.println("字符型,g = " + g);
        System.out.println("布尔型,h = " + h);
    }
}
```

【例 3-13】 程序清单：InitPrimitive2.java。

```
/*
    测试基本类型变量的初始化
 */
public class InitPrimitive2
{
    public static void main(String args[])
    {
        InitPrimitive2 aInit = new InitPrimitive2();
```

```
        aInit.print();
    }
    public void print()
    {
            byte a;
            short b;
            int c;
            long d;
            float e;
            double f;
            char g;
            boolean h;
        System.out.println("字节型,a = " + a);
        System.out.println("短整型,b = " + b);
        System.out.println("整数型,c = " + c);
        System.out.println("长整型,d = " + d);
        System.out.println("单精度型,e = " + e);
        System.out.println("双精度型,f = " + f);
        System.out.println("字符型,g = " + g);
        System.out.println("布尔型,h = " + h);
    }
}
```

首先，我们看一下这两段代码有什么区别。观察以下代码：

```
byte a;
short b;
int c;
long d;
float e;
double f;
char g;
boolean h;
```

上面两例中的这 8 个基本类型的变量声明位于不同的位置，除此以外再没有其他区别了。我们再看一下程序运行的结果。

InitPrimitive1.java 的输出结果：

```
字节型,a = 0
短整型,b = 0
整数型,c = 0
长整型,d = 0
单精度型,e = 0.0
双精度型,f = 0.0
```

```
字符型,g=
布尔型,h=false
```

InitPrimitive2. java 的输出结果（编译时即出现）：

```
InitPrimitive2. java:23: variable a might not have been initialized
InitPrimitive2. java:24: variable b might not have been initialized
InitPrimitive2. java:25: variable c might not have been initialized
InitPrimitive2. java:26: variable d might not have been initialized
InitPrimitive2. java:27: variable e might not have been initialized
InitPrimitive2. java:28: variable f might not have been initialized
InitPrimitive2. java:29: variable g might not have been initialized
InitPrimitive2. java:30: variable h might not have been initialized
```

为什么会有这么大的差别呢？下面我们来解释一下。

在 InitPrimitive1. java 中，声明的变量为全局变量；而在 InitPrimitive2. java 中，声明的变量只是局部变量。通过这两个示例的对比，我们可以得到基本类型变量初始化的规则。

基本类型作为全局变量时可以不用初始化，系统会自动为其初始化，自动初始化的值被称为默认值。请读者将这 8 种基本类型的默认值记住，这在程序中是很有用的(字符型的默认值是空，不是 null)。如果基本类型作为局部变量时，程序必须初始化，系统不会为局部变量进行初始化工作。

读者可以将 InitPrimitive2. java 中的变量声明按照下面的方式进行初始化，这样程序就可以正常运行了。

```
byte a = 10;
short b = 20;
int c = 30;
long d = 40L;
float e = 50F;
double f = 60D;
char g = 'A';
boolean h = true;
```

输出结果：

```
字节型,a=10
短整型,b=20
整数型,c=30
长整型,d=40
单精度型,e=50.0
双精度型,f=60.0
字符型,g=A
布尔型,h=true
```

3.4 常 量

常量是指在程序执行过程中始终保持不变的量，Java 中用关键字 final 声明常量。关键字 final 对变量赋值后，就不再变化。习惯上，常量名都用大写。根据数据类型的不同，常量分为整型、浮点型、字符型、布尔型等几种。

常量定义格式为：

```
final 类型 常量名 = 初值;
```

例如：

```
final double PI = 3.14;
```

对常量进行命名时，建议大家尽量全部大写，并用下划线将词分隔。例如：STUDENT_NAME、PI。

(1) 整型常量

整型常量就是整数。Java 语言中，整型常量有 3 种表示形式，分别为十进制、八进制和十六进制。

十进制整型常量由 0～9 十个数字组成，如：12，－314，0。

八进制整型常量以 0 为前缀，后面跟 0～7 八个数字组成，如：012。

十六进制整型常量要求以 0x 或 0X 开头，后面跟 0～9 和 A～F 组成，如：0x12、0XA3。

Java 语言中，整型常量的长整型用 L 或 l 做后缀，如：342L。

(2) 浮点型常量

浮点型常量也叫实型常量，由整数部分和小数部分组成，只能用十进制表示。Java 语言中的浮点类型常量有两种表示形式，分别为小数表示法和科学计数法。

小数形式由数字和小数点组成。例如，3.14、314.、0.314、.3。

科学记数法形式是在小数的后面加上 E 或 e 表示指数。例如，3.2e－5、7e10。

浮点型包括单精度类型和双精度类型。要表示单精度类型常量，必须在数字后面加上 f 或 F，比如 1.2f。如果不加，则默认为双精度类型。

说明：

小数表示法必须有小数点；科学计数法的 E 或 e 前面必须要有数字，指数可正可负，但必须是整数。

(3) 字符常量

Java 有两种字符常量，即一般字符常量和转义字符常量。

一般字符常量是指用一对单引号括起来的一个字符，比如'Q'、'2'等，其值为 ASCII 值。在内存中，字符常量以整数表示。

转义字符是以“\”开头的特定字符，表示特殊的意义。一般转义字符表如表3-3所示。

表3-3 转义字符表

转义字符	Unicode 转义代码	含 义
\n	\u000a	回车
\t	\u0009	水平制表符
\b	\u0008	空格
\r	\u000d	换行
\f	\u000c	换页
\'	\u0027	单引号
\"	\u0022	双引号
\\	\u005c	反斜杠
\ddd		ddd 为三位八进制数
\uddd		dddd 为四位十六进制数

（4）字符串常量

字符型常量只能表示一个字符，那么对于多个字符怎么表示呢？Java 中使用 String 这个类来表示多个字符，表示方式是用双引号把要表示的字符串括起来，字符串里面的字符数量是任意多个。字符本身符合 Unicode 标准，字符类型的反斜线符号（转义字符）适用于 String 类。与 C 和 C++语言不同，String 不能用"\0"作结束。字符串常量是用双引号括起来的 0 个或多个字符，如"as"、"123"、"我们"等。

说明：

不能把字符串常量赋值给字符常量，比如 char c="123"是错误的。

（5）布尔常量

布尔常量包括 true 和 flase，表示真和假。在 Java 中，布尔常量不能代表整数，也不是字符串，这与 C 和 C++语言有所不同。下面是一段关于常量的程序。

```
public class Constants2
{
    static final double PI = 3.14;
    public static void main(String args[])
{
    double radius = 5;
    System.out.println("the circle area is " + PI * radius * radius);
    }
```

```
}
```

上述程序中定义了一个类常量 PI，对于任何常量，程序只有使用权。不要尝试去做任何修改常量的操作，否则程序会出现错误。const 是 Java 的一个保留字，目前还没有明确的定义，但不能用它来声明常量，必须使用 final 来声明常量。

3.5 运算符和表达式

运算符就是在变量或常量进行运算时经常用到的符号。根据运算的功能，Java 运算符可分为算术运算符、关系运算符、布尔逻辑运算符、位运算符、赋值运算符、条件运算符等。

表达式是由常量、变量、对象、方法调用和运算符组成的式子。表达式必须符合一定的规范，才可被系统理解、编译和运行。表达式的值就是对表达式自身运算后得到的结果。根据运算符的不同，表达式相应地也分为算术表达式、关系表达式、逻辑表达式、赋值表达式等，这些都属于数值表达式。

任何编程语言都有自己的运算符，如＋、－、＊、/，运算符能与相应类型的数据组成表达式来完成相应的运算。Java 虚拟机会根据运算符的优先级来计算表达式。

3.5.1 算术运算符

算术运算符的主要作用是完成算术运算，它作用于整型或浮点型数据，即操作数必须是数值类型的常量、变量等。这些操作可以对几个不同类型的数字进行混合运算，为了保证操作的精度，系统在运算的过程中会做相应地转换。

下面先了解一下不同类型数字间的关系。

1. 数字精度

所谓数字精度，也就是系统在做数字间的算术运算时，为了尽最大可能地保持计算的准确性，自动进行相应地转换，将不同的数据类型转变为精度最高的数据类型。精度关系如图 3－4 所示。

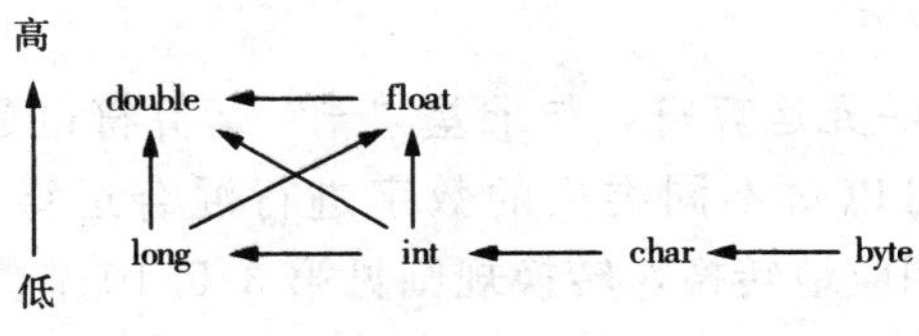

图 3－4 精度关系图

由精度关系图可知，转换一般遵循以下规则：

(1) 当使用运算符把两个操作数结合到一起时，在进行运算前两个操作数会转化成相同的类型。

(2) 两个操作数中有一个是 double 类型的，则另一个将转换成 double 型。

(3) 两个操作数中有一个是 float 类型的，则另一个将转换成 float 型。

(4) 两个操作数中有一个是 long 类型的，则另一个将转换成 long 型。

(5) 任何其他类型的操作，两个操作数都要转换成 int 类型。

2. 算术运算符

Java 的算术运算符可分为一元运算符和二元运算符，如表 3-4 所示。

表 3-4 算术运算符

算术运算符	名 称	实 例
+	加	a+b
-	减	a-b
*	乘	a*b
/	除	a/b
%	取模运算（求余）	a%b
++	递增	a++
--	递减	b--
+	正值	+a
-	负值	-a

其中，前 5 个是二元运算符，后 4 个是一元运算符。

"+"运算符用来计算两个操作数的和。例如，5+7=12，3.0+5=8.0。

"-"运算符用来计算两个操作数的差。例如，5-7=-2，5-3.0=2.0。

"*"运算符用来计算两个操作数的积。例如，5*7=35，3.0*5=15.0。

"/"运算符用来计算两个操作数的商。当两个操作数都是整数时，其计算结果应是除法运算后所得商的整数部分，如 5/2=2。要完成通常意义上的除法，则两个操作数中至少有一个不为整型，如 5/2.0=2.5。

"%"运算符用来计算两个整数相除后的余数，符号与被除数相同。如 5%4=1。

"+"运算符是取正一元运算符，与求和"+"运算符是不同的。例如，+5 中的"+"可以省略。

"-"运算符是取负一元运算符，与求差"-"运算符也是不同的。例如，-5。

对于二元运算符，可以对不同类型的数字进行混合运算。为了保证操作的精度，系统在运算过程中会做相应地转换，转换规则见第 3.5.10 节。

说明：

取模运算的两个操作数必须是整数或字符型数据。

【例 3-14】 算术运算符的应用。

```
import java.io.*;
public class Arithmatic
```

```
{
    public static void main(String args[])
    {
        int a = 5;
        int b = a * 2;
        int c = b/4;
        int d = b - c;
        int f = b % 4;
        double g = 18.4;
        double h = g % 4;
        System.out.println("a = " + a);
        System.out.println("b = " + b);
        System.out.println("c = " + c);
        System.out.println("d = " + d);
        System.out.println("f = " + f);
        System.out.println("g = " + g);
        System.out.println("h = " + h);
    }
}
```

输出结果：

```
a = 5
b = 10
c = 2
d = 8
f = 2
g = 18.4
h = 2.3999999999999986
```

在循环与控制中，我们经常会用到类似于计数器的运算，它们的特征是每次操作都是加1或减1。Java也提供了自增、自减运算符，x＋＋是自增运算符，每次操作使变量x的当前值加1，而x－－是自减运算符，每次操作使当前x的值减1。例如：

```
int x = 10;
x++;
```

此时，x的值变为11。由于这两种运算符的操作结果是改变变量本身的值，所以它们不能应用于数字本身。也就是说，类似于10＋＋；的语句不是合法的。

在C语言中，还有一种＋＋x、－－x的操作，Java中也有同样的操作，它的功能是先改变当前x的值，再用这个值做相关操作。例如：

```
int x = 10;
int a = x + x++;
int b = x + ++x;
```

```
int c = x + x--;
int d = x + --x;
```

【例 3-15】 自增、自减运算符的应用。

```
/*
    测试自增、自减操作
 */
public class SelfAction
{
    public static void main(String args[])
    {
        int x = 10;
        int a = x + x++;
        System.out.println("a = " + a);
        System.out.println("x = " + x);
        int b = x + ++x;
        System.out.println("b = " + b);
        System.out.println("x = " + x);
        int c = x + x--;
        System.out.println("c = " + c);
        System.out.println("x = " + x);
        int d = x + --x;
        System.out.println("d = " + d);
        System.out.println("x = " + x);
    }
}
```

输出结果：

```
a = 20
x = 11
b = 23
x = 12
c = 24
x = 11
d = 21
x = 10
```

说明：

自增、自减运算符只能用于变量：++x是先使变量x的值加1，然后用变化后的x参与运算；--x是先使变量x的值减1，然后用变化后的x参与运算；x++是先用变量x的值参与运算，然后使x的值加1；x--是先用变量x的值参与运算，然后使x的值减1。

3.5.2 关系运算符

关系运算符用于测试两个操作数之间的关系，比较大小，形成关系表达式。关系表达式将返回一个布尔值 true 或 false。

关系运算符都是双目运算符，如表 3-5 所示。

表 3-5 关系运算符

关系运算符	名　称	实　例
==	等于	a==b
!=	不等于	a!=b
>	大于	a>b
<	小于	a<b
>=	大于等于	a>=b
<=	小于等于	a<=b

关系运算符产生的结果都是布尔型的值。一般情况下，它们多用在控制结构的判断条件中。

【例 3-16】 程序清单：RelationTest.java。

```
/*
    关系运算符测试
 */
public class RelationTest
{
    public static void main(String args[])
    {
        boolean x,y,z;
        int a = 15;
        int b = 2;
        double c = 15;
        x = a > b;            //true;
        y = a < b;            //false;
        z = a ! = b;          //true;
        System.out.println("x = " + x);
        System.out.println("y = " + y);
        System.out.println("z = " + z);
    }
}
```

输出结果：

```
x = true
y = false
z = true
```

注意：

对于关系运算符中由两个字符组成的关系符，中间不能有空格。例如，“>=”不能写成“> =”，“!=”不能写成“! =”。

3.5.3 逻辑运算符

Java语言提供了3种逻辑运算符，分别是NOT（非，以符号“!”表示）、AND（与，以符号“&&”表示）、OR（或，以符号“||”表示）。虽然只有3种逻辑运算符，但用处却是相当大的。它们与关系运算符组合可以构成复杂的循环控制条件。下面我们就分别加以介绍。

1. NOT运算符

NOT运算符表示相反的意思，以符号“!”表示。例如：! false = true、! (5 > 3) = false。表3－6列出了NOT运算符逻辑关系。

表3－6 NOT运算符逻辑关系值表

A	! A
true	false
false	true

2. AND运算符

AND运算符表示与的意思，也就是和的意思，以符号“&&”表示。例如：(5 > 6) && (117 >6) = false、(5 < 6) && (117 >6) = true。通过这个示例大家可以看出，只有两个条件都为“真”时，才能得到“真”的结果。表3－7列出了AND运算符逻辑关系。

表3－7 AND运算符逻辑关系值表

A	B	A&&B
false	false	false
true	false	false
false	true	false
true	true	true

3. OR 运算符

OR 运算符用来表示或的意思，以符号“||”表示。或运算中，两个条件只要有一个为“真”，结果就为“真”。表 3-8 列出了 OR 运算符逻辑关系。

表 3-8　OR 运算符逻辑关系值表

A	B	A || B
false	false	false
true	false	true
false	true	true
true	true	true

下面我们通过一个程序来进一步理解逻辑运算符。

【例 3-17】　程序清单：LogicSign.java。

```
/*
    逻辑运算符测试
 */
public class LogicSign
{
    public static void main(String args[])
    {
        boolean x,y,z,a,b;
        a = 'A' > 'b';
        b = 'R' ! = 'r';
        x = ! a;
        y = a && b;
        z = a || b;
        System.out.println("x = " + x);
        System.out.println("y = " + y);
        System.out.println("z = " + z);
    }
}
```

输出结果：

```
x = true
y = false
z = true
```

4. 短路现象

在运用逻辑运算符进行相关操作时，经常会遇到一种很有趣的现象——短路现象。我们暂时不去解释什么是短路现象，先来看一个小程序并分析一下它的运行。

【例 3 - 18】 程序清单：ShortCircuit. java。

```
/*
    短路现象测试
 */
public class ShortCircuit
{
    public static void main(String args[])
    {
        ShortCircuit a = new ShortCircuit();
        if( a.test1(0) && a.test2(2) && a.test3(2))
        { System.out.println("the statement is true!"); }
        else
        {
        System.out.println("the statement is false!");
        }
    }
    public boolean test1(int value1)
    {
        System.out.println("test1 (" + value1 + ")");
        System.out.println("result: " + (value1 < 1));
        return value1 < 1;
    }
    public boolean test2(int value2)
    {
        System.out.println("test2 (" + value2 + ")");
        System.out.println("result: " + (value2 < 2));
        return value2 < 2;
    }
    public boolean test3(int value3)
    {
        System.out.println("test3 (" + value3 + ")");
        System.out.println("result: " + (value3 < 3));
        return value3 < 3;
    }
}
```

在编译运行之前，先来分析一下可能出现的结果。整个程序最关键的部分就是 main () 方法中：

```
if( a.test1(0) && a.test2(2) && a.test3(2))
```

也许读者会认为每个比较方法都会执行。也就是说，最后的输出结果可能如下所示：

```
test1 (0)
result: true
test2 (2)
result: false
test3 (2)
result: false
the statement is false!
```

我们先不去探讨这个结果对不对，对程序进行编译、运行。输出结果：

```
test1 (0)
result: true
test2 (2)
result: false
the statement is false!
```

比较发现，第三个比较方法没有输出，这就是我们要说的短路现象。下面我们详细分析一下产生这种结果的原因。

以下语句包括三个关系运算式和两个逻辑运算式。

```
if( a.test1(0) && a.test2(2) && a.test3(2))
```

a.test1（0）返回的是 true，而 a.test2（2）返回的是 false，那么现在的语句变成了：

```
if( true && false && a.test3(2))
```

对于 true && false，根据我们的讲述，处理的结果已经是 false 了。也就是说，无论后面的结果是“真”还是“假”，整个语句的结果肯定为 false，所以系统就认为已经没有必要再比较下去了。此时，第三个关系运算式 a.test3（2）也就不会再执行了。这就是我们所说的短路现象。

说明：

短路现象在多重判断与逻辑处理中非常有用，是指首先处理主要条件，如果主要条件已经不满足，其他条件也就失去了处理的意义，请读者在程序中仔细体会。

3.5.4 按位运算符

类似于 C 语言，Java 也支持位运算。所有的数据、信息在计算机中都是以二进制形式存在的，在 Java 中提供了对二进制进行每个 byte（比特）位的操作，可以对整数的二进制位进行相关操作，这就是位运算。位运算可以对字节或字节中的实际位进行检测、设置或移位运算，只适用于整型和字符型。

Java 语言中的位运算总体来说分为两种：按位运算和移位运算。按位运算符主要包括位的与、或、非和异或。

(1) 与

位的与，用符号“&”表示，属于二元运算符。表 3－9 列出了与位运算值表。

表 3－9 与位运算值表

A	B	A&B
1	1	1
1	0	0
0	1	0
0	0	0

(2) 或

位的或，用符号“|”表示，属于二元运算符。表 3－10 列出了或位运算值表。

表 3－10 或位运算值表

A	B	A | B
1	1	1
0	1	1
1	0	1
0	0	0

(3) 非

位的非，用符号“～”表示，属于一元运算符。它只对单个自变量起作用，可以将二进制按位取反。表 3－11 列出了非位运算值表。

表 3－11 非位运算值表

A	～A
1	0
0	1

(4) 异或

位的异或，用符号“^”表示，属于二元运算符。表 3－12 列出了异或位运算值表。

表 3－12 异或位运算值表

A	B	A^B
1	1	0
0	1	1
1	0	1
0	0	0

例如，a＝15，b＝2，分别计算它们的＆、｜、^位运算的结果。

首先，a 和 b 转化为相应的二进制：a ＝0000 1111，b ＝0000 0010，具体运算过程如下所示。

a ＆ b	二进制		十进制
a ＝	0 0 0 0 1 1 1 1		15
b ＝	0 0 0 0 0 0 1 0		2
a＆b ＝	0 0 0 0 0 0 1 0	＝	2

a｜ b	二进制		十进制
a ＝	0 0 0 0 1 1 1 1		15
b ＝	0 0 0 0 0 0 1 0		2
a｜b ＝	0 0 0 0 1 1 1 1	＝	15

a^ b	二进制		十进制
a ＝	0 0 0 0 1 1 1 1		15
b ＝	0 0 0 0 0 0 1 0		2
a^b ＝	0 0 0 0 1 1 0 1	＝	13

按位运算来源于 C 语言的低级操作。Java 设计者的初衷是将 Java 作为嵌入电视顶置盒内的程序，需要频繁设置硬件寄存器内的二进制位，所以将这种低级的操作保留了下来。由于操作系统的进步，现在我们已经不必过于频繁地进行低级的操作了。

3.5.5 移位运算符

移位运算符的面向对象也是二进制的位，可以单独用它来处理 int 型数据。移位运算符主要包括左移位运算符（＜＜）、有符号右移位运算符（＞＞）、无符号右移位运算符（＞＞＞），如表 3－13 所示。

表 3－13 移位运算符表

移位运算符	名 称	实 例
＜＜	左移	a＜＜b
＞＞	有符号右移	a＞＞b
＞＞＞	无符号右移	a＞＞＞b

“＜＜”运算符能将运算符的左边运算对象向左移动右侧运算符的指定位数，并在

低位补 0，高位左移溢出后舍弃不用。如 a＝00001111，则 a<<2＝00111100。在不产生溢出的情况下，左移一位相当于乘 2。使用左移实现乘法比乘法运算速度快。

“>>”运算符能将运算符的左边运算对象向右移动右侧运算符的指定位数。若值为正，则在高位补 0；若值为负，则在高位补 1，移到右端的低位舍弃不用。例如，a＝00110111，则 a>>2＝00001101。右移一位相当于除 2。使用右移实现除法比除法运算速度快。

“>>>”运算符用来将一个数的各二进制位无符号右移若干位，无符号右移运算符使用了“零扩展”，即该数无论正负，都会在高位插入 0。例如，a＝00110111，则 a>>>2＝00001101；b＝11010011，则 b>>>2＝00110100。

以 int 类型的 2039 为例，移位结果如图 3－5 所示：

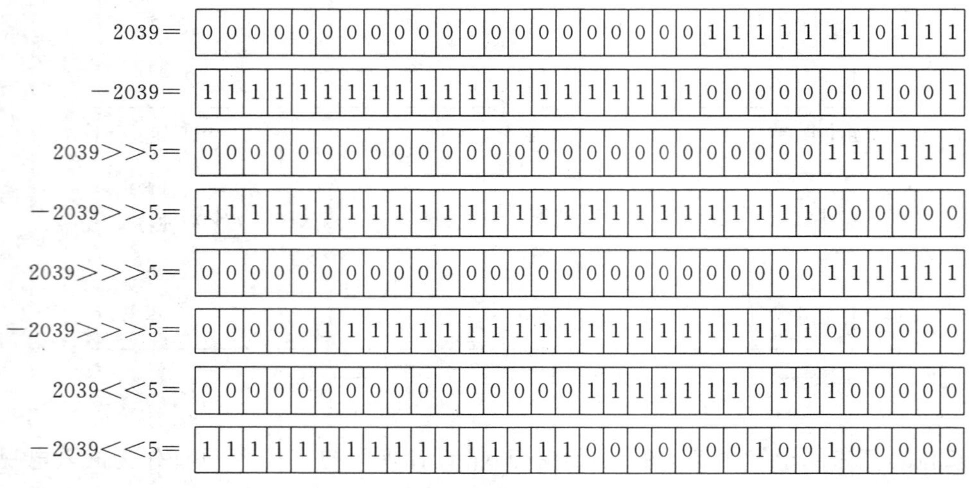

图 3－5　2039 的移位运算

【例 3－19】 程序清单：BitMotion.java。

```
/*
   移位运算符测试
*/
public class BitMotion
{
    public static void main(String args[])
    {
        int a = 15;
        int b = 2;
        int x = a << b;
        int y = a >> b;
        int z = a >>> b;
        System.out.println(a + "<<" + b + " = " + x);
        System.out.println(a + ">>" + b + " = " + y);
```

```
        System.out.println(a + ">>>" + b + "=" + z);
    }
}
```

输出结果：

```
15<<2 = 60
15>>2 = 3
15>>>2 = 3
```

3.5.6 赋值运算符

赋值运算符是把一个数据赋值给一个变量。比如语句 a ＝ 3;，这里的“a”是变量名。根据前面对变量的定义可知，“a”实际上就是内存空间的一个名字，它对应的是一段内存空间，现在要在这个空间放入 3 这个值。这个放入的过程就实现了赋值。赋值运算可分为简单赋值运算和复合赋值运算。其中，复合赋值运算符如表 3－14 所示。

表 3－14 复合赋值运算符

<table>
<tr><th>运 算 符</th><th>一般表示法</th><th>实 例</th></tr>
<tr><td>+=</td><td>a = a +b</td><td>a += b</td></tr>
<tr><td>-=</td><td>a = a - b</td><td>a -= b</td></tr>
<tr><td>*=</td><td>a = a * b</td><td>a *= b</td></tr>
<tr><td>/=</td><td>a = a / b</td><td>a /= b</td></tr>
<tr><td>%=</td><td>a = a % b</td><td>a %= b</td></tr>
<tr><td>>>=</td><td>a = a >> b</td><td>a >>= b</td></tr>
<tr><td>>>>=</td><td>a = a >>> b</td><td>a >>>= b</td></tr>
<tr><td><<=</td><td>a = a << b</td><td>a <<= b</td></tr>
<tr><td>&=</td><td>a = a & b</td><td>a &= b</td></tr>
<tr><td>|=</td><td>a = a | b</td><td>a |= b</td></tr>
<tr><td>^=</td><td>a = a ^ b</td><td>a ^= b</td></tr>
</table>

（1）赋值运算符

赋值运算符“＝”是最常用的一种运算符。它将等号右边表达式的值赋给左边的变量。右边的值可以是任何常数、变量或者表达式，但左边必须是一个明确的、已命名的变量。赋值运算符的格式为：

```
变量名 = 表达式;
```

例如，

```
m = 5;
```

赋值运算符具有右结合性，表达式可以连续赋值。下面的表达式是合法的：m＝n

=k=8;，可以将其理解为 m=（n=（k=8)），即 m、n、k 的值都为 8。在计算表达式 a=b=1>2 时，首先计算表达式 1>2 的值为 false，再计算表达式 b=false，这个表达式把 false 赋值给变量 b，并且整个表达式的值为 false。

同种类型的变量之间可以直接赋值，一个直接数可以直接赋给与它同类型的变量。例如：

```
int a = 3;
long b = 3L
int c = a;
```

同种类型之间赋值不需要类型转换。在不同类型变量之间赋值时，需要类型转换（详见第 3.5.10 节）。

(2) 复合赋值运算符

我们可以将其他的运算符和赋值运算符结合起来，作为复合赋值运算符：+=、-=、*=、/=、%=、^=、&=、|=、>>=、<<=、>>>=。例如：

```
a+ =2;        //即 a=a+2;
a* =b+5;      //即 a=a*(b+5);
```

说明：

要把复合赋值运算符右边的表达式作为一个整体来参与运算。

3.5.7 条件运算符

条件运算符是（?:）三元运算符，可以用来代替 if - else 结构，但最终会生成一个值，表达式为：

```
布尔表达式? 表达式 1:表达式 2;
```

若布尔表达式为真，就计算表达式 1；否则计算表达式 2。

例如，z=a>0? a：a+1;，该语句的意思就是：如果 a>0，则 z=a；否则 z=a+1。如果 a=-4，则 z=-3。

把 z=a>0? a：a+1；改写成 if - else 语句，格式为：

```
if(a>0)
z=a;
else
z=a+1;
```

读者可以感觉到，如果把上述语句改写成 if 语句，虽然条件判断语句的代码行数多了，但更容易理解，所以建议读者尽量少用条件运算符。

3.5.8 逗号运算符

由逗号运算符组成的表达式称为逗号表达式。其格式为：

```
表达式1,表达式2,…,表达式n
```

逗号表达式的执行规格是从左向右逐个执行，最后一个表达式的值是该逗号表达式的值。例如，语句 a=3，a+1，a*a；的结果为 9。

> **说明：**
>
> 逗号表达式的优先级最低。

3.5.9 字符串运算符

当操作数是字符串时，通常使用字符串运算符“+”来合并两个字符串。例如，String str=" tst" +" ert";。

当字符串运算符的一边是字符串，另一边是数值时，计算机会自动将数值转换为对应的字符串。这种情况在输出语句中很常见。例如，对于以下程序段：

```
int max = 100;
System.out.println("max = " + max);
```

该程序段的输出结果为 max = 100，即此时是把变量 max 中的整数值 100 转换成字符串 100 输出的。

> **说明：**
>
> 如果 int a=3，b=7，c=8；String s=" as "；则 a+b+s+c 的结果为 10as8，而不是 37as8。因为 s 左边的 a+b 是求两个数的和，即第一个“+”是算术表达式，第二个“+”是字符串连接符，而 s 右边“+”也是字符串连接符。

如果“+”操作符的两个操作数都不是字符串类型，那么“+”操作符的两个操作数都是除布尔型以外的基本数据类型，此时“+”作为数学加法操作符处理。例如：

```
int a1 = 2 + 'a';                              //合法,数学加法运算,a1 的值为 98
int a2 = 2 + '\u0001';                         //合法,数学加法运算,a2 的值为 3
String str = 1 + 2;                            //编译错误,表达式 1 + 2 为 int 型,不能把它赋值
                                                 为 String 型
String str1 = new Date() + new Integer(2);     //编译错误,“+”操作符的操作数类型不正确
```

当一个操作数为字符串类型，而另一个操作数为引用类型时，就需要调用所引用对象的 toString () 方法来获得字符串。例如：

```
String s1 = "name: " + 12;                     //s1 的内容为 name:12
String s2 = "name: " + '5';                    //s2 的内容为 name:5
String s3 = "name: " + new Ingeger(20);        //s3 的内容为 name:20,调用 Integer 对象的
                                                 toString()方法
String s4 = "name: " + true;                   //s4 的内容为 name:true
```

3.5.10 数据类型转换

数据类型转换是将一种类型的数据转换成另一种类型的数据。Java 是强类型语言，因此在进行赋值操作时要对数据类型进行检查。如果数据类型不一致，则要进行类型转换。数据类型转换分为自动类型转换和强制类型转换两种。

1. 自动类型转换

不同数据类型在运行时占用的空间不同，所容纳的信息量也不同，即所占字节长度不同。整型、浮点型、字符型数据可以混合运算。在执行运算时，不同类型的数据先转化为同一类型，然后再进行运算，即变量从占用内存较少的短数据类型转化成占用内存较多的长数据类型时，Java 会进行自动转换。自动转换遵守从低级到高级的转换规则。

不同数据类型的转换规则如下：

低 ——————————→ 高

byte short char int long float double

以上转换规则表明：

(1) 当表达式中存在的数据类型的最高级别为 double 类型时，所有操作数自动转换为 double 型，表达式的值为 double 型。

(2) 当表达式中存在的数据类型的最高级别为 float 类型时，所有操作数自动转换为 float 型，表达式的值为 float 型。

(3) 当表达式中存在的数据类型的最高级别为 long 类型时，所有操作数自动转换为 long 型，表达式的值为 long 型。

(4) 当表达式中存在的数据类型的最高级别为 int 类型时，所有操作数自动转换为 int 型，表达式的值为 int 型。

例如：

```
byte b = 10;
char c = 'a';
int i = 9;
long l = 55L;
float f = 3.5f;
double d = 1.23
float f1 = f * b;          //float * byte→float
int i1 = c + i;            //char + int→int
long l1 = l + i1;          //long + int→long
double d1 = fi/i1 - d;     //float/int→float,  float - double→double
```

2. 强制类型转换

强制类型转换的格式如下：

（欲转换的数据类型）变量名；

下面介绍了几种需要进行强制类型转换的情况。

(1) 当较长的数据（高精度数据）类型需转换成较短的数据（低精度数据）类型时，需进行强制类型转换，否则编译会出错。例如：

```
float f = 3.14;          //错误,不能把 double 类型的数据直接赋值给 float 类型数据
int i = (int)3.14;       //正确,把 double 类型数据强制转换成 int 类型
long j = 5;              //正确
int i2 = (int)j;         //正确,把 long 类型数据强制转换成 int 类型
```

(2) 在给方法传递参数时，如果把较高数据类型传给较低数据类型，也需要强制类型转换。例如，有以下方法 void fun（byte param）{}，当调用 fun（）方法时，传递的参数为 int 型。

```
int a = 1;
fun(a);                  //编译出错,a 为 int 型,需强制类型转换
fun((byte)a);            //合法,a 被强制转换成 byte 类型
```

(3) short 和 char 类型的二进制数的位数都是 16，但 short 类型的范围是 $-2^{15}\sim 2^{15}-1$，char 类型的范围是 $0\sim 2^{16}-1$。由于两者的范围不同，在 short 变量和 char 变量之间的赋值需要进行强制类型转换。如果把 char 类型数值赋值给 short 类型变量，或者把 short 类型数值赋给 char 类型变量，那么只要数值在变量所属范围内，就允许自动类型转换；否则，需要强制类型转换。例如：

```
char c1 = -1;            //编译错误,-1 超出 char 类型范围
char c2 = (char) - 1;    //正确
short s1 = 'a';          //正确,char 类型数值'a',在 short 类型的取值范围内,变量 s1 的值为 97
short s2 = c1;           //编译错误,把 char 类型变量赋给 short 类型,需要强制类型转换
```

【例 3-20】 强制类型转换举例。

```
import java.io.*;
public class TypeTran{
    public static void main(String args[]) {
        int x ; double y;
        x = (int)22.5 + (int)34.7;     //强制转型可能引起精度丢失
        y = (double)x;
        System.out.println("x = " + x);
        System.out.println("y = " + y);
    }
}
```

输出结果：

```
x = 56
y = 56.0
```

读者可以发现，强制转型容易造成数据精度丢失。在强制转型时，系统会忽略强制转型的检查，所以建议读者在强制转型前，必须清楚强制转换是否会导致错误。当然，强制转型在某些时候是必须要进行的，它更大的优点是实现了类型的多态，使Java语句更加丰富。

3.5.11 运算符的优先级

一个表达式中往往存在多个运算符，此时要按照运算符的优先级及结合性进行运算。也就是说，在表达式中优先级较高的先运算，优先级较低的后运算。如果运算对象两侧的运算符优先级相同，则由运算符的结合性规定的结合方向处理。Java 中运算符的优先级及结合性如表 3－15 所示。

表 3－15 运算符的优先级及结合性

优先次序	运 算 符	结 合 性
从高级到低级	. [] ()	左到右
	++ －－ ！ ～ －（取负）	右到左
	* / %	左到右
	+ －	
	>> >>> <<	
	< > <= >=	
	== !=	
	&	
	^	
	|	
	&&	
	||	
	? :	
	= += -= *= /= %= ^=	右到左
	&= |= <<= >>= >>>=	

表中右侧一栏是运算符的结合性。结合性可以让程序设计者了解到运算符与操作数之间的关系及其相对位置。举例来说，当使用同一优先级的运算符时，结合性决定谁会先被处理。读者可以看看下面的例子：

```
a = b +d / 5 * 4 ;
```

这个表达式中含有不同优先级的运算符。其中，“/”与“*”的优先级高于“+”，而“+”又高于“=”。但是，“/”与“*”的优先级是相同的。那么 d 是该先除以 5 再乘以 4 还是 5 乘以 4 后再除 d 呢？结合性可以解决这个问题。算术运算符的结合性为由左至右，就是在相同优先级的运算符中，先处理运算符左边的操作数，再处理右边的操作数。上面的式子中，由于“/”与“*”的优先级相同，因此 d 会先除以 5 再乘以 4，得到的结果加上 b，再将整个值赋给 a 存放。

练　习　题

选择题

1. 下列数中，能代表八进制整数的是（　　）。

A. OXA6　　B. 0144　　C. 1840　　D. －1E3

2. 下列数中，能代表单精度浮点数的是（　　）。

A. 0652　　B. 3.4457D　　C. 0.298f　　D. OL

3. 下列数中，能代表十六进制整数的是（　　）。

A. 0123　　B. 1900　　C. fa00　　D. 0za2

4. 下列能正确表示反斜杠字符的是（　　）。

A. \\　　B. * \\　　C. \　　D. \'\'

5. 下列描述中，正确的一项是（　　）。

A. 标识符首字符的后面可以跟数字

B. 标识符不区分大小写

C. 引用类型变量包括布尔型、字符型、浮点型

D. 数组属于基本数据类型

6. 下列语句执行后，变量 a、c 的值分别是（　　）。

```
int x = 182;
int a,c;
c = x/100;
a = x % 10;
```

A. 1，2　　B. 2，1　　C. 1.82，2　　D. 100，82

7. 下面表达式中，可以得到 x 和 y 的最大值的是（　　）。

A. x>y? y：x　　B. x<y? y：x

C. x>y?（x+y）：（x−y）　　D. x==y? y：x；

8. 下列代码的执行结果是（　　）。

```
public class Test1{
public static void main(String args[]){
float t = 9.0f;
int q = 5;
System.out.println((t + + ) * ( - - q));
}
}
```

A. 40　　B. 40.0

C. 36　　D. 36.0

9. 下列代码的执行结果是（　　）。

```
public class Test2{
public static void main(String args[]){
System.out.println(5/2);
```

```
}
}
```

A. 2.5　　B. 2.0

C. 2.50　　D. 2

10. 下列代码的执行结果是（　　）。

```
public class Test3{
public static void main(String args[]){
System.out.println(100 % 3);
System.out.println(100 % 3.0);
}
}
```

A . 1　　1　　B. 1　　1.0

C. 1.0　　1　　D. 1.0　　1.0

11. 下列代码的执行结果是（　　）。

```
public class Test4{
public static void main(String args[]){
int a = 4,b = 6,c = 8;
String s = "abc";
System.out.println(a + b + s + c);
  }
}
```

A. " ababcc"　　B. " 464688"

C. " 46abc8"　　D. " 10abc8"

填空题

1. 设 a=3，b=－5，f=true，自行设计程序，计算以下表达式的值。

－－a%b＋＋　　________

(a>=1 && a<=12? a：b)　　________

f^ (a>b)　　________

(－－a) <<a　　________

2.
```
char c1 = 'a',c2 = 'b',c3 = 'c';
int i1 = 10,i2 = 20,i3 = 30;
double d1 = 0.1,d2 = 0.2,d3 = 0.4;
```

写出下列表达式的值。

c1＋i2 * i3/i2%i1　　________

i1＋＋＋i2%i3　　________

i2－－ * ＋＋i3　　________

d1<d2 | | ＋＋i1==i2－－　　________

c1>i1? i1：c2　　________

i1＋=i2 * =i3　　________

i1>i3&&＋＋i2==i3　　________

7.0 / 3　　//除法　　________

```
7 % 3      //取余          ________
7.0 % 3    //取余          ________
-7 % 3     //取余          ________
7 % -3     //取余          ________
```

编程题

1. 编写程序将华氏温度转换成摄氏温度，公式：摄氏温度＝（5/9）×（华氏温度－32）。程序从键盘输入 double 型的数据作为华氏温度，最终将转换后的结果显示输出。

2. 编写程序计算圆柱的体积。输入半径和高，利用下列公式计算：面积＝半径×半径×PI，体积＝面积×高。

第4章 流程控制

■ **本章导读**

做任何事情都要遵循一定的原则，程序设计也是如此。程序设计需要有流程控制语句实现与用户的交流，并根据用户的输入决定程序要“做什么”、“怎么做”。

流程控制对于任何一门编程语言来说都是至关重要的，它提供了控制程序执行步骤的基本手段。任何程序设计语言的控制结构都是由顺序结构、选择结构和循环结构组成的，Java 语言正是利用这些控制结构来控制程序的执行顺序。本章将介绍 Java 语言中的流程控制语句。

■ **学习目标**

（1）掌握 if 语句的使用方法；

（2）掌握 switch 语句的使用方法；

（3）掌握 while 语句的使用方法；

（4）掌握 do - while 语句的使用方法；

（5）了解 while 语句和 do - while 语句的区别；

（6）掌握 for 语句的使用方法。

4.1 作用域

要想正确地理解控制的作用，首先必须理解作用域的概念。不同的控制在不同的范围内起作用，这里的范围就是我们所说的作用域。对于作用域中定义的各种变量，作用域限定了这些变量的可被访问范围，即变量的可见性及存活时间。

所谓变量的可见性，是指只有在规定的作用域范围内，变量才可以被访问及操纵控制。

所谓变量的存活时间，是指只有在规定的作用域范围内，变量是存活的，即一旦超出了变量的存活范围，变量就不存在了。对于这种不存在的理解，应该有两种情况：

（1）内存立即被回收，变量在内存中不存在了，这种情况主要是针对于基本类型。

(2) 对象句柄不存在了，对象不再被操纵，对象的内容还存在，这种情况主要针对对象类型。

4.1.1 块作用域

一个块或复合语句是用一对花括号“{}”括起来的Java语句。块定义了变量的作用范围。对于块，我们主要理解以下两个方面。

1. 块可以被嵌套

块的嵌套在以前的每个程序中几乎都存在。

【例4-1】 程序清单：Scope.java。

```
/*
   块的嵌套
 */
public classScope1
{
   public static void main(String args[])
   {                                                        //main()方法开始
     int a = 15;
     int b = 2;
     if(a == 15)
     {                                                      //条件块开始
         double c = 2;                                      //c是可用的
         System.out.println(a + "/" + c + "=" + (a/c));
         System.out.println("the value a is " + a);         //a是可用的
     }                                                      //条件块结束
     //System.out.println("the value c is " + c);           //在这里,c已经不再可用
       System.out.println(a + "/" + b + "=" + (a/b));
       System.out.println(a + "%" + b + "=" + (a%b));
   }                                                        //main()方法结束
}
```

输出结果：

```
5/2.0=7.5
the value a is 15
15/2=7
15%2=1
```

在这个程序的main()方法中，我们嵌套了一个条件判断块。也就是说，在main()方法中包含了另一个块。

变量a与c的可见性可以通过程序看出。变量a在main()方法中都是可见的，只有在main()方法结束处，变量a才失去它存活的空间。由于条件块是包含在main()方法块中的，所以在条件块中我们依然可以操纵或访问变量a。而对于变量c，由于

它只是在条件块中定义，同样的理论，变量 c 在条件块结束处的花括号处失去它的可见性。

读者可能会注意到，在程序中有一行以“//”开头的语句，这是为了测试变量 c 是否可以在条件块外被访问及操作。读者可以将“//”去掉，再编译运行一下这段程序，看看会输出什么样的结果。

由此我们得到这样的结论：变量的可见性及存活时间是从它定义处开始，直到与它同级的花括号处结束。

说明：

合理的缩进与空格可以提高程序的可读性。由于 Java 代码是一种形式自由的语言，所以额外的空格、制表位及回车都不会对程序造成任何影响。建议读者在实践过程中，将同级的括号放到相同的列上，这样会容易分出包含的级别与块的作用域。

2. 嵌套块内不可以声明相同名字的变量

在 Java 中，系统帮助用户检查变量的声明是否有效、合法，在两个嵌套块内不可以声明相同名字的变量。

我们先把上面的程序改造如下。

【例 4-2】 程序清单：Scope1.java。

```
/*
    块的嵌套
  */
public classScope1
{
    public static void main(String args[])
    {                                                       //main()方法开始
      int a = 15;
      int b = 2;
      if(a = = 15)
      {                                                     //条件块开始
          int a = 10;
          double c = 2;                                     //c 是可用的
          System.out.println(a + "/" + c + "=" + (a/c));
          System.out.println("the value a is " + a);        //a 是可用的
      }                                                     //条件块结束
    //System.out.println("the value c is " + c);            //在这里,c 已经不再可用
      System.out.println(a + "/" + b + "=" + (a/b));
      System.out.println(a + "%" + b + "=" + (a%b));
    }                                                       //main()方法结束
}
```

我们将这个程序再编译一下，看看会出现什么结果。输出结果：

```
PartArea1.java:12: a is already defined in main(java.lang.String[])
                  int a = 10;
                      ^
1 error
```

系统的提示信息很清楚，在第12行中的变量a已经定义了。

技巧：

系统编译的错误提示信息相当重要，读者需仔细分析，这对找出程序中的问题是很有帮助的。

这个程序表明：在嵌套块内的变量是不可以重复定义的。

接下来，我们再把上面的程序代码修改如下。

【例4-3】 程序清单：Scope2.java。

```
/*
    块的嵌套
 */
public classScope2
{
    int a = 10;
    public static void main(String args[])
    {                                                   //main()方法开始
      int a = 15;
      int b = 2;
      if(a == 15)
      {                                                 //条件块开始
          double c = 2;                                 //c是可用的
          System.out.println(a + "/" + c + "=" + (a/c));
          System.out.println("the value a is " + a);    //a是可用的
      }                                                 //条件块结束
      //System.out.println("the value c is " + c);      //在这里,c已经不再可用
        System.out.println(a + "/" + b + "=" + (a / b));
        System.out.println(a + "%" + b + "=" + (a % b));
    }                                                   //main()方法结束
}
```

将这个程序再编译一下，会出现如下结果。

```
15/2.0 = 7.5
the value a is 15
15/2 = 7
15 % 2 = 1
```

此时，为什么能正确执行呢？不是说嵌套块不能重复定义吗？下面来解释一下这个让很多初学者混淆的问题。

（1）所谓嵌套块，是方法内的嵌套，不包括类的花括号。

（2）换个角度理解，不允许重复定义的是局部变量，而成员变量或类变量是可以被重复定义的。局部变量的值覆盖全局变量的值（注意：局部变量的值只是在局部作用域范围内有效，出了局部变量作用域，变量的值还是全局变量的值）。

说明：

为了避免程序混乱，我们建议无论是局部变量还是全局变量，请尽量不要定义名字相同的变量名。

为了验证第二个结论，我们再把上面的程序修改一下。

【例 4－4】 程序清单：Scope3.java。

```
/*
   块的嵌套
 */
public classScope3
{
    static int a = 10;
    public static void main(String args[])
    {                                                   //main()方法开始
      if(a = = 10)
      {                                                 //条件块开始
          int a = 15;
          System.out.println("局部变量 a is " + a);      //a 的值是 15
      }                                                 //条件块结束
      System.out.println("全局变量 a is " + a);          //在这里,a 的值是 10
    }                                                   //main()方法结束
}
```

输出结果：

```
局部变量 a is 15
全局变量 a is 10
```

程序分析：在条件块外访问的是全局变量，在条件块内访问的是局部变量。那么能否在条件块内访问全局变量呢？答案是肯定的。

4.1.2 对象的存活时间

Java中的对象，只是在存活时间上与主类型（基本类型）不一致，在变量作用域的其他方面都是一致的。下面我们分析一下对象类型的存活时间。

对于对象类型，就内容而言，读者还没有接触到，我们将这部分内容放到这里，主要是为了与主类型变量有个比较，便于读者理解对象类型变量与主类型变量的不同。读者可以提前翻阅第7章关于对象及对象句柄的内容，然后再看这一节的内容。

Java用关键字new创建一个对象时，会在内存堆中生成一个对象的实例。要想操纵这个对象，就要给这个对象赋予一个句柄。例如：

```
String s = new String("这是一个字符串对象")
```

其中，“s”即我们所说的主类型中的变量名，也被称为句柄。在作用域结束时，句柄s消失，但对象本身依然存在于内存中。由于句柄消失，我们已经无法再去操纵对象，所以从表面上看，对象也不存在了。

在这里强调一点：操纵对象的是句柄。也正是由于采用句柄操纵对象，才导致对象类型与主类型有很多不同。请读者一定要对句柄概念有个清楚的了解。

注意：

对象内容不可能一直存在于内存中，Java回收机制会定时检查内存中失去句柄的对象，并将它们销毁。至于什么时间被销毁，是由Java的回收机制决定的，我们可以不必考虑。

4.2 条件语句

条件语句可根据不同的条件选择执行不同的语句。Java中的条件语句分为if条件语句和switch条件语句。

4.2.1 if条件语句

通过if条件语句可以选择是否要执行紧跟在条件语句之后的那个语句。关键字if之后是作为条件的布尔表达式，如果该表达式返回的结果是true，则执行其后的语句；若为false，则不执行if条件之后的语句。if条件语句可分为简单的if条件语句、if-else语句和if-eles if-…-eles多分支语句。

1. if单分支条件语句

这是if语句最简单的一种表现形式，其语法如下：

```
if(条件)
    {语句序列}；
```

其中，if 后面的“条件”必须用圆括号括起来，而且“条件”的值也必须为布尔型。它可以是单纯的布尔变量或常量，也可以是使用关系运算符或布尔运算符连接的表达式。语句序列可以是一条或多条语句，当表达式的值为 true 时，执行这些语句序列。若语句序列中仅有一条语句，则可以省略条件语句中的“{}”。

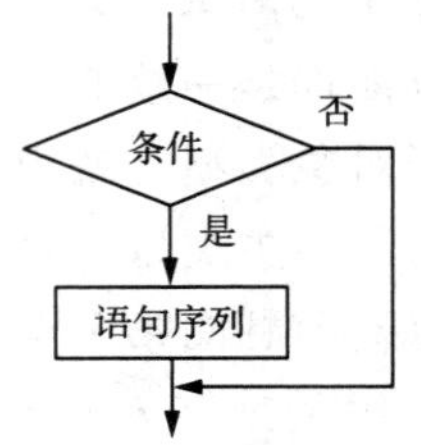

图 4-1 if 条件语句的执行过程

if 条件语句的执行过程如图 4-1 所示。

例如：

```
if (score>=80)
    System.out.println("良好!");
```

如果分数大于等于 80，则输出“良好!”。

【例 4-5】 程序清单：Suppose.java。

```
/*
    条件语句第一种形式测试
 */
public class Suppose
{
    public static void main(String args[])
    {
      double mySales = 6000;
      if( mySales > 5000)
      {
        System.out.println("请朋友大餐一次");
        System.out.println("再去旅游");
        System.out.println("卡拉 OK 一次");
      }
    }
}
```

输出结果：

```
请朋友大餐一次
再去旅游
卡拉 OK 一次
```

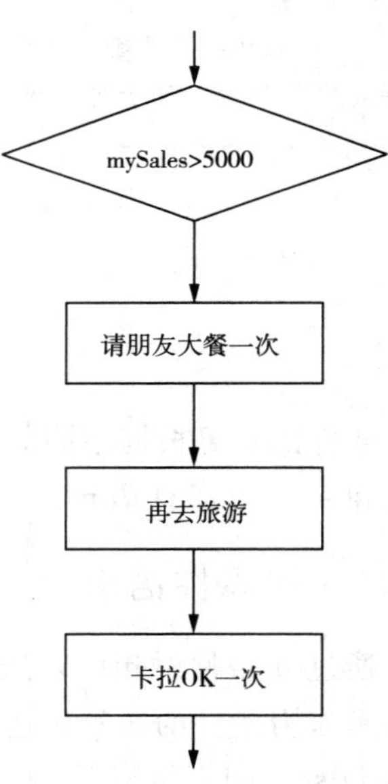

图 4-2 if 语句流程图

通过这个程序读者可以看到，我这个月拿到了 6000 元的工资，所以执行了 if 之后的所有语句。执行流程如图 4-2 所示。

> **说明：**
> if 后面的条件必须用圆括号括起来，而且没有分号。

2. if－else 双分支条件语句

if－else 语句是条件语句中最为常用的一种形式，它会针对某种条件有选择地做出处理。它所表达的意思是如果条件满足，就执行 if 后面的语句；否则，就执行 else 后面的语句。其语法格式如下：

```
if(条件)
    {语句序列 1}；
else
    {语句序列 2}；
```

对于 if－else 语句来说，首先要计算条件表达式的值。如果表达式的值为真，则执行语句序列 1；否则，执行语句序列 2。if－else 语句的执行过程如图 4－3 所示。

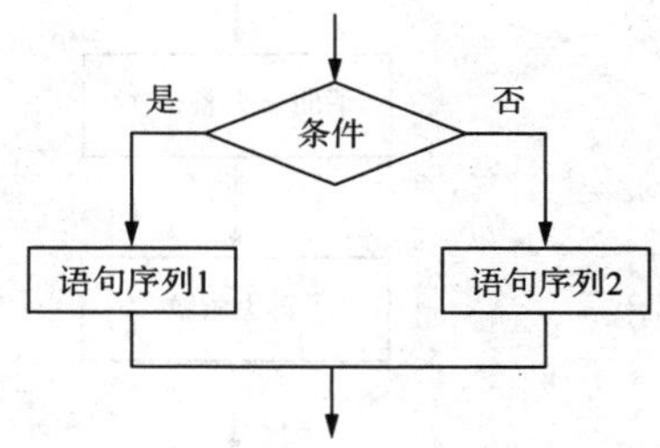

图 4－3　if－else 语句的执行过程

我们还是通过一个例子来说明。假如这个月我的工资超过 5000 元，就请朋友大餐一次，再去旅游，卡拉 OK 一次。如果不到 5000 元，我只能请朋友吃碗拉面了。

【例 4－6】　程序清单：Suppose2. java。

```
/*
    条件语句第二种形式测试
  */
public class Suppose2
    {
      public static void main(String args[])
      {
        double mySales = 4000;
        if( mySales > 5000)
        {
          System.out.println("请朋友大餐一次");
          System.out.println("再去旅游");
          System.out.println("卡拉 OK 一次");
        }
        else
        {
          System.out.println("只能请朋友吃碗拉面了");
        }
      }
}
```

输出结果：

只能请朋友吃碗拉面了

程序中的工资为 4000 元，小于 5000 元，所以只能请朋友吃碗拉面了。执行流程图如图 4-4 所示。

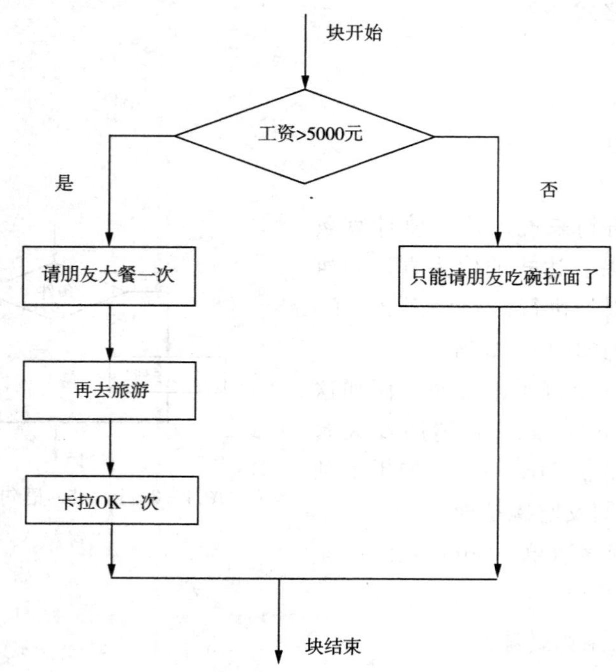

图 4-4　if-else 结构流程图

看到这里，读者也许会想问一个问题，现在所处理的两种形式都是一个条件，那如果遇到多个条件如何处理呢？接下来，我们就来介绍第三种形式。

3. if-else if-…-else 多分支条件语句

if-else if-…-else 多分支语句用于针对某一事件的多种情况进行处理。其格式如下：

```
if(条件表达式 1)
{ 语句序列 1;}
else if (条件表达式 2)
{ 语句序列 2;}
else if (条件表达式 3)
{ 语句序列 3;}
⋮
else if (条件表达式 n)
{ 语句序列 n;}
else
{ 语句序列 n+1;}
```

首先判定条件表达式 1 的值，如果为真，则执行语句序列 1；否则，判定条件表达式 2，如果为真，则执行语句序列 2……依次类推，直到所有的表达式条件都不满足，则执行语句序列 n+1。其执行流程如图 4-5 所示。

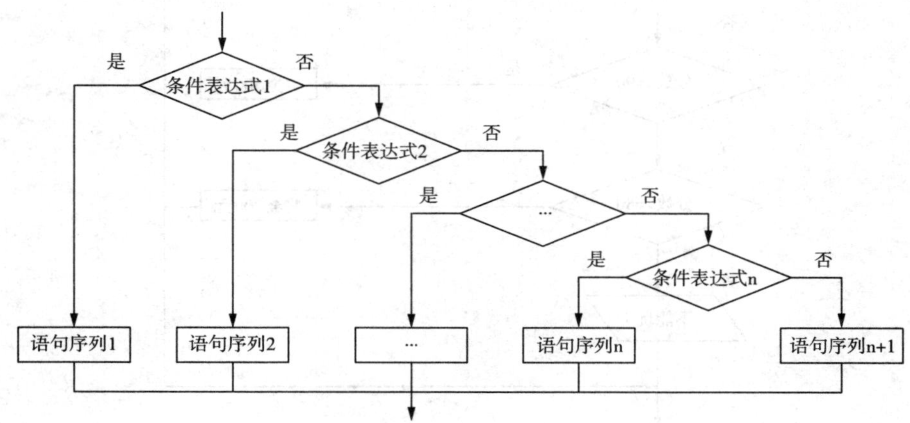

图 4-5 if-else if-…-else 多分支语句执行流程图

例如，小明的家长为了鼓励小明学习，特别规定了如下的奖励措施：如果这学期考试每门成绩都是 100 分，想到哪里玩都可以，另外再奖励 500 元零用钱；如果都能达到 90 分，奖励 500 元；都达到 80 分，只奖励 300 元；任何一门低于 80 分，暑假就只能老老实实在家学习，哪也不能去。我们先用伪计算机语言来把事情再描述一下：

```
if(每门成绩 = = 100 )
{
    可以上任何地方玩;
    500 元奖金;
}
else if (每门成绩 >= 90)
{
    只奖励 500 元;
}
else if (每门成绩 >=80)
{
    只奖励 300 元;
}
else
{
    老老实实在家学习;
}
```

用图 4-6 所示的流程图来表示。

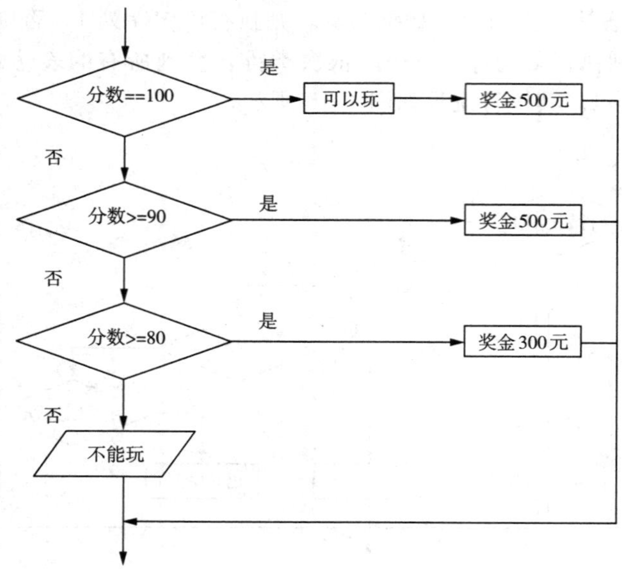

图 4－6　if－else if－…－else 结构流程图

通过上面的学习，下面我们再看一个小程序。

【例 4－7】　程序清单：ConditionTest. java。

```
/*
   else 块的邻近属性
  */
public class ConditionTest
{
     public static void main(String args[])
     {
        int salary = 5000;
        if (salary > 5000)
          System.out.println("the first condition my salary is: " + salary);
        if (salary > 4500)
          System.out.println("the second condition my salary is: " + salary);
        else
          System.out.println("the else my salary is: " + salary);
     }
}
```

输出结果：

```
the second condition my salary is: 5000
```

可以看到，程序并没有直接报告 else 块，而是进入第二个条件块，这就是条件语句的重要特性：

（1）else 块是可选的；

（2）else 块总是属于离它最近的 if 块。

4.2.2 switch多分支语句

switch多分支语句有时也被称为选择语句、开关语句或多重条件语句，其功能是根据一个整数表达式的值，从一系列代码中选出一段与之相符的执行。格式如下：

```
switch(表达式)
{
    case 常量值 1：语句；break；
    case 常量值 2：语句；break；
    case 常量值 3：语句；break；
    case 常量值 4：语句；break；
    ⋮
    default:语句；
}
```

switch语句中表达式的值必须是整型或字符型，常量值1～n也必须是整型或字符型。switch语句首先计算表达式的值，如果表达式的值和某个case后面的变量值相同，则执行该case语句后的若干个语句，直到遇到break语句为止。此时，如果case语句中没有break语句，将继续执行后面case中的若干语句，直到遇到break语句为止。如果没有一个常量值与表达式的值相同，则执行default后面的语句。其中，default语句是可选的。

> **注意：**
> 在同一个switch语句中，case后的常量值必须互不相同。

【例4-8】 程序清单：SwitchTest. java。

```
/*
   分支语句功能测试
  */
import java.io.*;
public class SwitchTest
{
    public static void main(String args[])
    {
      String strIn = " ";
      InputStreamReader in = new InputStreamReader(System.in);
      BufferedReader buffIn = new BufferedReader(in);
      System.out.print("Please enter a month(1 - 12): ");
      try
      {
        strIn = buffIn.readLine();                   //从命令行读入数据
```

```
        }
        catch (IOException e)
        {
          System.out.println(e.toString());
        }
        int month = Integer.parseInt(strIn);      //将字符串转变成整数型
        int season = 0;
        if (month <12 && month >0)
          season = ((month + 10) % 12)/3 + 1; //计算季节的公式
                    switch(season)
        {
          case 1:
            System.out.println("the season is Spring!");
            break;
          case 2:
            System.out.println("the season is Summer!");
            break;
          case 3:
            System.out.println("the season is Fall!");
            break;
          case 4:
            System.out.println("the season is Winter!");
            break;
          default:
            System.out.println("this is not correct month!");
        }
      }
}
```

输出结果：

```
Please enter a month(1-12): 2
the season is Spring!
```

在这个程序中，我们第一次用到了从命令行输入参数的功能，也许读者还不能完全理解这段程序的部分内容，但没有关系。这里用这个程序只是为了示范分支语句的功能。

这段程序是从命令行接收一个输入值，并将这个值转变为整数型，然后再算出输入的值属于哪个季节。读者可能注意到，每个 case 语句后都是以一个 break 语句结尾，这样做是为了使执行流程跳转到 switch 块末尾。上面的例子是正常的执行，下面我们把它改动一下。

【例 4-9】 程序清单：SwitchTest2.java。

```
/*
    分支语句功能测试
```

```
 */
import java.io.*;
public class SwitchTest2
{
    public static void main(String args[])
    {
      String strIn = "";
      InputStreamReader in = new InputStreamReader(System.in);
      BufferedReader buffIn = new BufferedReader(in);
      System.out.print("Please enter a month(1-12):");
      try
      {
        strIn = buffIn.readLine();                //从命令行读入数据
      }
      catch (IOException e)
      {
        System.out.println(e.toString());
      }
      int month = Integer.parseInt(strIn);      //将字符串转变成整数型
      int season = 0;
      if (month <12 && month >0)
        season = ((month + 10) % 12)/3 + 1;     //计算季节的公式
                switch(season)
      {
        case 1:
          System.out.println("the season is Spring!");
          break;
        case 2:
          System.out.println("the season is Summer!");
        case 3:
          System.out.println("the season is Fall!");
        case 4:
          System.out.println("the season is Winter!");
          break;
        default:
          System.out.println("this is not correct month!");
      }
    }
}
```

将其中的两个 break 删除，编译运行一下，然后在命令行输入 7，看看会出现什么结果？

输出结果：

```
Please enter a month(1 - 12)：7
the season is Summer!
the season is Fall!
the season is Winter!
```

为什么会一下输出了 3 个结果？这个问题就是我们要重点说明的第一个问题。

switch 语句是从与之相匹配的 case 语句开始，直到 break 结束。因为在 case2 和 case3 中，我们删除了 break 语句，所以程序会一直执行下去，直到遇到 case4 中的 break 语句。

我们现在再执行一下上一个示例，在命令行输入超过 12 的值，看看会出现什么结果。

输出结果：

```
Please enter a month(1 - 12)：21
this is not correct month!
```

由于我们输入了不正确的月份，程序进入 default 语句。这就是我们要重点说明的第二个问题。

switch 语句找不到与 case 相匹配的语句，就会执行 default 语句。

在第 3 章介绍字符型数据时，重点强调了字符型数据可以转化为整数，值介于 0～65535 之间。而 switch 语句需要的是整数选择因子，所以我们同样可以用字符型数据来进行分支的控制。下面再用一个小例子来验证这个问题。

【例 4 - 10】 程序清单：SwitchTest3. java。

```
/*
    分支语句功能测试
  */
import java.io.*;
public class SwitchTest3
{
    public static void main(String args[])
    {
      String strIn = " ";
      InputStreamReader in = new InputStreamReader(System.in);
      BufferedReader buffIn = new BufferedReader(in);
      System.out.print("Please enter a singal lower letter：");
      try
      {
        strIn = buffIn.readLine();          //从命令行读入数据
      }
      catch (IOException e)
      {
```

```
            System.out.println(e.toString());
        }
        char letter = strIn.charAt(0);          //将字符串转变成字符型数据
        switch(letter)
        {
          case 'a':
            System.out.println("the letter is a!");
            break;
          case 'b':
            System.out.println("the letter is b!");
            break;
          case 'c':
            System.out.println("the letter is c!");
            break;
          case 'd':
            System.out.println("the letter is d!");
            break;
          default:
            System.out.println("the letter is not between a and d!");
        }
      }
    }
```

输出结果：

```
Please enter a singal lower letter: g
the letter is not between a and d!
```

结合这个程序，我们重点说明第三个问题。

在 switch 语句中，只要整数表达式输出的是整数选择因子就可以接受。在 Java 中如果不通过转型处理，只有 int 型与 char 型可以作为 switch 语句的选择因子。

4.3 循环语句

循环语句的作用是重复执行一段代码，直到循环条件不再成立为止。被反复执行的语句叫做循环体，循环结构是一种非常重要的结构。Java 语言提供了 3 种循环语句：while 语句、do - while 语句和 for 语句。循环语句一般包含以下 4 部分。

（1）初始化部分用来设置循环的一些初始条件。

（2）循环条件是一个布尔表达式，每一次循环都要对该表达式求值以判断是否继续循环。这个布尔表达式通常会包含循环控制变量。

（3）循环体是循环操作的主要内容。

（4）迭代部分通常属于循环体的一部分，用来改变循环控制变量的值，从而改变循环条件表达式的布尔值。

4.3.1 while 循环语句

while 循环的语法格式如下：

```
while (表达式)
{
      循环体语句;
      修改循环控制变量;
}
```

若表达式的值为真，则执行花括号“{}”中的语句，即循环体语句，并修改循环变量。当执行完“{}”中的语句后，再次计算表达式的值……直至表达式的值为假时，退出循环；若表达式的值为假，则退出循环，直接执行 while 后的语句。while 循环语句的执行过程如图 4-7 所示。

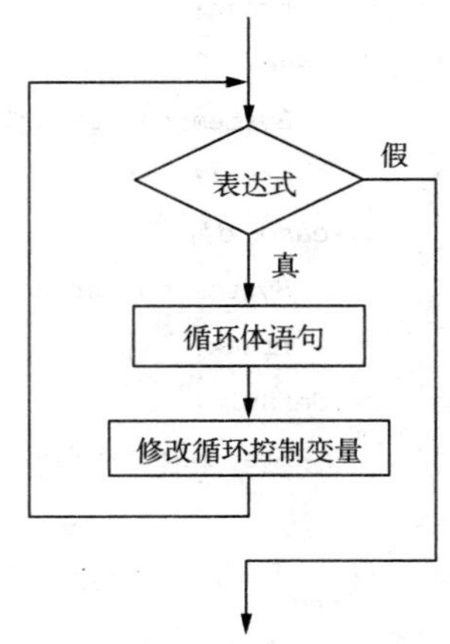

图 4-7 while 循环结构的执行过程

下面通过一个程序来说明 while 循环语句的使用方法。

自从参加工作以后，小李每个月都要交纳一定的住房公基金，以准备买房子。现在他每月工资是 2000 元，以后每年按 10% 的比例增加。其中，工资的 5% 是用来交纳住房公基金的。多少年后，小李可以有 20 万元住房公基金。

【例 4-11】 程序清单：BuyHouse.java。

```
/*
    while 循环控制结构的测试
 */
public class BuyHouse
{
    public static void main(String args[])
    {
      final double HOUSEFUND = 200000;
      double salary = 2000;
      double fund = 0;
      int years = 1;
      while (fund < HOUSEFUND)
      {
        fund += salary * 0.05 * 12;
        years++;
        salary = salary * 1.1;
```

```
        }
        System.out.println("the total years is: " + years);
        System.out.println("the total fund is : " + fund);
    }
}
```

输出结果：

```
the total years is: 32
the total fund is : 218332.10994930082
```

在开始的时候，我们并不知道需要多少年，但知道住房公基金需要达到 20 万元。以这个条件作为程序结束的条件进行循环。

通过这个程序可以总结出以下几点：

(1) 循环开始执行的条件为真；

(2) 必须要有使程序结束的自变量在变化；

(3) 循环判断条件为假时，程序中止循环。

while 循环控制流程图如图 4-8 所示。

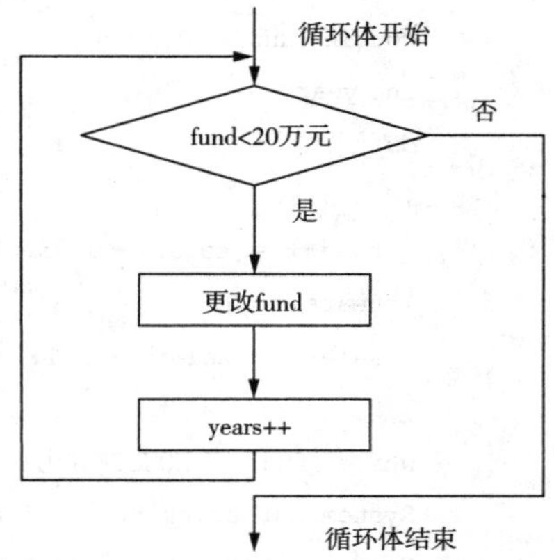

图 4-8 while 循环控制流程图

4.3.2 do-while 循环语句

do-while 循环语句的语法格式如下：

```
do
{
    循环体语句;
    修改循环控制变量;
}while(表达式);
```

do-while 循环语句首先执行循环体，然后再求表达式的值。如果值为真，则再次执行循环体，直到表达式的值为假。也就是说，do-while 循环的循环体至少要执行一次，而 while 循环是先求表达式的值，它的循环体可以一次也不执行。do-while 循环语句的执行过程如图4-9所示。

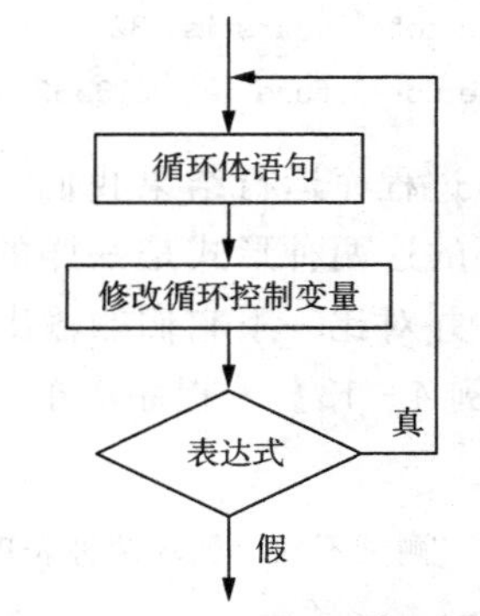

图 4-9 do-while 循环语句的执行过程

> **注意：**
> do-while 循环语句最后的分号不可缺少。

【例 4-12】 程序清单：BuyHouse2.java。

```
/*
    do-while 循环控制结构的测试
```

```
  */
public class BuyHouse2
{
    public static void main(String args[])
    {
      final double HOUSEFUND = 200000;
      double salary = 2000;
      double fund = 0;
      int years = 1;
      do
      {
        fund += salary*0.05*12;
        years++;
        salary = salary *1.1;
      }
      while (fund < HOUSEFUND);
      System.out.println("the total years is: " + years);
      System.out.println("the total fund is : " + fund);
    }
}
```

输出结果：

```
the total years is: 32
the total fund is : 218332.10994930082
```

通过程序运行结果我们可以看出，两段程序的结果是一样的。从理论上说，不确定循环的这两种形式是一样的，但两者之间仍有一点细小的差别。我们再看下面两个程序，并对比一下它们的输出。

【例 4-13】 程序清单：DifferTest.java。

```
/*
    测试不确定循环两种表现形式的区别
  */
public class DifferTest
{
    public static void main(String args[])
    {
      int i = 2;
      do
      {
        i++;
        System.out.println("the value i is: " + i );
```

```
        }
        while (i < 2);
    }
}
```

【例 4-14】 程序清单：DifferTest2. java。

```
/*
    测试不确定循环两种表现形式的区别
 */
public class DifferTest2
{
    public static void main(String args[])
    {
      int i = 2;
      while(i < 2)
      {
        i++;
        System.out.println("the value i is: " + i);
      }
    }
}
```

DifferTest. java 输出结果：

```
the value i is: 3
```

编译运行 DifferTest2. java，会发现没有任何输出。

从这里可以看出来，这两种表现形式是有一定的差别的：while 语句是先进行条件判断，再进行循环体的处理；do-while 语句是先进行循环体的处理，再判断条件语句。也就是说，do-while 语句在执行判断之前已经将循环体内的逻辑处理了一遍。

注意：

为了提高程序的可控制性，建议读者尽量少用 do-while 形式，除非非常清楚块体内的变量变化情况。

4.3.3 for 循环语句

for 循环是最简单的循环语句，它可以通过计数器或在每次循环后修改某个类似于计数器变量的值来控制。同时，for 循环也是 Java 语言的 3 个循环中功能最强、使用最广泛的一个，所有的 while 和 do-while 循环都可以用 for 循环代替。for 循环的格式如下：

```
for(表达式 1;表达式 2;表达式 3)
{
    循环体语句;
}
```

表达式 1 为初始化表达式，用来设定循环控制变量的初始值，也就是循环的起点。

表达式 2 是用来判断循环是否结束的表达式，也就是循环的终点。程序循环是否持续进行由判断表达式决定。

表达式 3 用来修改变量，以改变循环条件。

在执行 for 循环语句时，首先执行表达式 1，完成某一变量的初始化工作；然后判断表达式 2 的值，若表达式 2 的值为 true，则进入循环体；在执行完循环体后，计算表达式 3，这部分通常是增加或减少循环控制变量的值。这样就结束了一轮循环。第二轮循环开始时，先计算表达式 2 的值，若表达式 2 的值为 true，则继续执行循环体语句；否则，跳出整个 for 循环语句。

for 循环语句的执行过程如图 4 - 10 所示。

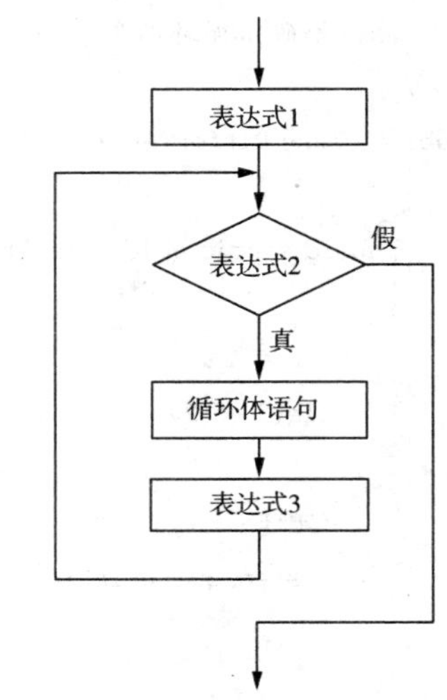

图 4 - 10　for 循环语句的执行过程

下面用一个小例子来说明 for 循环语句的执行流程：向控制台输出 1～10 之间的数字。

【例 4 - 15】　程序清单：Circle. java。

```
/*
    输出数字到控制台
 */
public class Circle
{
    public static void main(String args[])
    {
      for( int i = 1; i <= 10; i++ )
      {
        System.out.print("  " + i);
      }
    }
}
```

输出结果：

```
1  2  3  4  5  6  7  8  9  10
```

由于在上例中的 for 循环体内只有一条语句，所以可以写成如下形式：

```
for( int i = 1; i <= 10; i++ )
    System.out.print(" " + i);
```

注意：

只有在仅有一条语句的情况下才可以将块符号省略。

本例的流程控制图如图 4－11 所示。

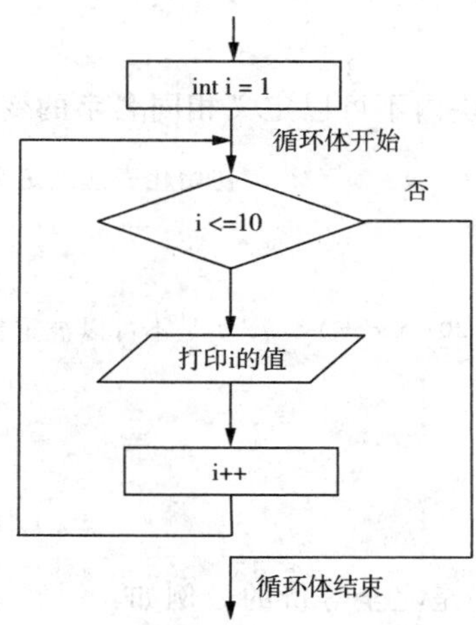

图 4－11 for 循环控制流程图

对于 for 循环控制结构，有以下几个问题请读者注意。

(1) 如果初始化表达式定义了一个初始化变量，那么该变量的作用域范围是从循环开始到循环结束。例如：

```
for(int i = 1; i <= 10; i++)          //初始化表达式定义了初始化变量 i = 1
{
    ⋮
}
                                      // i 在这里已经不再可用
```

(2) 如果想在循环体外部使用循环计数器的最终结果，应该在循环开始处就声明。例如：

```
int i = 1;                            //定义循环计数器变量 i = 1
for(i = 1; i <= 10; i++)
{
    ⋮
}
                                      // i 在这里还可以再用
```

(3) 在同级别的不同 for 循环中，可以定义相同名字的变量。例如：

```
for(int i = 1; i <= 10; i++)          //初始化表达式定义了初始化变量 i = 1
{
```

```
    ⋮
}                                        //第一个循环块的 i 在这里不再可用
    ⋮
for(int i = 1; i <= 20; i++)             //i 在这里可以被重新定义
{
    ⋮
}
```

(4) 在被包含的 for 循环块内不可以定义相同名字的变量。例如：

```
for(int i = 1; i <= 10; i++)             //初始化表达式定义了初始化变量 i = 1
{
    ⋮
    for( int i = 1; i <= 20; i++)        // i 是不可以被重新定义,需要声明一个新变量 j
    {
        ⋮
    }
}
```

(5) for 循环与 while 循环是完全等价的。例如：

```
for(初始化表达式; 判断表达式; 递增(或递减)表达式)
{
    执行语句;
}
```

完全等价于：

```
{
    初始化表达式;
    while(判断表达式)
    {
      执行语句;
      递增(或递减)表达式;
    }
}
```

● 逗号运算符

逗号运算符不是逗号分隔符。逗号分隔符用于分隔方法中不同的变量；而在 Java 中，逗号运算符的唯一使用场所就是 for 循环。在初始化循环变量表达式或递增（递减）表达式中，我们用一系列逗号分隔不同的语句，这些语句均参与循环控制。

下面用一个简单的示例说明这个问题。

【例 4-16】 程序清单：CommaOperator.java。

```
/*
    逗号运算符
```

```
  */
public class CommaOperator
{
    public static void main(String args[])
    {
      for( int i = 1, j = i + 10; i < 5; i++, j = i * 3)
      {
        System.out.println(" i = " + i +"; j = " + j);
      }
    }
}
```

输出结果：

```
i = 1; j = 11
i = 2; j = 6
i = 3; j = 9
i = 4; j = 12
```

通过这个示例读者可以发现，初始化变量在开始的时候都是按照初始化表达式进行的，而在运算的过程中则都按照控制步长的表达式进行。

> **注意：**
> 在初始化表达式中，由逗号运算符分隔的变量属于同一类型。

● 无限循环

无限循环是指没有判断表达式的 for 循环。当程序进入到循环体内时，由于没有判断表达式来结束正常的循环，因此程序进入到无限循环中，也就是我们平常所说的死循环。

> **提示：**
> 无限循环是循环的一种特殊形式，通常是由于程序员没有给出判断表达式造成的。因此建议读者在使用循环控制时，一定要清楚是否有能使循环正常结束的判断语句，除非确定要使用无限循环（无限循环多用于线程的控制中，在后面的章节中我们再详细讲述）。

下面通过一个简单的小例子来了解一下无限循环的表现形式。

【例 4－17】 程序清单：Unlimited.java。

```
/*
    无限循环控制
  */
public class Unlimited
```

```
{
    public static void main(String args[])
    {
      for(int i = 1;; i++)
      {
        System.out.println("i = " + i);
      }
    }
}
```

如果程序进入到无限循环中，就不能正常结束了，此时只有手动结束程序的进程。手动结束进程的快捷键是 Ctrl+C。

4.4 break 语句与 continue 语句

任何循环语句的主体部分都可以使用 break 语句和 continue 语句控制循环的流程，实现程序执行过程中流程的转移。在 Java 中，break 语句用于强行退出循环，不执行循环中剩余的语句；而 continue 语句则用于停止执行当前循环，开始新的循环。

4.4.1 break 语句

break 语句可以用在两种情况下：一种是在 switch 语句中；另一种是在循环体内。break 语句用于强行退出循环，不再执行循环中的剩余部分。如果是多重循环，它将会在本次循环结束时执行该重循环后面的语句。

break 的语法格式如下：

```
break;
```

【例 4-18】 程序清单：BreakTest.java。

```
/*
    中断测试
 */
public class BreakTest
{
    public static void main(String args[])
    {
      for(int i = 1; i < 20; i++)
      {
        if(i == 10)
          break;
        System.out.print(" " + i);
      }
```

```
      System.out.println("the Reptation is over!");
    }
}
```

输出结果：

```
1  2  3  4  5  6  7  8  9
the Reptation is over!
```

读者可以看到，当执行到 i = 10 时，循环结束，输出结束语句。

通过这个程序，我们可以得到如下结论：break 语句的作用是中断整个循环体，直接跳出，执行下面的语句。

> **说明：**
>
> break 语句一般和条件判断语句结合使用，用来中断整个循环体。跳出循环体后，程序直接执行循环体以外的语句。

4.4.2 continue 语句

continue 语句只能在循环体中使用，用于终止当前的循环，返回到循环开始处，然后再开始新一次的循环。在 for 循环结构中，程序执行到 continue 语句时，忽略循环体中后面的语句，直接跳到迭代部分开始下一轮执行；在 while 和 do - while 循环结构中，程序执行到 continue 语句时，立刻去执行循环控制表达式语句，开始下一轮循环。

continue 语句的语法格式如下：

continue;

【例 4 - 19】 程序清单：ContinueTest.java。

```
/*
    继续循环的测试
  */
public class ContinueTest
{
    public static void main(String args[])
    {
      for(int i = 1; i < 20; i++)
      {
        if(i % 2 == 0)
          continue;
        System.out.print(" " + i);
      }
      System.out.println("the Reptation is over!");
    }
```

```
}
```

输出结果：

```
1  3  5  7  9  11  13  15  17  19
the Reptation is over!
```

从程序运行的结果来看，我们输出了所有的奇数。通过这个小程序可以得到如下结论：continue 语句结束当前的循环，不跳出循环体，接着开始下一次循环，这同 break 语句是有很大区别的。

4.4.3 标签语句

在 Java 中，唯一用到标签的地方就是在循环语句之前。标签就是一个后面跟有冒号的标识符，如：

label：

标签在代码中应该靠在循环语句的前面，尽量不要在标签与循环语句之间加入任何其他语句。

标签的作用就是结合 break 语句和 continue 语句，更加有效地控制复杂的嵌套循环结构。如果没有嵌套循环结构，使用标签也就没有意义了。看下面的程序，希望读者把程序控制流程图画出来。

【例 4－20】 程序清单：LabeledFor.java。

```
/*
    标签使用的测试
  */
public class LabeledFor
{
    public static void main(String args[])
    {
      outer:
      for (int i = 0; i < 5; i++)
      {
        System.out.println("i = " + i);
        inner:
        for(int j = 0; j < 3; j++)
        {
          System.out.println("j = " +j);
          if(j % 2 == 0)
          {
            System.out.println("continue inner");
            continue inner;                          //中断内部循环体当次循环
          }
```

```
            if(i % 2 = = 1)
            {
              System.out.println("continue outer");
              continue outer;                              //中断外部循环体当次循环
            }
            if( i = = 3)
            {
              System.out.println("break outer");
              break outer;                                 //中断外部循环体
            }
          }
        }
        System.out.println("this is all over!");
      }
}
```

输出结果：

```
i = 0
j = 0
continue inner
j = 1
j = 2
continue inner
i = 1
j = 0
continue inner
j = 1
continue outer
i = 2
j = 0
continue inner
j = 1
j = 2
continue inner
i = 3
j = 0
continue inner
j = 1
continue outer
```

```
i = 4
j = 0
continue inner
j = 1
j = 2
continue inner
this is all over!
```

通过程序分析，可以得到如下结论。

（1） continue inner;　　　　　　//中断内部循环体当次循环

continue 语句会结束 inner 的当次循环，并到达 inner 标签的开始位置，重新进入紧接在那个标签后面的循环。

（2） continue outer;　　　　　　//中断外部循环体当次循环

continue 语句会结束 outer 的当次循环，并到达 outer 标签的开始位置，重新进入紧接在那个标签后面的循环。

（3） break outer;　　　　　　//中断外部循环体

break 语句会中断当前的 outer 循环，并到达 outer 标签指示的循环体末尾。

说明：

在 Java 中，唯一用到标签的地方就是嵌套循环。当想要中断或继续多个嵌套级别时，可以使用标签。标签的使用至今仍有很多争议，建议读者尽量避免使用标签进行循环控制。

4.5 return 语句

return 语句在程序中用于实现跳转，通常是停止子程序的执行，将返回值返回到主程序。在我们的示例中已经多次用到 return 语句。

（1） return 表达式

例如：

```
int method( int num )
{
    if( num > 0 )
    {
      return - 1;
    }
    else if( num <= 0 )
```

```
    {
      return 0;
    }
    return 1;
}
```

在这个方法中，我们声明了return语句的返回值类型为int型。当主程序调用这个方法时，会得到一个int类型的返回值。根据不同的情况，分别返回1、0或－1。主程序得到子程序的返回值时，从当前方法中退出，返回到调用该方法的语句处，继续执行程序。

再如：

```
⋮
public int getValue()
{
    return a * b / 12;
}
⋮
```

在这段代码中，返回的是一个int型的表达式。在主程序调用时，子程序会计算这个表达式的值，计算的结果为int型并返回给主程序，从而主程序得以继续进行。如果返回值的类型或返回值不正确，程序会出现错误。

这里我们重点强调一个问题：返回值的数据类型必须与方法声明中的数据类型保持一致。

(2) return语句

如果在程序运行过程中，我们只希望调用子程序并完成子程序的功能，并不需要子程序返回任何数值，那么只要在子程序的结束处加上一条return语句就可以了。

使用没有返回值的return语句时，在方法的声明中必须明确将返回值类型声明为void。如：

```
⋮
public void setValue()
{
    value = a * b / 12;
    return;
}
⋮
```

当主程序调用该方法时，会对value进行赋值，赋值结束后会返回到主程序。在这种情况下，我们一般不写return语句。但即使不写return语句，方法调用完成后，系统也会自动回到方法调用处执行程序。

练　习　题

填空题

1. 下面程序的输出结果是________。

```
import java.io.*;
public class test1{
    public static void main(String args[]){
    int i = 0; int j = 0;
    while(i<15)
    {
      j++; i+=++j;
    }
    System.out.println("i = " + i + " " + "j = " + j);
}
}
```

2. 以下程序的功能是在屏幕上的同一行显示 1～9 的平方。请填空。

```
import java.io.*;
public class test2{
    public static void main(String args[]){
    int i = 0;
  for ________
    System.out.print(i * i + ____);
  }
}
```

3. 求输入的 10 个整数中的最大数，当输入值为负数时，提前结束程序。请填空。

```
import java.io.*;
import java.util.*;
public class max{
    public static void main(String args[]){
    final int N = 10;
    int x, max = 0;
    Scanner reader  = new Scanner(System.in);
    for (int i = 1; i<= N;i++)
    {
      x = reader.nextInt( );
      if(________)
      {
        max = x;
        continue;
      }
```

```
        else if(________)
        ________
    }
    System.out.println("max = " + ______);
    }
}
```

4. 下面这段程序的输出结果是________ 。

```
int sum = 0,i,j;
    for( i = 1;i< = 10;i + + )
    {
      if(i % 3! = 0)
        continue;
      else
        sum = sum + i;
      }
      System.out.println("sum = " + sum);
```

5. 下面这段程序的输出结果是 ________ 。

```
inti = 0;
    while( + + i){
      if(i = = 0) break;
      if(i % 3! = 1) continue;
    System.out.println("i = " + i);
}
```

6. 下面这段程序的输出结果是 ________ 。

```
int x = 2, y = 5, k = 0;
switch( x % y ) {
    case 0: k = x + y; break;
    case 1: k = x - y; break;
    case 2: k = x * y; break;
    default: k = x/y; break;
}
System.out.println(k);
```

7. 下面程序段的输出结果是________ 。

```
int a = 100,b = 20,c;
char oper = '+';
switch(oper)
    {
      case'+': c = a + b; break;
      case'-': c = a - b; break;
      default: c = a * b; break;
    }
```

编程题

1. 编写程序，求 100 以内自然数中的奇数之和。
2. 编写程序，求 100 以内能被 13 整除的最大自然数。
3. 编写一个 Application 程序，比较三个数的大小，输出其中最大的一个。
4. 输入 3 个整数，按由大到小的顺序输出显示。
5. 编写程序，在屏幕上打印如下图案。

```
*
* * *
* * * * *
* * * * * * *
```

6. 根据输入的运算符做两个数的四则运算。
7. 根据从键盘输入的表示星期几的数字，输出它们对应的英文名称。

第5章 数组

■ **本章导读**

数组是相同类型的数据按顺序组成的一种复合数据类型。其中，每一个数据称为数组的一个元素。我们可以通过下标（index）去访问数组中的任何一个元素。

■ **学习目标**

（1）掌握一维数组的创建及使用；
（2）掌握二维数组的创建及使用；
（3）掌握遍历数组的方法；
（4）掌握对数组排序的方法。

5.1 数组的概念

在设计程序时，我们经常遇到这样的情况：需要一种数据类型来存放大量性质相同的待处理数据，而这是之前介绍过的 int、float、double 类型无法解决的，因此需要另一种数据类型——数组。

数组是具有相同数据类型的数据集合。例如在生活中，一个班级的学生、一个单位的所有职工、一个汽车制造厂生产的所有汽车都可以看做是一个数组。数组中的每个元素具有相同的数据类型。

数组按照维数可分为一维数组、二维数组、三维数组、……、n 维数组。二维以上的数组称为多维数组。每一维代表一个空间的数据，一维数组代表的就是一维空间的数据。

5.2 一维数组

一维数组实质上是一组相同类型数据的线性集合。在程序中，需要处理一组数据或者传递一组数据时，可以利用一维数组实现。

5.2.1 一维数组的创建

在使用数组前，必须先声明数组变量并为之分配内存空间。一维数组的创建有两种方式。

1. 先声明，再进行内存分配

声明一维数组有以下两种形式：

```
数组元素类型 数组名[];
数组元素类型[] 数组名;
```

数组元素类型决定了数组的数据类型，可以是 Java 中任意的数据类型，包括基本类型和对象类型。数组名为一个合法的标识符，符号“[]”表示该变量是一个数组类型的变量，单个“[]”表示要创建的数组是一个一维数组。

例如，声明一个整型数组 a，代码如下：

```
int[] a;
```

或

```
int a[];
```

数组类型可以是 Java 的任何一种类型。例如，已经定义了 Teacher 类型，声明一个 Teacher 类型的数组，格式如下：

```
Teacher[] aTeacher;
```

或

```
Teacher aTeacher[];
```

声明数组只是给出了数组的名字和元素的数据类型，要想真正使用数组，还需要为它分配内存空间。在为数组分配内存空间时，必须指明数组的长度。为数组分配内存空间的一般格式如下：

```
数组名 = new 数组元素类型[数组元素的个数];
```

数组元素的个数指定了数组中可以存放数据的个数，即数组的长度。例如：

```
a = new int[5];
```

以上代码表明要创建一个具有 5 个元素的整型数组，并将创建的数组对象赋给引用变量 a，如图 5-1 所示。

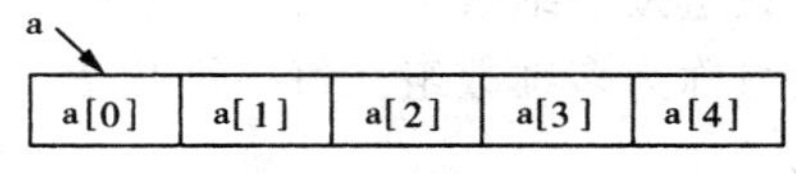

图 5-1 一维数组的存储情况

在图 5-1 中，a 为数组名，方括号“[]”中的值是数组的下标。数组通过下标来区分数组中不同的元素，数组中的下标是从 0 开始的。由于数组 a 中有 5 个元素，因此下标是从 0 到 4。

> **注意：**
> 使用关键字new为数组分配内存空间时，必须指定数组元素的类型及数组元素的个数，即数组的长度。

2. 声明数组的同时为数组分配内存

在Java中，也可以在声明数组的同时为数组分配内存单元，格式如下：

```
数组元素类型 数组名 = new 数组元素类型[数组元素的个数]；
```

例如：

```
int a[] = new int[5];
```

上面的代码声明了一个长度为5的数组a，并为之分配了内存单元。

创建数组时，系统会给每个数组元素一个默认值。例如，基本数据类型的数组元素，其默认值是基本类型的默认值；对象类型的数组元素，其默认值是null。

5.2.2 一维数组的初始化

与基本数据类型一样，数组也需要初始化。数组的初始化就是为数组中的每个元素赋值，数组的初始化有以下两种形式：

```
int[] a = new int[]{1,2,3,4,5};          //第1种初始化方式
int a[] = {1,2,3,4,5};                   //第2种初始化方式
```

从以上代码可以看出，在初始化数组时，需要将数组元素放在一对大括号内，每个元素使用逗号分隔。在初始化时，如果没有指定数组元素的个数，系统会自动计算数组元素的个数，从而为其分配固定容量的空间。

如果需要得到数组容量的大小，可以使用length属性。例如，我们要得到整数数组c的容量，可以采用如下的格式：

```
c.length;                               //注意:这并不是方法的调用,length后面没有括号
```

【例5-1】 程序清单：InitArray.java。

```
/*
    通过本代码,说明不同类型数组的默认值
 */
public class InitArray
{
    public static void main(String args[])
    {
      int []a = new int[5];
      System.out.println("整型数组a的长度是" + a.length);
      System.out.println("数组中的每个元素为");
```

```
        for(int i = 0;i<a.length;i++)
        {
          System.out.print(a[i] + " ");
        }
        float []b = new float[5];
        System.out.println("float 型数组 b 的长度是" + b.length);
        System.out.println("数组中的每个元素为");
        for(int i = 0;i<b.length;i++)
        {
          System.out.print(b[i] + " ");
        }
        String []c = new String[5];
        System.out.println("字符串型数组 c 的长度是" + c.length);
        System.out.println("数组中的每个元素为");
        for(int i = 0;i<c.length;i++)
        {
          System.out.print(c[i] + " ");
        }
      }
    }
```

输出结果：

```
整型数组 a 的长度是 5
数组中的每个元素为
0    0    0    0    0
float 型数组 b 的长度是 5
数组中的每个元素为
0.0    0.0    0.0    0.0    0.0
字符串型数组 c 的长度是 5
数组中的每个元素为
null    null    null    null    null
```

5.2.3 匿名数组

所谓匿名数组，就是没有名字的数组，即在声明一个数组时并没有给出数组的名字。例如：

```
new int[]{1, 2, 3, 4, 5};
```

声明一个匿名数组是指将一个新的匿名数组赋值给一个已经存在的数组变量，并不用再重新生成一个新的数组变量。值得注意的是，已经存在的数组变量的类型必须要与匿名数组的类型一致。例如：

```
int[]a = {1, 2, 3};
a = new int[]{10, 20,30,40,50};
```

已经存在的数组变量重新指向一个新的数组对象时，系统会自动计算新的数组对象的长度（容量）。下面我们用一个很简单的程序来测试一下。

【例5-2】 程序清单：ArrayNoname.java。

```
/*
    通过此代码,说明两个问题:
    1. 匿名数组可以赋值给一个已经存在的数组变量
    2. 数组变量的类型必须要与匿名数组的类型一致
 */
public class ArrayNoname
{
    public static void main(String args[])
    {
      ArrayNoname aTest = new ArrayNoname();
      String [] a = {"a", "b", "c"};     //声明一个新的数组,并赋值给一个新的数组变量
      aTest.print(a);
      a = new String[] {"apple", "book", "car", "desk", "ereaser"};
                                         //将字符串型匿名数组赋值给已存在的数组变量 a
      //a = new int[] {10, 20};          //将字符型匿名数组赋值给已存在的数组变量 a
      aTest.print(a);
    }
    public void print(String[] array)
    {
      System.out.println(" 数组变量的长度是 " + array.length);
      System.out.println(" 数组中的每个元素是");
      for (int i = 0; i < array.length; i++)
      {
        System.out.print(" " + array[i]);        //打印出数组中的每一个元素
      }
      System.out.println("\n");
    }
}
```

输出结果：

```
数组变量的长度是 3
数组中的每个元素是
a  b  c
数组变量的长度是 5
数组中的每个元素是
apple  book  car  desk  ereaser
```

5.2.4 数组的拷贝

若数组本身属于对象类型，则数组变量传递给另外一个数组变量是按址传递的。例如：

```
int[] a = {1, 2, 3, 4, 5};
int[] b = a;
```

此时，a [1] 是指向 2 的，b [1] 同样也是指向 2 的。

【例 5-3】 程序清单：ArrayTest.java。

```
/*
    通过此代码,说明数组的传递
  */
public class ArrayTest
{
    public static void main(String args[])
    {
      ArrayTest aTest = new ArrayTest();
      int[] a = {10,20,30,40,50};
      System.out.println("输出数组 a 中的元素为");
      aTest.print(a);
      int[] b = {1,2,3};
      System.out.println("输出数组 b 中的元素为");
      aTest.print(b);
      b = a;
      b[1] = 123;
      System.out.println("再次输出数组 b 中的元素为");
      aTest.print(b);
      System.out.println("再次输出数组 a 中的元素为");
      aTest.print(a);
    }
    public void print(int[] array)
    {
      for(int i = 0;i<array.length;i + + )
      {
        System.out.print(" " + array[i]);
      }
      System.out.println("\n");
    }
}
```

输出结果：

```
输出数组 a 中的元素为
  10  20  30  40  50
输出数组 b 中的元素为
  1  2  3
再次输出数组 b 中的元素为
  10  123  30  40  50
再次输出数组 a 中的元素为
  10  123  30  40  50
```

当然，也可以在修改数组 b 中的元素时不影响数组 a 中的元素，这就是数组元素的拷贝。这种拷贝方式要用到 System 类中的 arraycopy（）方法，该方法中各个参数的含义如下：

```
arraycopy(源数组,开始元素的序列号，目的数组，目的数组开始元素序列号，拷贝元素个数)
```

例如，可以将例 5-3 的程序修改如下：

【例 5-4】 程序清单：ArrayCopy.java。

```
/*
  通过此代码,说明数组的拷贝过程
 */
public class ArrayCopy {
    public static void main(String args[]) {
      ArrayCopy aCopy = new ArrayCopy();
      int[] a = {10,20,30,40,50};
      System.out.println("输出数组 a 中的元素为");
      aCopy.print(a);
      int[] b = {1,2,3,4,5};
      System.out.println("输出数组 b 中的元素为");
      aCopy.print(b);
      System.arraycopy(a, 1, b, 0, 4);
      System.out.println("再次输出数组 b 中的元素为");
      aCopy.print(b);
      System.out.println("再次输出数组 a 中的元素为");
      aCopy.print(a);
    }
    public void print(int[] array)
    {
      for(int i = 0;i<array.length;i++)
      {
        System.out.print(" " + array[i]);
      }
      System.out.println("\n");
    }
```

```
}
```

输出结果：

```
输出数组 a 中的元素为
  10  20  30  40  50
输出数组 b 中的元素为
  1  2  3  4  5
再次输出数组 b 中的元素为
  20  30  40  50  5
再次输出数组 a 中的元素为
  10  20  30  40  50
```

5.3 二维数组

二维数组具有两个下标，常用于表示行和列形式的数据，第一个下标表示元素所在的行，第二个下标表示元素所在的列。例如，有关矩阵的运算就需要二维数组来实现。

5.3.1 二维数组的创建

二维数组可以看做是特殊的一维数组。声明二维数组的语法形式如下：

```
数组元素类型 数组名[][];
数组元素类型[][] 数组名;
```

例如：

```
int a[][];
```

与一维数组一样，二维数组在声明时也没有分配内存空间，同样也要先使用关键字 new 分配内存空间，然后才能访问数组中的元素。

对于多维数组，分配内存空间的方式有两种。

(1) 直接为每一维分配内存空间

例如，创建一个二维数组 a，包含 3 个长度为 4 的一维数组，代码如下：

```
a = new int [3][4];
```

二维数组 a 在内存中的存储情况如图 5-2 所示。

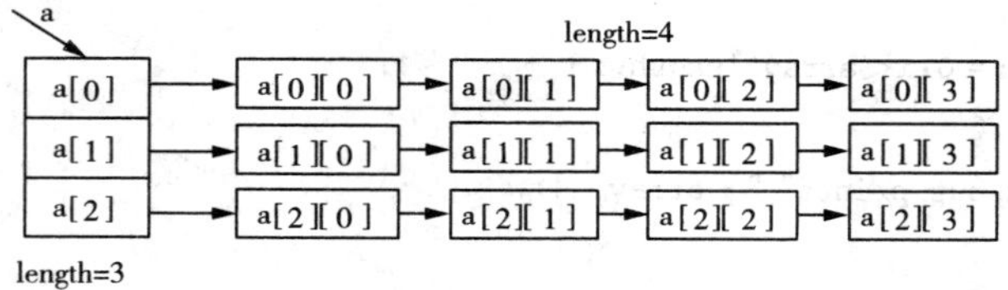

图 5-2 二维数组 a 的存储情况

(2) 分别为每一维分配内存空间

例如：

```
a = new int[3][];
a[0] = new int[4];
a[1] = new int[4];
a[2] = new int[4];
```

5.3.2 二维数组的初始化

二维数组的初始化语法格式如下：

数组元素类型 数组名[][] = {value 1, value 2, …, value n};

例如：

```
int a[][] = {{20,8,14},{10,30,32}};
```

上述代码创建了二维数组 a，数组 a 中包含 2 个长度为 3 的一维数组，在内存中的存储情况如图 5-3 所示。

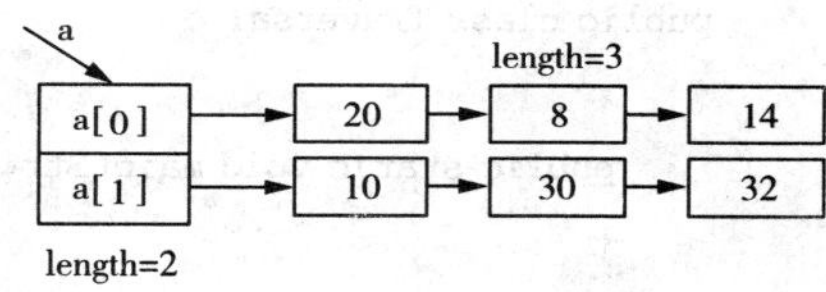

图 5-3 二维数组 a 的存储情况

也可以直接给元素赋值。例如，要给 a [1] 中的第 2 个元素赋值，代码如下：

```
a[1][1] = 30;
```

5.3.3 使用二维数组

【例 5-5】 输出一个 3 行 4 列的二维数组中的元素值。

```
import java.io.*;
import java.util.*;
public class Matrix {
    public static void main(String args[]) {
      int a[][] = new int[][]{{1,2,3,4},{5,6,7,8},{9,10,11,12}};
      for(int i = 0;i<a.length;i++)
      {
        for(int j = 0;j<a[i].length;j++)
          System.out.print("\t" + a[i][j]);
        System.out.println();
      }
    }
}
```

输出结果：

```
1    2    3    4
5    6    7    8
9    10   11   12
```

5.4 数组的基本操作

java.util 包的 Arrays 类包含了对数组操作的常用方法，为程序设计带来了极大的便利。

5.4.1 遍历数组

遍历数组就是获取数组中的每个元素。通常遍历数组都是通过使用 for 循环来实现，但使用 foreach 语句可能会更简单些。

【例 5-6】 使用 foreach 语句遍历二维数组。

```
public class Traversal
{
    public static void main(String args[])
    {
      int a[][] = new int[][] { { 1, 2, 3, 4 }, { 5, 6, 7, 8 },
                                  { 9, 10, 11, 12 } };
      for (int x[]:a)                                          //外层循环变量为一维数组
      {
        for(int e:x)                                           //循环遍历每一个数组元素
        {
          if(e == a[a.length - 1][x.length - 1])              //如果是二维数组的最后一个元素
            System.out.print(e);
          else
            System.out.print(e + ",");
        }
      }
    }
}
```

输出结果：

```
1, 2, 3, 4, 5, 6, 7, 8, 9, 10, 11, 12
```

5.4.2 填充数组

定义完数组后，可通过 Arrays 类的静态方法 fill（）来对数组中的元素进行替换。该方法通过各种重载形式完成任意类型的数组元素替换。fill（）方法有两种形式。

（1）fill（int [] a，int value）

该方法可将指定int型值value分配给int型数组中的每个元素，语法格式如下：

```
fill(int []a,int value)
```

a表示要填充的数组，value表示要存放的元素值。

【例5-7】 创建一个类，在main()方法中通过fill()方法填充数组元素，并输出填充后的数组元素。

```
import java.util.Arrays;
public class Swap
{
    public static void main(String args[])
    {
      int a[] = new int[6];
      Arrays.fill(a,10);
      for(int i=0;i<a.length;i++)
        System.out.print(a[i]+" ");
    }
}
```

输出结果：

```
10  10  10  10  10  10
```

> **说明：**
> 在使用Arrays类中的fill()方法时，必须包含Arrays包，即必须有以下语句：import java.util.Arrays。

(2) fill (int [] a, int fromIndex, int toIndex, int value)

该方法的作用是将指定int型值value填充到从索引fromIndex到toIndex－1之间的int型数组a中。若fromIndex＝＝toIndex，填充失败。

【例5-8】 创建一维数组a，利用fill()方法填充数组，最后输出填充后的数组元素值。

```
import java.util.Arrays;
public class FillArrays
{
    public static void main(String args[])
    {
      int a[] = new int[]{10,20,30,40,50};
      Arrays.fill(a,0,3,78);
      for(int i=0;i<a.length;i++)
        System.out.println("第"+i+"个元素是"+a[i]);
    }
}
```

```
}
```

输出结果：

```
第 0 个元素是 78
第 1 个元素是 78
第 2 个元素是 78
第 3 个元素是 40
第 4 个元素是 50
```

> **注意：**
> 在 fill () 方法中，填充的数组范围为［fromIndex，toIndex)，包含 fromIndex，但不包含 toIndex。如果指定的索引值大于要填充数组的长度，则产生 ArrayIndexOutOfBoundsException 异常。

5.4.3 对数组进行排序

利用 Arrays 类的 sort () 方法可以实现对数组的排序。sort () 方法提供了多种重载形式，可以对任意类型的数组进行升序排列。

调用 sort () 方法的语法格式如下：

```
Arrays.sort(object)
```

其中，object 是要进行排序的数组名。

【例 5-9】 创建一维数组，并将数组排序后输出。

```
import java.util.Arrays;
public class ArraySorting
{
    public static void main(String args[])
    {
      int a[] = new int[]{67,20,16,7,32};
      Arrays.sort(a);
      for(int i = 0;i<a.length;i++)
        System.out.print(" " + a[i]);
    }
}
```

输出结果：

```
7  16  20  32  67
```

5.4.4 复制数组

Arrays 类的 copyOf () 方法和 copyOfRange () 方法可实现对数组的复制。其

中，copyOf () 方法是复制数组到指定的长度，copyOfRange () 方法则将一个数组的指定范围元素复制到另一个数组中。

(1) copyOf () 方法

该方法提供了多种重载形式，用于满足不同类型的数组元素复制。copyOf () 方法的语法格式如下：

```
copyOf(arr,int newlength)
```

其中，arr 表示源数组，newlength 表示复制后得到的新数组长度。如果新数组长度大于数组 arr 的长度，则填充不足位（整型数组用 0 填充，char 型数组用 null 填充）。如果复制后新数组长度小于数组 arr 的长度，则将从源数组 arr 的第一个元素开始截取至满足新数组长度为止。

【例 5－10】 创建一维数组，复制该数组得到一个长度为 8 的新数组，并将新数组元素输出。

```
import java.util.Arrays;
public class CopyArray
{
    public static void main(String args[])
    {
      int a1[] = new int[]{67,20,16,7,32};
      int a2[] = Arrays.copyOf(a1, 8);
      for(int i = 0;i<a2.length;i++)
        System.out.print(" " + a2[i]);
    }
}
```

输出结果：

```
67  20  16  7  32  0  0  0
```

(2) copyOfRange () 方法

copyOfRange () 方法也提供了多种重载形式，它的语法格式如下：

```
copyOfRange(arr,int fromIndex,toIndex)
```

其中，arr 表示源数组，fromIndex 指定开始复制数组的索引位置，toIndex 表示要复制数组的最后索引位置，但不包括索引为 toIndex 的元素。

【例 5－11】 创建一维数组，将数组中索引范围为 [1，5) 的元素复制到新数组中，并输出新数组元素。

```
import java.util.Arrays;
public class CopyArray
{
    public static void main(String args[])
    {
```

```
        int arr[] = new int[]{55,26,33,77,45,20,46};
        int newarr[] = Arrays.copyOfRange(arr, 1, 5);
        for(int i = 0;i<newarr.length;i++)
          System.out.print(newarr[i] + " ");
    }
}
```

输出结果：

```
26 33 77 45
```

5.4.5 查询数组中的元素

利用 Arrays 类的 binarySearch（）方法可以对指定的数组进行二分查找，从而获得指定的对象，返回要搜索元素的索引值。binarySearch（）方法提供了多种重载形式，用于满足各种类型数组的查找需要。

（1）binarySearch（Object [] Object key）

语法格式如下：

```
binarySearch(Object[] a,Object key)
```

其中，a 表示要搜索的数组，key 表示要搜索的值。如果 key 包含在数组中，则返回搜索值的索引；否则，返回－1。

【例 5-12】 创建一维数组 a，在数组 a 中查找元素值为 66 的索引位置。

```
import java.util.Arrays;
public class SearchArray {
    public static void main(String args[]) {
        int a[] = new int[] { 66, 52, 78, 32, 80, 17, 39, 20 };
        Arrays.sort(a);
        System.out.print("排序后的数组元素:" );
        for (int i = 0; i < a.length; i++)
          System.out.print( a[i] + " ");
        int index = Arrays.binarySearch(a, 66);
        System.out.println("66 的索引位置是:" + index);
    }
}
```

输出结果：

```
排序后的数组元素:17 20 32 39 52 66 78 80
66 的索引位置是:5
```

（2）binarySearch（Object [] a，int fromIndex，int toIndex，Object key）

该方法的作用是在指定的范围内搜索元素 key。语法格式如下：

```
binarySearch(Object[] a,int fromIndex,int toIndex,Object key)
```

其中，a 是要搜索的数组，fromIndex 是指定范围的开始处索引位置（包含），toIndex 是指定范围的结束处索引位置（不包含），key 是要搜索的元素。

如果要搜索的元素 key 在指定的范围内，则返回搜索元素的索引；否则，返回 −1。

> **注意：**
> 在查询数组中的元素时，如果指定的范围大于或等于数组的长度，系统将产生 ArrayIndexOutBoundsException 异常。

【例 5-13】 创建一维数组 a，在数组中指定的范围内查找元素值为 52 的索引位置。

```
import java.util.Arrays;
public class SearchArray
{
    public static void main(String args[])
    {
      int a[] = new int[]{43,22,56,78,52,88,12};
      Arrays.sort(a);
      System.out.print("排序后的元素是:");
      for(int i = 0;i<a.length;i + + )
        System.out.print(a[i] + " ");
      int index = Arrays.binarySearch(a, 1,4,52);
      System.out.println("52 的索引位置是:" + index);
    }
}
```

输出结果：

```
排序后的元素是:12  22  43  52  56  78  88
52 的索引位置是:3
```

> **注意：**
> 在使用 binarySearch () 方法时，需要先对数组进行排序，然后才能索引元素值。

5.5 排　序

在程序设计中，经常会遇到对需要处理的数据进行排序，以便统计与查询的情况。常用的排序算法有冒泡排序、简单选择排序、插入排序和快速排序等。本节主要介绍冒泡排序算法和简单选择排序算法。

5.5.1 冒泡排序

1. 基本算法思想

冒泡排序的基本思想：从第一个元素开始，依次比较两个相邻的元素。把较小的元素放在数组的前面，把较大的元素放在数组的后面，即交换两个元素的位置。这样，较小的元素就像气泡一样从底部上升到顶部，因此这种排序方法被称为冒泡排序。

2. 算法示例

例如，一组元素序列为（56，22，67，32，59，12，89，26），对该元素序列进行冒泡排序，第一轮排序过程如图 5－4 所示。

序号	1	2	3	4	5	6	7	8
初始状态	[56	22	67	32	59	12	89	26]
将第1个元素与第2个元素交换	[22	56	67	32	59	12	89	26]
a[1]<a[2]，不需要交换	[22	56	67	32	59	12	89	26]
将第3个元素与第4个元素交换	[22	56	32	67	59	12	89	26]
将第4个元素与第5个元素交换	[22	56	32	59	67	12	89	26]
将第5个元素与第6个元素交换	[22	56	32	59	12	67	89	26]
a[5]<a[6]，不需要交换	[22	56	32	59	12	67	89	26]
将第7个元素与第8个元素交换	[22	56	32	59	12	67	26	89]
第一轮排序结果	22	56	32	59	12	67	26	[89]

图 5－4 第一轮排序过程

从图 5－4 中不难看出，第一轮排序结束后，值最大的元素被移动到序列的末尾。按照这种方法，冒泡排序的全过程如图 5－5 所示。

序号	1	2	3	4	5	6	7	8
初始状态	[56	22	67	32	59	12	89	26]
第1轮排序结果：	22	56	32	59	12	67	26	[89]
第2轮排序结果：	22	32	56	12	59	26	[67	89]
第3轮排序结果：	22	32	12	56	26	[59	67	89]
第4轮排序结果：	22	12	32	26	[56	59	67	89]
第5轮排序结果：	12	22	26	[32	56	59	67	89]
第6轮排序结果：	12	22	[26	32	56	59	67	89]
第7轮排序结果：	12	[22	26	32	56	59	67	89]
最后排序结果：	12	22	26	32	56	59	67	89

图 5－5 冒泡排序的全过程

冒泡排序算法可由双层循环实现。其中，外层循环用于控制排序的轮数（一般是数组长度 a.length－1）；内层循环用于比较相邻数组元素的大小，以确定是否需要交换元素位置。

3. 算法实现

【例 5－14】 编写程序，利用冒泡排序算法对元素序列（56，22，67，32，59，12，89，26）进行排序。

```
public class BubbleSort
{
  public static void main(String args[])
  {
    int a[] = {56,22,67,32,59,12,89,26};
    BubbleSort S = new BubbleSort();          // 创建冒泡排序类的对象
    System.out.println("排序前:");
    S.ShowArray(a);                          //输出排序前的数组元素
    S.SortArray(a);                          //调用排序方法对数组进行排序
    System.out.println("排序后:");             //输出排序后的数组元素
    S.ShowArray(a);
  }
  public void SortArray(int a[])
  {
    for(int i = 1;i<a.length;i++)
      for(int j = 0;j<a.length - i;j++)
      if(a[j]>a[j+1])                        //比较相邻的两个元素,将较大的放在后面
      {
        int t = a[j];
        a[j] = a[j+1];
        a[j+1] = t;
      }
  }
  public void ShowArray(int a[])
  {
    for(int i:a)                             //遍历数组
    {
      System.out.print(i+" ");               //输出数组中的每个元素
    }
    System.out.println();
  }
}
```

输出结果：

排序前：

```
56  22  67  32  59  12  89  26
排序后：
12  22  26  32  56  59  67  89
```

5.5.2 简单选择排序

1. 基本算法思想

简单选择排序的基本思想：假设待排序的元素序列有 n 个，第一轮排序经过 n－1 次比较，从 n 个元素序列中选择值最小的元素，并将其放在元素序列的最前面，即第一个位置。第二趟排序从剩余的 n－1 个元素中，经过 n－2 次比较，选择值最小的元素，将其放在第二个位置。依次类推，直到没有待比较的元素，简单选择排序算法结束。

2. 算法示例

给定一组元素序列为（56，22，67，32，59，12，89，26），简单选择排序的过程如图 5－6 所示。

序号	1	2	3	4	5	6	7	8	
初始状态	[56	22	67	32	59	12	89	26]	i=1　j=6
第一趟排序结果:将第6个元素放在第1个位置	12	[22	67	32	59	56	89	26]	i=j=2
第二趟排序结果：第2个元素最小，不需要移动	12	22	[67	32	59	56	89	26]	i=3　j=8
第三趟排序结果:将第8个元素放在第3个位置	12	22	26	[32	59	56	89	67]	i=j=4
第四趟排序结果：第4个元素最小，不需要移动	12	22	26	32	[59	56	89	67]	i=5　j=6
第五趟排序结果:将第6个元素放在第5个位置	12	22	26	32	56	[59	89	67]	i=j=6
第六趟排序结果：第6个元素最小，不需要移动	12	22	26	32	56	59	[89	67]	i=7　j=8
第七趟排序结果:将第8个元素放在第7个位置	12	22	26	32	56	59	67	[89]	i=j=8
排序结束:最终排序结果	12	22	26	32	56	59	67	89	

图 5－6　简单选择排序

3. 算法实现

【例 5－15】　编写程序，利用简单选择排序算法对元素序列（56，22，67，32，59，12，89，26）进行排序。

```
public class SelectSort
{
    public static void main(String args[])
```

```
{
    int a[] = {56,22,67,32,59,12,89,26};          // 创建一个数组
    SelectSort S = new SelectSort();              // 创建排序类对象
    System.out.print("排序前:\n");
    S.ShowArray(a);
    S.Sorting(a);
    System.out.print("排序后:\n");
    S.ShowArray(a);
}
public void Sorting(int []a)
//简单选择排序
{
    int k;
    for(int i = 0;i<a.length;i++)                 //控制循环轮数
    {
      k = i;
      for(int j = i+1;j<a.length;j++)             //从待排序元素的下一个元素开始比较
      {
        if(a[j]<a[k])                             //将较小的元素记下
          k = j;
      }
      if(k!=i)                                    //将最小的元素放在第 i 个位置
      {
        int t = a[i];
        a[i] = a[k];
        a[k] = t;
      }
    }
}
public void ShowArray(int a[])
{
    for(int i:a)
      System.out.print(i+" ");
      System.out.println();
}
}
```

输出结果：

排序前：

56 22 67 32 59 12 89 26

排序后：

12 22 26 32 56 59 67 89

练　习　题

判断题

1. 下标是用于指出数组中某个元素位置的数字或变量。　（　　）
2. 同一个数组中可以存放多个不同类型的数据。　（　　）
3. 数组的下标可以是 int 型或 float 型。　（　　）
4. 数组可以声明为任何数据类型。　（　　）
5. 执行语句 int a []；后，数组元素的值为 0。　（　　）
6. 假定整型数组的某个元素被传递给一个方法并被该方法修改。当调用方法执行完毕时，这个元素中含有修改过的数值。　（　　）
7. 执行语句 int a [] = new int [50]；后，数组元素的值为 0。　（　　）
8. 对于二维数组 s 来说，s [2] . length 给出数组 s 第 2 行的元素个数。　（　　）
9. 数组作参数时，数组名后必须加方括号。　（　　）

选择题

1. 数组元素之所以相关，是因为它们具有相同的（　　）。
   A. 名字　　B. 类型　　C. 下标　　D. 地址
2. 设有定义语句 int a [ ] = {66，88，99}；，则以下对此语句叙述错误的是（　　）。
   A. 定义了一个名为 a 的一维数组
   B. 数组 a 中有 3 个元素
   C. 数组 a 的元素下标为 1～3
   D. 数组 a 中的每个元素都是整型
3. 为了定义三个整型数组 a1、a2、a3，下面声明正确的语句是（　　）。
   A. intArray [ ] a1，a2；int a3 [ ] = {1，2，3，4，5}；
   B. int [ ] a1，a2；int a3 [ ] = {1，2，3，4，5}；
   C. int a1，a2 [ ]；int a3= {1，2，3，4，5}；
   D. int [ ] a1，a2；int a3= {1，2，3，4，5}；
4. 设有定义 int [ ] a=new int [4]；，a 中所有的数组元素是（　　）。
   A. a0，a1，a2，a3
   B. a [0]，a [1]，a [2]，a [3]
   C. a [1]，a [2]，a [2]，a [4]
   D. a [0]，a [1]，a [2]，a [3]，a [4]

填空题

1. 定义一个整型数组 y，它有 5 个元素，分别是 1、2、3、4、5。用一个语句实现对数组 y 的声明、创建和赋值：__________。
2. 设有整型数组的定义：int x [] [] = { {12，34}，{-5}，{3，2，6}}；，则 x. length 的值为__________。
3. 求二维数组 a [] [] 中第 i 行元素个数的语句是__________。
4. 若有定义 int [ ] a=new int [8]；，则数组 a 中第 8 个元素的下标是__________。
5. 用 for 循环求一维整型数组 a 的所有元素之和的程序段是__________。
6. 下面程序的功能为计算数组各元素的和，完成程序填空。

```
import javA awt. Graphics；
import javA applet. Applet；
public class SumArray extends Applet
{
int a[] = { 1，3，5，7，9，10 }；
int total；
public void init()
{
total = 0；
for ( int i = 0；__________；i+ + )
18 total = __________；
}
public void paint( Graphics g )
{
g. drawString( "Total of array elements：" + total，25，25 )；
}
}
```

7. 下面程序的功能为计算数组下标为奇数的各元素的和，完成程序填空。

```
import javA awt. Graphics；
import javA applet. Applet；
public class SumOfArray __________ Applet
{
public void paint( Graphics g )
{
int a[] = { 1，3，5，7，9，10 }；
int total = 0；
for ( int i = 1；i < A length；__________)
total + = a[i]；
g. drawString( "Total of array elements：" + total，25，25 )；
}
}
```

编程题

1. 编写自定义方法生成 k 个 50～100 之间的随机整数，再另写一个输出方法。在应用程序的 main（ ）方法中调用这两个方法，生成一个整型数组并输出该数组的所有元素。

2. 编写一个程序，用简单选择排序算法对数组 a [] ＝ {25，15，55，45，35，75，65，95，5，85} 进行从大到小的排序。

第 6 章 字符串

■ 本章导读

字符串是 Java 程序中经常处理的对象，对于程序开发者来说，处理好字符串数据是至关重要的。字符串无处不在，几乎每个角落都有字符串的身影，如登录窗口的用户名和密码等。Java 中主要应用 String 类与 StringBuffer 类处理文本。如果处理小型的文本，使用 String 类会很方便；但对于大型的文本来说，使用 String 类非常耗费系统资源，这时可用 StringBuffer 类来处理。

■ 学习目标

（1）掌握字符串的创建方法；

（2）掌握字符串的常用操作；

（3）能够使用 StringTokenizer 类分析字符串；

（4）掌握 StringBuffer 类的使用方法。

6.1 String 类

字符串是指用一对双引号（" "）括起来的字符序列。在其他语言中，字符串可能是作为一个基本类型来处理的，但在 Java 中，字符串是一个对象。在 Java 公开库中，有一个专门用来处理字符串的类——String 类。

6.1.1 声明字符串

声明字符串的语法格式如下：

```
String str = [null];
```

其中，String 指定字符串类型，str 表示字符串变量的名称。如果省略 null，表示 str 未初始化；否则，表示声明字符串的值为 null。

例如：

```
String s = " ";
```

注意：

声明字符串变量必须经过初始化才能使用。否则，编译器会出现“变量未被初始化”的错误提示信息。

6.1.2 创建字符串

在 Java 中，字符串是作为对象来管理的，因此可以像创建其他对象一样来创建字符串对象（关于类与对象的构造方法将在第 7 章详细介绍）。String 类的构造方法如下：

(1) String（char a[] ）

该方法用一个字符数组 a 创建 String 对象，例如：

```
char a[] = {'h','e','l','l','o'};
String str = new String(a);
```

以上代码等价于：

```
String str = new String("hello");
```

(2) String（char a[]，int offset，int length）

该方法提取字符数组 a 中的一部分创建一个字符串对象。参数 offset 表示截取字符串的开始位置，length 表示截取字符串的长度。

提取字符数组 a 中的一部分字符创建一个字符串对象，代码如下：

```
char a[] = {'B','e','i','j','i','n','g'};
String str = new String(a,1,5);
```

以上代码等价于：

```
String str = new String("eijin");
```

(3) String（String original）

该方法将一个已经存在的字符串对象重新构建，生成一个新的字符串。也就是说，生成一个原字符串的拷贝。例如：

```
String str1 = new String("hello");
String str2 = new String(str1);
```

请读者考虑，上面形式与下面的这种形式有什么区别：

```
String str1 = new String("hello");
String str2 = str1;
```

提示：对象赋值传递的是对象句柄，也就是按址传递，但对于 String 类来讲，它是 final 型的，更改 String 类对象的内容，等同于重新生成一个新的对象。所以每个

String 类的对象句柄都指向唯一的对象实例。这与平常所说的对象句柄的传递是不同的。所以在第 2 种形式中，修改 str2 并不会引起 str1 的改变。

（4） String （StringBuffer buffer）

该方法根据一个 StringBuffer 对象实例，构建一个 String 类的对象。这个构造器的作用相当于：

```
StringBuffer str1 = new StringBuffer("hello");
String str2 = str1.toString();
```

除了以上几种使用 String 类构造字符串变量外，还可以通过字符串常量的引用赋值给一个字符串变量。

例如：

```
String str1,str2;
str1 = "I come from Beijing";
str2 = "I come from Beijing";
```

str1 和 str2 引用同一个字符串常量，在内存中的表示如图 6 - 1 所示。

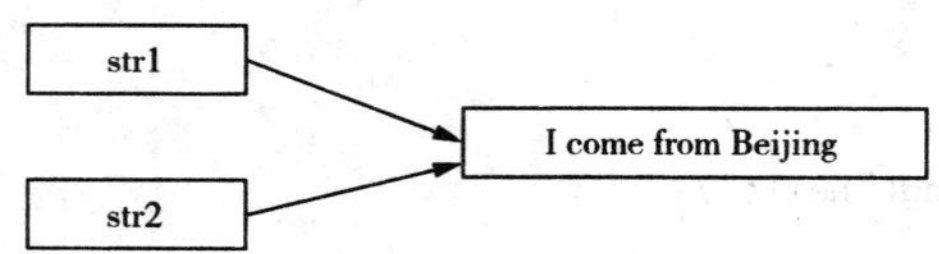

图 6 - 1　str1 和 str2 在内存中的示意图

6.1.3　String 类的主要方法

字符串类的方法比较多，所以对字符串的操作很灵活。下面将根据功能的不同来介绍字符串类的常用方法。

（1） 获取字符串的长度

使用 String 类中的 length （） 方法可以获取一个字符串的长度，例如：

```
String s = "I like Java",tom = "我们一起去看电影吧";
int n1,n2;
n1 = s.length();
n2 = tom.length();
```

其中，n1 的值是 11，n2 的值是 9。

（2） 判断字符串是否相等

使用 String 类中的 equals （String str） 方法来判断两个字符串是否相等。这个方法会返回一个布尔型的值，若返回 true，说明两个字符串相等；返回 false，则说明两个字符串不等。例如：

```
String str1 = "teacher";
String str2 = "teacher";
```

```
boolean t = str1.equals(str2);              //返回值是 true
```

返回的布尔型值经常会用做判断条件。例如：

```
if(t == false)
{
System.out.println("用户输入的用户名及密码有误,请重新输入!");
}
else
{
⋮
}
```

在 Java 中，还有一种用于比较字符串大小的方法——equalsIgnoreCase（String another)，这种方法忽略字符大小写。例如：

```
String str1 = "teacher";
String str2 = "TeaCher";
boolean t = str1.equalsIgnoreCase(str2);  //返回值是 true
```

（3）大小写转换

Java 提供了两个关于大小写的转换方法：toLowerCase（）与 toUpperCase（）。

toLowerCase（）将当前的字符串转换成小写的，而 toUpperCase（）将当前字符串转换成大写的。例如：

```
String str = "StuDent";
str.toLowerCase();          //返回"student"
str.toUpperCase();          //返回"STUDENT"
```

（4）串连接

在前面的示例中，我们经常可以看到类似于 System.out.print（" " + " good"）；的语句。在 Java 中，允许使用符号"+"把两个字符串连接起来。例如：

```
Stringstr1 = "study";
Stringstr2 = "computer";
Stringstr = str1 + str2;
```

此时，输出字符串内容变成

```
"studycomputer"
```

通过加号可以将两个字符串连接起来生成一个新的字符串。加号的连接是无缝的，即新的字符串会原封不动的将原来两个字符串连接在一起。如果原来的字符串中有空格，新的字符串会保留原来的空格。

在 Java 类中，还有一个用于连接字符串的方法：

```
public String concat(String str)
```

这个方法是将参数 str 指定的字符串连接到当前字符串后面。如：

```
String str1 = "out";
str1.concat("door");
```

返回新的字符串是

```
"outdoor";
```

再如：

```
"I".concat(" like ").concat("Java.");
```

返回字符串的值会保留其中的空格及相应的符号。输出结果：

```
"I like Java.";
```

其实，用加号与用 concat 方法的效果一样，只是用加号更方便一些，书写也更为简单。所以在实际应用中，我们很少使用 concat 方法，更多的是使用加号。

（5）提取子串

若要将一个字符串的一部分提取出来作为一个新的字符串，使用方法为 substring (int beginIndex, int endIndex) 或 substring (int index)。习惯上，我们把字符串其中的一部分称为子串。下面来看一个小程序。

【例 6-1】 程序清单：SubStringTest. java。

```
/*
   通过这个程序,展示字符串求取子串的方法
 */
public class SubString
{
    public static void main(String args[])
    {
      String str = "北京欢迎你!";      //定义字符串
      for(int i = 0; i < str.length(); i++)
      {
        System.out.println("这是第" + i + "个子串:" + str.substring(i));
      }
    }
}
```

输出结果：

```
这是第 0 个子串:北京欢迎你!
这是第 1 个子串:京欢迎你!
这是第 2 个子串:欢迎你!
这是第 3 个子串:迎你!
这是第 4 个子串:你!
这是第 5 个子串:!
```

substring (int index) 所求取的子串是从指定位置开始，直到字符串的最后。如果需要求取字符串中间的一部分，则需要用到 substring（int beginIndex，int endIndex）方法。

我们把例 6－1 中的 for 循环部分改成如下形式：

```
for(int i = 0; i < str.length() - 2; i++)
{
    System.out.println("这是第" + i + "个子串:" + str.substring(i, i + 2));
}
```

然后再编译运行程序，可以得到如下结果：

```
这是第 0 个子串:北京
这是第 1 个子串:京欢
这是第 2 个子串:欢迎
这是第 3 个子串:迎你
```

（6）从字符串中分解字符

在上面，我们可以从一个字符数组中构建一个字符串对象。如果从一个字符串对象中求取指定的字符，就要用到求取字符的 charAt（int index）方法。

这个方法只能返回一个单一的字符，与上面的求取子串是不一样的。其中，参数 index 是一个整数，是指字符串序列中字符的位置。注意：这个整数是从 0 开始的。读者可以根据下面的代码，试着自己写一个小测试程序。

```
String str = "welcome to Java";
for(int i = 0 ; i < str.length(); i++)
{
    char c = str.charAt(i);
}
```

（7）查找特定子串

在实际应用中，有时需要知道在当前的字符串中是否包含已经存在的子串，及子串在字符串的起始位置，或者当前的字符串是否是以选定的子串开头或结束，例如：

【例 6－2】 程序清单：FindSubstring.java。

```
/*
    查找特定的子串
  */
public class FindSubString
{
    public static void main(String args[])
    {
      String str = "She is a beautiful girl.";
      System.out.println("输出子串 girl 在原字符串中出现的位置:" +
          str.indexOf("girl"));        //查找子串
      System.out.println("输出子串 boy 在原字符串中出现的位置:" +
```

```
            str.indexOf("boy"));          //查找子串
        System.out.println("输出字符 a 在原字符串中出现的位置:" +
            str.indexOf('a'));            //查找特定的字符
        System.out.println("判断原字符串是否以 She 开始:" +
            str.startsWith("She"));       // 是否以"She"开始
        System.out.println("判断原字符串是否以 boy 结束:" +
            str.endsWith("boy"));         // 是否以"boy"结束
    }
}
```

输出结果:

```
输出子串 girl 在原字符串中出现的位置:19
输出子串 boy 在原字符串中出现的位置:-1
输出字符 a 在原字符串中出现的位置:7
判断原字符串是否以 She 开始:true
判断原字符串是否以 boy 结束:false
```

通过这个程序我们可以看到，indexOf () 方法可以帮助我们查找子串。如果返回的是一个负数，就表示在当前字符串中没有找到所要查找的子串。用 indexOf () 方法也可以查找一个字符。startsWith () 方法用来测试当前字符串是否以“She”开始，而 endsWith () 方法则是测试当前的字符串是否以“boy”结束。

(8) 字符串与数值之间的转换

Java 中的数值变量与字符串变量之间的转换分为显式转换和隐式转换两种形式。其中，隐式转换是指系统在认为需要进行转换的地方自动转换。例如:

```
int i = 65;
System.out.println("value of i is:" + i);
```

此时，屏幕会输出：value of i is 65。这是因为系统将 int 类型的 i 隐式转换为 String 类型，然后又与前面的字符串相连。

很多情况下，我们需要对数值变量和字符串变量进行强制类型转换。方法如下:

① 字符串转换为数值

- 字符串转换为整数

```
public static int parseInt(String s, int radix)
```

其中，s 是需要转换的字符串，radix 是转换后用什么进制表示，如 10 就是十进制，16 就是十六进制。

- 字符串转换为浮点数

```
public static float parseFloat(String s)
```

其中，s 是需要转换的字符串。

② 数值转换为字符串

```
public static String valueOf(Object obj)
```

其中，obj 可以是任何类型的数值变量。

6.1.4 toString () 方法

我们知道，所有的类都是 java. lang 包中 Object 类的子类或间接子类。在 Object 类中，有个 public 方法 toString ( )，该方法的作用是将一个类的实例转换为相应的字符串表示。例如：

```
Date date = new Date();
date. toString();
```

以上代码可以将当前的日期按照系统默认的格式转变成相应的字符串来描述。但是当我们进行输出时，完全可以直接将对象输出到相应的输出设备，例如：

```
System. out. println(new Date());
```

我们生成的是一个对象的实例，为什么可以直接输出到控制台呢？这是由 Java 内含的一种机制导致的。当输出一个对象时，解释器会自动调用该类的 toStirng () 方法，按照指定的格式将对象转变成相应的描述，然后输出到相应的位置。

【例 6－3】 程序清单 ObjectToString. java。

```
import java. util. Date;
import java. awt. * ;
public class ObjectToString
{
    public static void main(String args[])
    { Date date = new Date();
      Button button = new Button("确定");
      System. out. println(date. toString());
      System. out. println(button. toString());
    }
}
```

输出结果：

```
Wed May 16 09 : 03 : 18 CST 2012
java. awt. Button[button0,0,0,0x0,invalid,label = 确定]
```

6.2 StringTokenizer 类

有时我们需要分析字符串并将字符串分解成可被独立使用的单词，这些单词叫做语言符号。例如，对于字符串"I am Tom"，如果把空格作为其分隔符，那么该字符串有 3 个单词（语言符号）；而对于字符串"I，am，Tom"，如果把逗号作为其分隔符，那么该字符串也有 3 个单词（语言符号）。

当分析一个字符串并将字符串分解成可被独立使用的单词时，可以使用 java. util 包中的 StringTokenizer 类，该类有以下两个常用的构造方法。

- StringTokenizer（String s）为字符串 s 构造一个分析器。该方法使用默认的分隔符集合，即空格符（若干个空格被看做一个空格）、换行符、回车符、Tab 符。
- StringTokenizer（String str，String delim）为字符串 s 构造一个分析器。其中，参数 delim 中的字符被看做分隔符。

例如：

```
StringTokenizer fenxi = new StringTokenizer("I am Tom");
StringTokenizer fenxi = new StringTokenizer("I , am ; Tom", ", ;");
```

通常将一个 StringTokenizer 对象称作一个字符串分析器，一个分析器可以使用 nextToken（）方法获取字符串中的语言符号（单词）。每当调用 nextToken（）时，都将获得字符串中的下一个语言符号。通常将 nextToken（）方法与 while 循环结合使用来逐个获取语言符号。为了控制循环，我们可以使用 StringTokenizer 类中的方法 hasMoreTokens（）。只要字符串中还有语言符号，该方法就返回 true；否则，返回 false。另外，我们还可以调用 countTokens（）方法来得到字符串一共有多少个语言符号。

下面是一个应用程序。分析字符串，分别输出字符串的单词并统计出单词个数。

【例 6-4】 程序清单：StringTokenizer _ Test. java。

```
import java.util.StringTokenizer;
public class StringTokenizer_Test {
    public static void main(String args[]) {
      String s = "Where are you from? I am from China";
      StringTokenizer fenxi = new StringTokenizer(s,"? ");        //空格和问号做分隔
      int number = fenxi.countTokens();
      while(fenxi.hasMoreTokens())
      { String str = fenxi.nextToken();
        System.out.println(str);
        System.out.println("还剩" + fenxi.countTokens() + "个单词");
      }
      System.out.println("s 共有单词:" + number + "个");
    }
}
```

输出结果：

```
Where
还剩 7 个单词
are
还剩 6 个单词
you
```

```
还剩 5 个单词
from
还剩 4 个单词
I
还剩 3 个单词
am
还剩 2 个单词
from
还剩 1 个单词
China
还剩 0 个单词
s 共有单词:8 个
```

6.3 StringBuffer 类

String 类是一个 final 类，即一旦生成了一个对象，就不可以再被改变了。但是，StringBuffer 类能创建可修改的字符串。

StringBuffer 类也在 java.lang 基本包中，因此在使用时也不需要导入语句。StringBuffer 类用于创建和操作动态字符串。当创建一个 StringBuffer 对象时，系统为该对象分配的内存会自动扩展以容纳新增的文本。

1. StringBuffer 的优势

不管是作为用户界面的标识还是在后台处理从数据库中取回的值，字符串的使用贯穿于绝大多数的应用程序。通常这些值并不符合要求，需要做进一步的处理。用户可以使用 String 类，但它并不处理动态值。而 StringBuffer 类正好填补了这个需求，并使得系统资源的利用更加有效。

2. 创建 StringBuffer 对象

有 3 种方法创建一个新的 StringBuffer 对象。

(1) 默认构造器

```
StringBuffer sb = new StringBuffer();
```

使用默认构造器，可以创建一个不包含任何文本的对象。这种形式创建的对象是由系统自动分配容量，系统默认的容量是 16 个字符。

(2) 设定容量大小

```
StringBuffer sb = new StringBuffer(50);
```

使用这种形式的构造器，可以创建指定容量的字符串对象。例如，上面的代码创建了一个 50 个字符容量的字符串对象。

(3) 初始化字符串

```
StringBuffer sb = new StringBuffer("Student");
```

使用这种形式的构造器，可以创建一个具有初始化文本的对象，容量的大小就是字符串的长度。

一旦创建了 StringBuffer 类的对象，就可以使用 StringBuffer 类的大量方法和属性。最常用的是 append（）方法，它将文本添加到当前 StringBuffer 对象内容的结尾。例如：

```
StringBuffer sb = new StringBuffer();
sb.append("S");
sb.append("t");
sb.append("u");
sb.append("d");
sb.append("e");
sb.append("n");
sb.append("t");
System.out.println(sb.toString());
```

这些代码创建了字符串" Student" 并将它送往标准输出。但需要注意的是，它只创建了一个 StringBuffer 对象 sb。如果使用 String 对象，需要 7 个以上的对象。

注意：

代码利用了 StringBuffer 类中的 toString（）方法，这个方法将其内容转换成一个可以用于输出的字符串对象。toString（）方法允许对应的文本用于输出或存储数据等操作。

append（）方法有 10 种重载形式，允许将各种类型的数据添加到对象的末尾。

3. StringBuffer 的容量

capacity（）方法返回为对象分配的字符数（内存），如果超过了创建初期的容量，StringBuffer 对象会自动扩展以满足需求。length（）方法返回对象目前存储的字符数，我们可以通过 setLength（）方法来改变其长度。另外，对象的容量一般可以通过 ensureCapacity（）方法来扩展。ensureCapacity（）方法建立了对象的最小容量，如果超出也不会有任何问题，系统会自动扩充以满足新增长字符串的需要。

【例 6-5】 程序清单：StringBuffer_Test.java。

```
public class StringBuffer_Test {
    public static void main(String args[]) {
      StringBuffer sb = new StringBuffer();
      sb.ensureCapacity(50);        //构建了具有 50 个字符的初始化容量
      sb.append("Today is a sunny day!");
      System.out.println(sb.toString());
      sb.setLength(5);              //截取 5 个字符
      System.out.println(sb.toString());
```

```
    }
}
```

上面的代码设置了字符串的初始化容量并为其赋值。但接下来，通过 setLength () 方法重新设置了字符串的长度，因此文本被截断了。

输出结果：

```
Today is a sunny day!
Today
```

4. 操作字符串

Java 还提供了更多的方法来处理存储在 StringBuffer 对象内的字符串。下面列举几个例子。

- charAt (int n)：返回字符串中参数 n 指定位置上的单个字符。
- setCharAt (int n, char ch)：将字符串中指定位置 n 处的字符用 ch 替换。
- replace (int startIndex, int endIndex, String str)：将字符串中从 startIndex 位置开始，到 endIndex－1 位置为止的字符串替换为 str。
- insert (int index, String str)：在字符串中指定位置 index 处插入 str。
- reverse ( )：倒置 StringBuffer 的内容。

以上所有的方法对于操作字符串来说都是很有用的，其实 reverse () 方法最实用，它能轻松地倒置一个字符串。例如：

```
StringBuffer sb = new StringBuffer();
sb.ensureCapacity(50);
sb.append("Beautiful!");
System.out.println(sb.toString());
sb.reverse();
System.out.println(sb.toString());
```

输出结果：

```
Beautiful!
! lufituaeB
```

6.4 Character 类

当处理字符串时，Character 类中的一些类方法是很有用的。这些方法可以对字符进行操作，比如判断一个字符是否是数字字符或改变一个字符大小写等。Character 类的主要方法如下所示。

- public static boolean isDigit (char ch)：如果 ch 是数字字符，方法返回 true；否则，返回 false。

● public static boolean isLetter（char ch）：如果 ch 是字母，方法返回 true；否则，返回 false。

● public static boolean isLetterOrDigit（char ch）：如果 ch 是字母或数字字符，方法返回 true；否则，返回 false。

● public static char toLowerCase（char ch）：返回 ch 的小写形式。

● public static char toUpperCase（char ch）：返回 ch 的大写形式。

● public static boolean isSpaceChar（char ch）：如果 ch 是空格，方法返回 true；否则，返回 false。

● public static boolean isLowerCase（char ch）：如果 ch 是小写字母，方法返回 true；否则，返回 false。

● public static boolean isUpperCase（char ch）：如果 ch 是大写字母，方法返回 true；否则，返回 false。

在下面例子中，我们将一个字符串中的小写字母转换成大写字母，并将大写字母转换成小写字母。

【例 6－6】 程序清单：Character _ Test. java。

```
public class Character_Test {
    public static void main(String args[]) {
      String s = new String("abcABC");
      System.out.println(s);
      char a[] = s.toCharArray();
      for(int i = 0;i<a.length;i++){
        if(Character.isLowerCase(a[i])){
          a[i] = Character.toUpperCase(a[i]);
        }
        else if(Character.isUpperCase(a[i])){
          a[i] = Character.toLowerCase(a[i]);
        }
      }
      s = new String(a);
      System.out.println(s);
    }
}
```

输出结果：

```
abcABC
ABCabc
```

6.5 字符串与字符数组、字节数组

6.5.1 字符串与字符数组

1. 用字符数组创建字符串对象

String 类中有以下两个用字符数组创建字符串对象的构造方法。

● String（char [ ]）：用指定的字符数组构造一个字符串对象。

● String（char [ ]，int offset，int length）：用指定字符数组的一部分，即从数组的 offset 开始（数组的起始下标为 0）取 length 个字符构造一个字符串对象。

2. 将字符串中的字符复制到字符数组

● public void getChars（int start，int end，char c [ ]，int offset）：字符串调用 getChars（）方法将当前字符串中从 start 位置到 end－1 位置上的字符复制的数组 c 中，并从数组 c 的 offset 处开始存放这些字符。需要注意的是，必须保证数组 c 能容纳下要被复制的字符。下面的例子具体说明了该方法的使用。

【例 6－7】 程序清单：GetChars _ Test. java。

```
public class GetChars_Test {
    public static void main(String args[]) {
      char a[], b[];
      String str = "Java 是一门面向对象的语言";
      a = new char[2];
      str.getChars(5, 7, a, 0);
      System.out.println(a);
      b = new char[str.length()];
      str.getChars(5, 7, b, 0);
      str.getChars(7, 14, b, 2);
      str.getChars(4, 5, b, 9);
      str.getChars(0, 4, b, 10);
      System.out.println(b);
    }
}
```

输出结果：

```
一门
一门面向对象的语言是 Java
```

● public char [ ] toCharArray（）：字符串对象调用该方法可以初始化一个字符数组，并将字符串对象的全部字符复制到该数组中，该数组的长度与字符串的长度相等。下面的例子使用了 toCharArray（）方法，对字符串加密。

【例 6－8】 程序清单：ToCharArray _ Test. java。

```
public class ToCharArray_Test {
    public static void main(String args[]) {
      String str = "中国女排获得了奥运会金牌";
      char a[] = str.toCharArray();
      for (int i = 0; i < a.length; i++) {
        a[i] = (char) (a[i]);
      }
      String original = new String(a);
      System.out.println("加密前的文字为:" + original);
      for (int i = 0; i < a.length; i++) {
        a[i] = (char) (a[i] ^'a');
      }
      String cipher = new String(a);
      System.out.println("加密后的文字为:" + cipher);
    }
}
```

输出结果：

```
加密前的文字为:中国女排获得了奥运会金牌
加密后的文字为:乌嘿褒揳菖性夫处辱佻醰爭
```

6.5.2 字符串与字节数组

1. 用字节数组创建字符串对象

● String (byte [ ])：该构造方法使用平台默认的字符编码，用指定字节数组构造一个字符串对象。

● String (byte [ ], int offset, int length)：该构造方法使用平台默认的字符编码，用指定字节数组的一部分，即从数组的 offset 开始（数组的起始下标为 0）取 length 个字节构造一个字符串对象。

2. 将字符串转化为字节数组

● public byte [ ] getBytes ()：该构造方法使用平台默认的字符编码，将当前字符串转化为一个字节数组。

【例 6-9】 程序清单：GetBytes _ Test. java。

```
public class GetBytes_Test {
    public static void main(String args[])
    {
      byte a[] = "生命不息,奋斗不止。".getBytes();
      System.out.println("数组 a 的长度是:" + a.length);        //一个汉字占两个字节
      String str = new String(a, 10, 10);
      System.out.println(str);
```

```
    }
}
```

输出结果：

数组 a 的长度是:20
奋斗不止。

练 习 题

判断题

1. String 类字符串在创建后可以被修改。（　）
2. 方法 replace (String srt1, String srt2) 可以将当前字符串中的所有 srt1 子串全部都转换成 srt2 子串。（　）
3. 方法 compareTo () 在所比较的字符串相等时返回 0。（　）
4. 方法 IndexOf (char ch, －1) 返回字符 ch 在字符串中最后一次出现的位置。（　）
5. 方法 startsWith () 判断当前字符串的前缀是否和指定的字符串一致。（　）

选择题

1. 下面选项中，能正确声明一个字符串数组的是（　）。

   A. char str []　　B. char str [][]　　C. String str []　　D. String str [10]

2. 请看下面的程序段：

```
public class class1{
public static void main(String args[]) {
int x [] = new int[8];
System . out . println(x [1]);
}
}
```

   当编译和执行这段代码时会出现（　）。

   A. 有一个编译错误提示信息，为“possible reference before assignment”

   B. 有一个编译错误提示信息，为“illegal array declaration syntax”

   C. 有异常出现，为“Null Pointer Exception”

   D. 正确执行并且输出 0

3. 已知 String 对象 s=" abcdefg"，则 s. substring (2, 5) 的返回值为（　）。

   A. " bcde"　　B. " cde"　　C. " cdef"　　D. " def"

4. 请看下面的代码：

```
String s = "people";
String t = "people";
String c[ ] = {'p','e','o','p','l','e'};
```

   下面选项中，语句返回值为真的是（　）。

   A. s . equals (t);　　B. t . equals (c);

   C. s==t;　　D. t . equals (new String ("people"));

5. 已知 s 为一个 String 对象，s=" abcdefg"，则 s. charAt (1) 的返回值为（　）。

A. a　　B. b　　C. f　　D. g

6. 请看下面的代码：

```
String s = "good";
```

下面选项中，语句书写正确的是（　　）。

A. s +=" student";　　B. char c = s [1];

C. int len = s . length;　　D. String t = s. toLowerCase ( );

7. 请看下面的代码：

```
public class class1{
String str = new String("Girl");
char ch[ ] = {'d','b','c'};
public static void main(String args[ ]){
class1 x = new class1( );
x. change(x. str,x. ch);
System . out . println(x. str + " and " + x. ch[0] + x. ch[1] + x. ch[2]);
}
public void change(String str,char ch[ ]){
str = "Boy";
ch[0] = 'a';
}
}
```

该程序的输出结果是（　　）。

A. Boy and dbc　　B. Boy and abc　　C. Girl and dbc　　D. Girl and abc

填空题

1. 已知 String 对象 s＝" hello"，运行语句 System. out. println （s. concat （"World !"））；后，s 的值为________。

2. 使用" ＋＝" 将字符串 s2 添加到字符串 s1 后的语句是________。

3. 比较 s1 中字符串和 s2 中字符串的内容是否相等的语句是________。

4. 已知 sb 为 StringBuffer 的一个实例，且 sb＝" abcde"，则 sBreverse （）后 sb 的值为________。

5. 已知 sb 为 StringBuffer 的一个实例，且 sb＝" abcde"，则 sBdelete （1，2）后 sb 的值为________。

6. 用 for 循环求一维整型数组 a 的所有元素之和的语句段是________。

7. 下面程序的功能是计算数组各元素的和，完成程序填空。

```
import javA awt. Graphics;
import javA applet. Applet;
public class SumArray extends Applet
{
int a[] = { 1, 3, 5, 7, 9, 10 };
int total;
public void init()
{
```

```
total = 0;
for ( int i = 0;________; i+ + )
18 total = ________;
}
public void paint( Graphics g )
{
g. drawString( "Total of array elements: " + total, 25, 25 );
}
}
```

8. 下面程序的功能是计算数组下标为奇数的各元素的和，完成程序填空。

```
import javA awt. Graphics;
import javA applet. Applet;
public class SumOfArray ________ Applet
{
public void paint( Graphics g )
{
int a[] = { 1, 3, 5, 7, 9, 10 };
int total = 0;
for ( int i = 1; i < A length;________)
total + = a[i];
g. drawString( "Total of array elements: " + total, 25, 25 );
}
}
```

编程题

1. 请编写一个 Application 程序，实现如下功能：比较命令行中给出的两个字符串是否相等，并输出比较的结果。

2. 请编写一个 Application 程序，实现如下功能：接受命令行中给出的一个字母串，先将其原样输出，然后判断该字符串的第一个字母是否为大写。若是大写，则统计该字符串中大写字母的个数，并将所有大写字母输出；否则，输出信息串" 第一个字母不是大写字母!"。

3. 请编写一个 Application 程序，实现如下功能：接受用户输入的一行字符串，统计字符个数，然后反序输出。

第 7 章 面向对象编程基础

■ 本章导读

面向对象思想是人类的一种思考方式，它将所有预处理的问题抽象为对象，了解这些对象具有哪些相应的属性，展示这些对象的行为，以解决其面临的一些实际问题。因此，在程序开发中引入了面向对象设计的概念。面向对象设计实质上就是对现实世界的对象进行建模操作。

掌握类和对象是学习 Java 语言的基础。本章将详细介绍类和对象的概念，以及各种常用类的使用方法。

■ 学习目标

(1) 理解类和对象的概念；

(2) 掌握定义类的方法；

(3) 理解包的概念及应用；

(4) 了解注释及嵌入文档。

7.1 对　象

Java 是一种全新的、面向对象的程序设计语言，要求程序员必须有面向对象的思维方式，只有这样才能真正体会到 Java 的易学易用。在第 1 章中，我们已经说明了面向对象程序设计与面向过程程序设计的区别。接下来，我们就开始对象的学习过程。

7.1.1 什么是对象

在《Java 编程思想》中有这样一句话："一切都是对象"。在日常生活中，我们会经常接触到对象这个概念，比如桌子、自行车、公交车等。

对象有 3 个主要特征：

(1) 对象的行为（behavior）——这个对象能做什么，也就是对象可以完成什么功能。比如，自行车可以节省体力地载我们去想去的地方。

（2）对象的状态（state）——当通过一个操纵对象的方法时，对象所保持的一种包含特定属性的状态。比如，扭转车头可以使自行车拐弯；刹车可以让自行车减速或停下来。

（3）对象的标识符（identity）——通过标识符，可以区别具有相同行为或类似状态的对象。例如自行车，可以根据颜色、生产厂家及自行车号牌等信息将自己使用的与其他自行车进行区分，这些信息都是标识符。

7.1.2 对象实例名

在 Java 中，操纵对象类型变量的唯一方式就是用对象实例名。因为任何东西都可以看做是对象，所以在 Java 中采用统一的语法操纵对象，在任何地方都可以照搬不误。

那么究竟什么是对象实例名呢？

在《Java 编程思想》中，对象实例名是这样定义的：操纵对象的标识符，它是指向一个对象的 handle。这样定义不太容易理解，下面简单介绍一下。根据第 3 章中的变量定义，变量名是内存地址（栈）的一个别名。那么对于基本类型来讲，变量的值就存放在这个内存地址的空间内；而对于对象类型来讲，变量的值则是指向实际对象的一个地址（堆），真正的对象是存放在堆中。因此我们就可以将其理解为是一个对象的实例。

可以想象一下，我们是如何使用遥控器（对象实例名）操纵电视机（对象）的。只要拥有遥控器，就可以操纵电视机。当需要换频道或增大声音时，可以通过操纵遥控器（实例名），再由遥控器去操纵电视机（对象）。如果将这个遥控器交给其他人（按址传递），那么别人也有了操纵这个电视机的权力。无论有多少个人来操纵遥控器，电视机始终是唯一的（对象只有一个）。此外，即使没有电视机，仍然可以拥有遥控器。也就是说，可以只有实例名，没有与实例名（遥控器）相关联的实际性对象（电视机）。例如：

```
String str;
```

这里只有一个对象实例名，实例名（str）并没有与任何对象内容相关联。这时，如果去操纵实例名（str）并向它发送一条消息（操作），系统会出现错误提示信息。所以我们建议读者在创建对象实例名时，一定不要忘记将实例名与实际的对象内容相关联（也就是对象变量的初始化）。

7.1.3 对象变量的初始化

当创建一个对象实例名时，总是希望马上进行相应的初始化工作，也就是将实例名与内容关联起来。在 Java 中，这个过程非常简单，一般是通过关键字 new 来完成对象的创建过程的。可以将 new 理解为新建，就是向内存堆中申请一个空间，从而将对象内容放到这里，然后再将内容与对象实例名（存在于栈中）关联起来。这里，等号（=）起到非常重要的作用，例如：

```
String str = new String("Hello");
```

String 是 Java 中用到最多的字符串对象，它生成一个具体的内容“Hello”。我们把这个过程称为对象的实例化，并将这个实例与实例名（str）通过等号关联在一起。

7.2 类

从这节开始，我们就接触 Java 中最核心的概念之一——类。类是 Java 程序中最基本的构件，所有的内容都被写在类中。如果没有类，Java 做不了任何事情。Java 程序就是一大堆类的集合。

7.2.1 类的含义

类在 Java 中用关键字 class 表示，在第 3 章中我们已经强调过，要想声明一个类，必须使用关键字 class。

类是对象的抽象，是模板，是一类事物经过抽象所共有的属性的集合。

走在马路上，我们可以看到各种各样的机动车车辆，包括轿车、货车、面包车等。这些机动车辆都可以被认为是对象，如果让我们用一个词去概括它们（抽象的过程），那是什么呢？就是汽车，它们都可以被称为汽车（类是对象的抽象）。汽车这个概念是我们根据不同的车辆抽象出来的，它能概括马路上所有的机动车辆，但它并不具体指哪一辆汽车，也不具体指哪一种汽车，它是一个统称（模板）。它具有一定的内容（属性的集合），比如说必须要动力驱动、有车轮等。反过来，如果想让一个对象被称为是汽车，也必须满足这些属性（类是模板），例如马车就不能被称为汽车，这就是 Java 中类的概念的内涵。

现在我们已经抽象出来一个类——汽车类，那么类与具体的汽车之间又有什么关系呢？汽车有不同的牌子、颜色和形状，我们称每一辆具体的汽车为汽车类的一个实例，从汽车类到具体汽车的过程被称为实例化的过程，又称为类（汽车类）的实例化(关联一辆具体的汽车)。在 Java 中，一个类的实例化过程是通过关键字 new 来进行的。

比如，我们现在声明一个汽车类。

```
public class Car
{
    ⋮
}
```

接着进行一个类的实例化，也就是创建一个类的实例：

```
new Car();          //这样就产生了一个类的实例,也就是一个具体的对象
```

一个类的实例针对一个具体的对象，它是一些具体属性的集合。

Java 所有的代码都写在一个类中。标准 Java 库中提供了用于不同目的的不同类，例如用于用户界面设计、日期和日历以及网络编程的类。

但对于实际中的问题，我们仍然需要创建自己的类以描述应用程序中特定问题领

域的对象，再标准类库提供的类以达到目的。

7.2.2 设计自己的类

下面我们就开始设计一个属于自己的类，随着后面内容的学习，我们将不断的扩展这个类，以使这个类的功能越来越强大。

我们的目的是做一个小型的学生管理系统。既然是学生管理系统，就必须拥有学生类，下面就开始设计一个学生类。

1. 需求分析

(1) 一个学生类（Student class）是整个系统最核心的类。它包括学生共有的基本信息：学生姓名、学号、性别、出生年月、专业和籍贯等。

(2) 可以通过设置或访问学生类的实例来修改这些学生的不同信息。

2. 编写代码

【例 7-1】 程序清单：StudentTest.java。

```
/*
 学生类,包括学生的基本信息
*/
public class StudentTest
{
      public static void main(String args[])
      {
        Student tom = new Student("Tom","20120410");
        tom.setStudentSex("man");
        tom.setStudentAddress("America");
        System.out.println(tom.toString());
      }
}
class Student
{
      private String strName = "";         //学生姓名
      private String strNumber = "";       //学号
      private String strSex = "";          //性别
      private String strBirthday = "";     //出生年月
      private String strSpeciality = "";   //专业
      private String strAddress = "";      //籍贯
        public Student(String name, String number)
        {
          strName = name;
          strNumber = number;
        }
```

```
public String getStudentName()
{
  return strName;
}
public String getStudentNumber()
{
  return strNumber;
}
public void setStudentSex(String sex)
{
  strSex = sex;
}
public String getStudentSex()
{
  return strSex;
}
public String getStudentBirthday()
{
  return strBirthday;
}
public void setStudentBirthday(String birthday)
{
  strBirthday = birthday;
}
public String getStudentSpeciality()
{
  return strSpeciality;
}
public void setStudentSpeciality(String speciality)
{
  strSpeciality = speciality;
}
public String getStudentAddress()
{
  return strAddress;
}
public void setStudentAddress(String address)
{
  strAddress = address;
}
public String toString()
{
```

```
        String information = "学生姓名 = " + strName + ", 学号 = " + strNumber;
        if( ! strSex.equals("") )
          information + = ", 性别 = " + strSex;
        if( ! strBirthday.equals(""))
          information + = ", 出生年月 = " + strBirthday;
        if( ! strSpeciality.equals("") )
          information + = ", 专业 = " + strSpeciality;
        if( ! strAddress.equals("") )
          information + = ", 籍贯 = " + strAddress;
        return information;
    }
  }
```

输出结果：

```
学生姓名 = Tom, 学号 = 20120410, 性别 = man, 籍贯 = America
```

以上是我们设计的学生类，下面将讨论这个类的实现细节。

7.2.3 分析设计的类

在程序中，我们构建了一个学生类的实例：

```
Student tom = new Student("Tom","20120410");
```

这个过程就是类的实例化过程。tom 是 Student 类实例的名字，也就是我们所说的对象实例名。在后面对对象进行的任何操作，都是通过操作对象实例名进行的。我们通过关键字 new 生成 Student 类的一个实例，这个实例代表的是一个特定属性的对象。这里，我们生成的特定对象是姓名为 tom，学号是 20120410 的一个学生。

下面介绍为什么要用语句 new Student（" Tom"," 20120410"）；来生成一个对象的实例。

1. 构造器

关键字 new 生成对象的实例，是通过构造器（constructor）来实现的。那么什么是构造器呢？简单地说，构造器是与类名相同的特殊方法。让我们研究一下学生类的构造器：

```
public Student(String name, String number)
{
    strName = name;
    strNumber = number;
}
```

当构造一个学生类的实例时，学生类的构造器就被启动，它给实例字段赋值。例如，用下面的代码构造一个学生类的实例：

```
new Student("唐僧", "20120110");
```

实例字段被赋值如下：

```
strName = "唐僧";
strNmuber = "20120110";
```

构造器与方法的不同之处在于：构造器只能与关键字 new 一起使用以构建新的对象；构造器不能应用于一个已经存在的对象来重新设置实例字段的值。例如，

```
Student tom = new Student("Tom","20120410");
tom. Student("唐僧","20120110");            //这是错误的
```

这样做会产生编译器的错误。

在后面的章节中，我们会对构造器作进一步地探讨，现在请读者记住以下几点：

(1) 构造器与类名相同（包括大小写）。

(2) 一个类可以有多个构造器。

(3) 构造器可以有 0 个、1 个或多个参数。

(4) 构造器没有返回值，但不用写 void。

(5) 构造器总是和关键字 new 一起被调用。

通过类的构造器，我们得到学生类的一个实例并把它与实例名 tom 关联起来。接下来看下面代码：

```
tom. setStudentSex("man");
tom. setStudentAddress("America");
```

这是利用对象实例名操纵对象实例、调用实例的方法。下面我们再来看看什么是类的方法，以及如何定义与使用类。

2. *方法*

方法（method）都是针对于某一个类的，也就是说，方法都是类中的程序段。在探讨方法之前，我们有必要先探讨一下另外一个概念——封装。

(1) 封装

所谓封装，就是把数据和行为结合在一个块中，对对象的使用者隐藏了数据的实现过程，从而使对象的使用者只能通过特定的方法访问类的实例字段。一个特定的对象是类的一个实例，一个对象实例中的数据叫做对象的实例字段，操作实例字段的函数和过程称为方法。这个实例保持属于它本身的特定值，这些值被称为对象的当前状态，任何想改变对象当前状态的操作必须通过调用对象的方法进行。对于方法，我们重点强调的是，绝对不允许方法直接访问除本身实例字段以外的其他实例字段。程序只能通过对象的方法来与对象的数据发生作用。封装的实际作用相当于一个“黑盒子”，使用者只需要知道对象的输出数据与输入数据，而不再去关心、也没必要关心数据的内部具体实现流程。有关封装的详细解析，我们将在本书后面的章节进行介绍。

(2) 方法声明

学生类中的方法都很简单，可以通过方法访问类的私有实例字段，因为任何实例字段都可以被它们所在类的方法访问。

在一个类中，声明方法的格式如下：

```
访问标识符 返回值类型 方法名(变量类型 变量名称…)
{…}
```

比如在刚才的学生类中声明了11个方法。

(3) 方法分析

我们就以籍贯为例来分析一下方法的实质。

```
public String getStudentAddress()
{
    return strAddress;
}
public void setStudentAddress(String address)
{
    strAddress = address;
}
```

● public：这是方法的访问控制符，与类的访问控制符基本上是一样的。在下面的章节中会详细介绍。

● String：因为方法 getStudentAddress（）需要返回学生籍贯的字符串类型，所以我们写上 String。在第二个方法 setStudentAddress（）中，不需要返回值，所以写上了 void。注意：这个 void 必须要写，它代表这个方法没有返回类型。如果不写 void，系统编译时会出现错误提示信息，这一点与构造器不同。

● String address：这是变量类型与变量名称。一个方法中，可以没有变量（就像是 getStudentAddress（）方法），也可以有多个变量，但每一个变量必须要声明变量类型，不同的变量之间用逗号分隔。

● 大括号"{}"：包括在大括号之间的内容被称为方法体，所有的业务逻辑及实现流程都是在方法体内完成的。

(4) 方法使用

在 Java 中，所有方法的使用可以采用统一的格式，即

```
对象实例名.方法名(参数,…)
```

正如我们将学生类实例化为一个具体的对象 tom，然后通过调用相应的方法：

```
tom.setStudentSex("man");
tom.setStudentAddress("America");
```

将属于 tom 的特定属性赋予特定的对象 tom，对象 tom 保存了属于 tom 的信息。通过语句 tom. setStudentSex（" man"）;，将 tom 的性别设定为男。方法 setStudent Sex（" man"）有两个参数：第一个参数是在方法名之前的、类型为 Student 的对象，此参数叫做隐式参数；第二个参数是方法名后圆括号内的字符串，它是显式参数。

显式参数要被明确声明为方法声明部分。例如：

```
public void setStudentAddress(String address)
{
    strAddress = address;
}
```

这里，String address 中的 address 就是参数，它被声明为字符串类型。

隐式参数不出现在方法声明中，它是一个类的实例。在每一个方法中，关键字 this 指向的就是隐式参数。根据不同的编码习惯，可以将方法写成如下方式：

```
public void setStudentAddress(String address)
{
    this.strAddress = address;
}
```

以上方法中的 this 就是指向学生类的一个隐式参数的实例变量，也就是学生类的一个隐式参数的实例。

有很多的程序员喜欢使用 this 这个关键字，因为通过这个关键字可以明确区分出实例字段与显式参数（本地变量）。

通过观察我们设计的学生类，可以发现基本上都是一些以 get 或 set 开头的方法。下面我们学习两个新的概念——设置器与访问器。

（5）访问器和设置器

在 Java API 文档中，经常会发现很多类似于上面学生类中的、以 get（）或 set（）开头的方法。

get（）方法只是查看对象的状态，并没有改变对象的任何状态。例如：

```
public String getStudentName()
{
    return strName;
}
public String getStudentNumber()
{
    return strNumber;
}
public String getStudentSex()
{
    return strSex;
}
public String getStudentBirthday()
    {
    return strBirthday;
}
public String getStudentSpeciality()
{
```

```
        return strSpeciality;
    }
    public String getStudentAddress()
    {
        return strAddress;
    }
```

这 6 个方法都是以 get 开头的方法，都得到对象的某种状态，我们可以总结它们的特点如下：

- 方法声明部分有返回值类型。
- 方法声明没有参数。
- 方法体内有返回语句。

具有以上特点的方法，在 Java 中被称为访问器。也就是说，访问器只能访问对象的某种状态。接下来我们再看一下设置器。

所谓设置器，是指修改对象某种状态的方法，通常是以 set 开头。例如：

```
    public void setStudentSex(String sex)
    {
        strSex = sex;
    }
    public void setStudentBirthday(String birthday)
    {
        strBirthday = birthday;
    }
    public void setStudentSpeciality(String speciality)
    {
        strSpeciality = speciality;
    }
    public void setStudentAddress(String address)
    {
        strAddress = address;
    }
```

在学生类中，一共有 4 个以 set 开头的方法。通过以上几个方法我们可以看出，以 set 开头的方法的功能是将某个实例字段的值通过赋值语句进行修改。我们总结它们的特点如下：

- 方法返回类型为 void，即不返回类型。
- 方法声明最少有一个参数。
- 方法体内一定有赋值语句。

具有以上特点的方法，在 Java 中被称为设置器。

通常情况下，访问器与设置器是成对出现的。而对于一些受保护性字段，或者是不想让使用者操纵的字段，才只有访问器而没有设置器。

（6）封装的意义

在 Java 代码中，使用访问器及设置器有什么意义呢？简单地说，就是为了实现数据的封装。让我们再来看以下代码：

```
private String strName = "";          //学生姓名
private String strNumber = "";        //学号
private String strSex = "";           //性别
public Student(String name, String number)
{
    strName = name;
    strNumber = number;
}
public String getStudentName()
{
    return strName;
}
public String getStudentNumber()
{
    return strNumber;
}
public void setStudentSex(String sex)
{
    strSex = sex;
}
public String getStudentSex()
{
    return strSex;
}
```

对于 getStudentName（）方法、getStudentNumber（）方法和 getStudentSex（）方法，很明显它们都是访问器。因为它们都简单地返回实例字段的值，有时又被称为字段访问值。

字段 strName 只有访问器，没有设置器。也就是说，如果我们通过方法 Student (String name，String number）构建一个学生的实例时，strName 字段就会被赋值，并且永远不能被修改。换句话说，strName 字段是只读的。这样就保证了 strName 字段永远不会被破坏。同样，strNumber 字段也是只读的。

而 strSex 字段不是只读的，但它只可以通过 setStudentSex（）方法改变值。如果需要修改它的值，我们只要调用这个方法就可以了。如果 strSex 字段是公开的，也就是说可以通过很多种方式改变这个字段的值，那么在运行过程中，程序很容易出现不可预料的错误或不正确的值。

像 strName 或 strSex 这种访问控制数据的方式实现了数据的封装，使数据的访问及修改处于可控制的范围内，并且对于一个数据的修改只能通过一种方式进行操作，这种唯一性就是封装的意义。

如果要实现对一个实例字段的访问与设置，一般情况下应该有 3 项内容：

- 一个私有的数据字段。
- 一个公开的字段访问器。
- 一个公开的字段设置器。

这样做虽然比提供一个公开的数据字段要麻烦一些，但其好处是可以改变方法内部的字段而不影响类中的其他代码。

比如，在 getStudentName () 方法中，想把一个人的姓与名字分开，可以做如下修改：

```
public String getStudentName()
{
return strFirstName + strLastName;
}
```

以上代码对于类中的其他方法不产生任何影响。对于封装的其他优点，读者可在程序设计的过程中仔细体会。封装是面向对象程序设计的一个重要思想，请读者注意掌握。

3. 使用多个源文件

在程序中可以看到，一个文件中有两个类，分别为 class StudentTest 及 class Student。我们的文件必须保存为 StudentTest. java。

对于大多数程序员来说，他们更喜欢把不同的类保存为不同的文件。例如，上面的类可以分别保存为 StudentTest. java 和 Student. java。

这样，在编译的过程中就有两种编译方式。

(1) 通过统配符来调用编译器

可以采用如下代码编译类文件：

```
javac Student *. java
```

或

```
javac *. java
```

这时，与统配符相匹配的所有源文件都会被编译成类文件。

(2) 编译主文件

也可以采用如下的方式编译主文件：

```
javac StudentTest. java
```

尽管 Student. java 没有被明确编译，但这种方法确实能成功地通过编译并生成两个类文件，这是由 Java 内置的一种机制造成的。当编译 StudentTest. java 时，编译器会发现在 StudentTest. java 中使用了 Student 类，因此它就要去寻找 Student. class 文件。如果没有找到这个文件，编译器会自动寻找 Student. java 文件并编译它；如果编译器发现 Student. java 文件新于已经存在的 Student. class 文件，编译器也会自动地重新编译 Student. java 文件。所以可以这样理解：只要一个主类中包括其他类，编译主类时其他类也会被编译。

> **说明：**
> 这种联动的编译可以在不同的目录中进行，由于我们还没有接触到包的概念，读者在保存我们设计的类时，先把它们保存在同级目录中。如果保存在不同的目录中，编译器会报告“没有发现类”的错误提示信息。

4. 访问控制符

在前面几章中，我们经常看到在类、方法、实例字段前有 public、private 等，这就是访问控制符。

所谓访问控制符，就是控制某个类、方法、实例字段被外界所能看到或访问到的范围。在 Java 中，访问控制符主要有 3 个：public（公开）、private（私有）和 protected（受保护）。这里我们重点探讨前两个，protected 将在后面的章节再探讨。

● public：

使用关键字 public 意味着在它后面的内容被声明为适用于所有人使用。在所有的访问控制符中，public 的访问权限最大。至于它究竟是如何被访问的，我们先不做探讨。只有把它与其他控制符进行比较时，我们才能真正体会到它的意义。

● private：

关键字 private 是访问控制符中被访问范围最小的控制符，它是私有的。关键字 private 意味着只有从特定的类的方法里才能访问，否则没有人能访问这个成员。例如，在学生类中：

```
private String strName = "";          //学生姓名
private String strNumber = "";        //学号
private String strSex = "";           //性别
private String strBirthday = "";      //出生年月
private String strSpeciality = "";    //专业
private String strAddress = "";       //籍贯
```

我们声明了 6 个私有的实例字段。这 6 个字段只能在 Student 类中被访问到。

现在我们将上面的程序做一个改动，请读者再看一下结果。

【例 7－2】 程序清单：StudentTest1. java。

```
/*
  学生类,包括学生的基本信息
 */
public class StudentTest1
{
   public static void main(String args[])
   {
```

```
        Student1 tom = new Student1("Tom", "20120410");
        Student2 jack = new Student2("Jack", "20120911");
        System.out.println(tom.toString());
        System.out.println(jack.toString());
        System.out.println("通过公开字段,修改实例字段值。");
        //tom.strName = "唐僧";
        jack.strName = "孙悟空";
        System.out.println(jack.toString());
    }
}
class Student1
{
    private String strName = "";                //学生姓名
    private String strNumber = "";              //学号
    public Student1(String name, String number)
    {
        strName = name;
        strNumber = number;
    }
    public String getStudentName()
    {
        return strName;
    }
    public String getStudentNumber()
    {
        return strNumber;
    }
    public String toString()
    {
        return "学生姓名 = " + strName + ", 学号 = " + strNumber;
    }
}
class Student2
{
    public String strName = "";                 //学生姓名
    public String strNumber = "";               //学号
    public Student2(String name, String number)
    {
        strName = name;
        strNumber = number;
    }
    public String getStudentName()
```

```
    {
      return strName;
    }
    public String getStudentNumber()
    {
      return strNumber;
    }
    public String toString()
    {
      return "学生姓名 = " + strName + ", 学号 = " + strNumber;
    }
}
```

输出结果：

```
学生姓名 = Tom，学号 = 20120410
学生姓名 = Jack，学号 = 20120911
通过公开字段,修改实例字段值。
学生姓名 = 孙悟空，学号 = 20120911
```

通过程序的运行结果可以看到，虽然我们通过构造器为 Student2 构建了一个实例，并且为字段 strName 赋值，但公开字段又修改了我们的值，这样就严重破坏了封装，使程序的数据得不到有效的保护。如果我们将注释一行的注释符号去掉，变成：

```
System.out.println("通过公开字段,修改实例字段值。");
tom.strName = "唐僧";
jack.strName = "孙悟空";
```

再编译时，编译器会检查出这个越界的访问：

```
strName has private access in Student1
```

通过以上程序的运行我们可以看出，访问控制符的作用就是对使用者隐藏一定的数据，实现唯一性操作，从而保证数据运行的唯一性。访问控制符 public 可以在任何时候被它的实例直接访问。

> **说明：**
>
> 为了保证数据的唯一性，在类中的实例字段通常设为私有，以充分利用类的封装功能。

在设计一个类时，我们会将所有的实例字段都设为私有的。因为通过上面的程序示例读者可以看出，公开的数据存在被修改的危险。

数据如此，那么方法呢？虽然在大多数的情况下，方法都是公开的，但私有方法也是经常用到的。这些私有方法只能被类中的其他方法调用。既然私有方法只能被类内的方法使用，那么为什么还要有私有方法呢？

原因很简单，为了实现逻辑的分离。

对于某些方法，我们有时需要进行复杂逻辑的分离。这种分离出来的逻辑只对某个特定的方法有用，或者说对于类的使用者来说是没有意义的。在这种情况下，我们一般将方法声明为私有的。

5. 静态字段与方法

在所列举的示例中，我们可以看到 main () 方法都被标记上 static 标识符。下面将对关键字 static 进行深入探讨。

(1) 静态字段

在一个类中，如果把一个字段声明为 static（静态的），那么在这个类中只能有这么一个类字段，而每个实例都共享该字段。

我们用示例来说明这个问题。比如，每个学生都有唯一的学号字段，这个学号字段不再需要人工输入，而是由程序自动计算的。我们追加一个静态字段 nextNumber。

【例 7-3】 程序清单：StudentTest2.java。

```
/*
  学生类,包括学生的基本信息
  静态字段的测试
 */
public class StudentTest2
{
    public static void main(String args[])
    {
      int i;
      for(i = 0; i < 10; i++)
      {
          Student tom = new Student("Tom" + i);
          if(i % 2 == 0)
          {
              tom.setStudentSex("man");
          } else
          {
              tom.setStudentSex("female");
          }
          tom.setStudentAddress("America");
          tom.setStudentNumber();
          System.out.println(tom.toString());
      }
    }
}
class Student
{
```

```
private String strName = "";          //学生姓名
private int number = 0;               //学号
private String strSex = "";           //性别
private String strBirthday = "";      //出生年月
private String strSpeciality = "";    //专业
private String strAddress = "";       //籍贯
private static int nextNumber = 1;
public Student(String name)
{
  strName = name;
}
public String getStudentName()
{
  return strName;
}
public int getStudentNumber()
{
  return number;
}
public void setStudentNumber()
{
  number = nextNumber;
  nextNumber++;
}
public void setStudentSex(String sex)
{
  strSex = sex;
}
public String getStudentSex()
{
  return strSex;
}
public String getStudentBirthday()
{
  return strBirthday;
}
public void setStudentBirthday(String birthday)
{
  strBirthday = birthday;
}
public String getStudentSpeciality()
{
```

```
        return strSpeciality;
    }
    public void setStudentSpeciality(String speciality)
    {
        strSpeciality = speciality;
    }
    public String getStudentAddress()
    {
        return strAddress;
    }
    public void setStudentAddress(String address)
    {
        strAddress = address;
    }
    public String toString()
    {
        String information = "学生姓名=" + strName + ",学号=" + number;
        if( ! strSex.equals("") )
          information + = ",性别=" + strSex;
        if( ! strBirthday.equals(""))
          information + = ",出生年月=" + strBirthday;
        if( ! strSpeciality.equals("") )
          information + = ",专业=" + strSpeciality;
        if( ! strAddress.equals("") )
          information + = ",籍贯=" + strAddress;
        return information;
    }
}
```

输出结果:

```
学生姓名=Tom0,学号=1,性别=man,籍贯=America
学生姓名=Tom1,学号=2,性别=female,籍贯=America
学生姓名=Tom2,学号=3,性别=man,籍贯=America
学生姓名=Tom3,学号=4,性别=female,籍贯=America
学生姓名=Tom4,学号=5,性别=man,籍贯=America
学生姓名=Tom5,学号=6,性别=female,籍贯=America
学生姓名=Tom6,学号=7,性别=man,籍贯=America
学生姓名=Tom7,学号=8,性别=female,籍贯=America
学生姓名=Tom8,学号=9,性别=man,籍贯=America
学生姓名=Tom9,学号=10,性别=female,籍贯=America
```

通过程序运行结果可以看出，每一个学生类的实例有不同的学号。实际上，它们共有一个字段 nextNumber，每生成一个实例就需要调用实例方法 setStudentNumber

()，将静态字段 nextNumber 的值赋值给 number，并且使 number 字段值增加 1，下一个对象的实例就接着由当前的值再生成新的学号。

也可以这么说，如果学生类有一千个对象，那么就有一千个学号字段，并且每一个是唯一的，但却只有一个静态字段 nextNumber。即使学生对象不存在，静态字段也是存在的。静态字段属于类，不属于任何一个对象。

> **说明：**
> 由于静态字段只属于类，所以在很多书上也被称为类字段。

因为类字段不依赖于类实例的存在而存在，所以可以被单独使用，在下面的章节中，我们再详细讨论。

(2) 静态常量

虽然静态常量不经常使用，但是却很常见。例如我们经常使用的 System. out。它在 System 类中被声明为

```
public class System
{
    ⋮
    public static final PrintStream out = …;
    ⋮
}
```

其中，out 静态字段被声明为公开，如果去掉关键字 static，out 就是类的实例字段。我们在访问控制符中强调过，将类中实例字段公开不是一个好方法。这是因为每个人都可以修改公开的类实例字段，但是使用公开常量（final 字段）却没有问题，因为 out 被声明为 final 是不可被更改的。

(3) 静态方法

上面我们探讨了静态字段，接下来我们再探讨一下静态方法。在前面的示例中，我们多次用到的 main () 方法就是静态方法。一个方法想变成静态方法，只要在前面加上关键字 static 就可以了。静态方法是一类特殊的方法，它并不操纵具体的对象。与静态字段类似，静态方法是属于类的方法。

因为静态方法不操纵具体的对象，所以在一个静态方法中不能访问类的实例字段，但它可以访问一个自己类中的静态字段。

下面是一个静态方法访问实例字段的示例。

【例 7-4】 程序清单：StaticMethod. java。

```
/*
  静态方法访问实例字段及静态字段
 */
public class StaticMethod
{
```

```
    int a = 15;
    int b = 2;
    public static void main(String args[])
    {
        System.out.println(a + "/" + b + "=" + (a/b));
    }
}
```

输出结果：

```
non-static variable a cannot be referenced from a static context
```

系统提示：不能在静态内容中引用一个非静态的变量，编译失败。要使这段代码能顺利通过编译，只需将实例变量前加上关键字 static 声明，将其变成静态变量就可以了。如下面的代码所示：

```
/*
  静态方法访问实例字段及静态字段
 */
public class StaticMethod
{
    static int a = 15;
    static int b = 2;
    public static void main(String args[])
    {
        System.out.println(a + "/" + b + "=" + (a/b));
    }
}
```

再编译运行，输出结果：

```
15/2 = 7
```

此时程序得以执行。

虽然这个代码很简单，但足以说明问题。整型变量 a 与 b 变成了静态变量，对外界的开放变大，因此数据的封装容易被破坏。

所以一般情况下，不让静态方法访问实例字段。换句话说，一个静态方法是一个逻辑相对比较封闭的方法。通常在以下两种情况下会使用静态方法：

- 一个方法不需要访问对象的状态；
- 一个方法只需要访问类中的静态方法。

(4) 静态方法的使用

前面已经讲述过方法的使用，但静态方法的调用则是一种特殊的情况，它是通过类名直接调用方法名来完成的。格式如下：

```
类名.方法名(参数列);
```

下面我们将会学习 Java 中两个重要的类：Math 类与 Date 类。在此过程中会多次用到静态方法的调用，请读者深入体会。

说明：

静态方法的调用也可以像普通方法一样通过实例来操纵，这是合法的。但是没有任何意义，因为静态方法不代表任何实例的状态，它属于类本身。所以在本书中，我们推荐读者使用类名调用静态方法。

（5）工厂方法

这节我们接触 Java 中一个非常重要的概念——工厂方法。通常理解工厂是生产产品的地方，这非常正确。对于 Java 程序设计来说，工厂方法首先是生产对象的地方，也就是生产类的实例的地方。其次，它还是一个方法，这个方法的目的就是生产对象。

到目前为止，读者只要记住工厂方法是创造对象的地方，通过工厂方法的调用可以得到一个类的实例即可。在以后的章节中，我们会更加详细地探讨工厂方法的使用。

（6）main（）方法

main（）方法是一个静态方法。通过前面的描述读者已经了解到，静态方法不需要对象去调用。实际上，当程序开始执行时，还不存在任何对象。静态方法 main（）执行后，开始创建所需要的对象。

提示：

每个类都可以有一个 main（）方法。这是对类进行单元测试的一个很方便的技巧。

例如，我们在学生类中追加一个 main（）方法。

```
class Student
{
⋮
public static void main(String args[])
{
        Student aStudent = new Student("沙和尚");
        aStudent.setAddress("通天河");
  }
    ⋮
}
```

然后试一试运行 java Student 或 java StudentTest，看看会有什么结果出现。

【例 7-5】 程序清单：StudentTest3.java。

```
/*
 学生类,包括学生的基本信息
*/
```

```
public class StudentTest3
{
    public static void main(String args[])
    {
      Student tom = new Student("Tom","20120410");
      tom.setStudentSex("man");
      tom.setStudentAddress("America");
      System.out.println(tom.toString());
      }
}
class Student
{
    private String strName = "";           //学生姓名
    private String strNumber = "";         //学号
    private String strSex = "";            //性别
    private String strBirthday = "";       //出生年月
    private String strSpeciality = "";     //专业
    private String strAddress = "";        //籍贯
    public static void main(String args[])
      {
        Student aStudent = new Student("沙和尚","200905002");
        aStudent.setStudentAddress("通天河");
        System.out.println(aStudent.toString());
      }
      public Student(String name, String number)
      {
        strName = name;
        strNumber = number;
      }
      public String getStudentName()
      {
        return strName;
      }
      public String getStudentNumber()
      {
        return strNumber;
      }
      public void setStudentSex(String sex)
      {
```

```
    strSex = sex;
  }
  public String getStudentSex()
  {
    return strSex;
  }
  public String getStudentBirthday()
  {
    return strBirthday;
  }
  public void setStudentBirthday(String birthday)
  {
    strBirthday = birthday;
  }
  public String getStudentSpeciality()
  {
    return strSpeciality;
  }
  public void setStudentSpeciality(String speciality)
  {
    strSpeciality = speciality;
  }
  public String getStudentAddress()
  {
    return strAddress;
  }
  public void setStudentAddress(String address)
  {
    strAddress = address;
  }
  public String toString()
  {
    String information = "学生姓名 = " + strName + ", 学号 = " + strNumber;
    if( ! strSex.equals("") )
      information + = ", 性别 = " + strSex;
    if( ! strBirthday.equals(""))
      information + = ", 出生年月 = " + strBirthday;
    if( ! strSpeciality.equals("") )
      information + = ", 专业 = " + strSpeciality;
```

```
        if( ! strAddress.equals("") )
            information + = ",籍贯 = " + strAddress;
        return information;
    }
}
```

StudentTest3 输出结果：

```
学生姓名 = Tom，学号 = 20120410，性别 = man，籍贯 = America
```

Student 输出结果：

```
学生姓名 = 沙和尚，学号 = 200905002，籍贯 = 通天河
```

通过程序结果我们可以看出，程序执行了不同的 main () 方法。

> **说明：**
>
> main () 方法又被称为测试方法。建议读者在每一个类中编写一个 main () 方法，以实现对不同功能类的测试。在多个类组合在一起的时候，也应该编写一个综合性的测试方法。

6. final 实例字段

可以把一个实例字段定义为 final（不可改变的）。

在对象被构造时，final 字段必须被初始化。也就是说，必须保证在每一个构造器结束之前，该类型字段已经被设定。一旦设定值，以后将不能再改变。例如，Student 类中的 strName 字段可以被声明为 final。因为对象被构造之后，它的值将永远保持不变，并且在类中没有 setStudentName () 之类的方法。

```
class Student
{
    ⋮
    private final String strName;
    ⋮
}
```

> **说明：**
>
> 把在一个对象生命周期内不可改变的字段标记为 final 型是一个很好的方法，这样保证了在对象生命周期内数据的唯一性。如果一个类中所有的字段都是 final 型的，那么这个类就是不可变的——它的对象在被构建后永远不变。

在前面我们说过，Java 的学习实际上更多的是 Java 类库的学习，因此我们设计了属于自己的类。那么对于已经存在的类又是如何使用的呢？下一节我们学习如何利用 API 使用已经存在的类。

7.3 使用已有的类

Java 提供了用于程序开发的丰富类库，称为 Java 的基础类库（Java Foundational Class，JFC），也称为应用程序编程接口（Application Programming Interface，API），它们分别存放在不同的包中。在应用程序开发中，经常需要调用系统类库中的各种函数，所以熟悉一些常用的系统类及其方法的调用是有必要的。在编程时，我们可以直接导入这些类所在的包，然后在程序中直接使用这些类中的函数方法。打开 API 文档，查看一些已经存在的类库，能发现 Java 类库非常丰富。鉴于读者都是初学者，所以暂时只介绍一些简单的 API 类库。随着学习的深入，后面会接触到更多的类。

7.3.1 Math 类

Java. lang 包中的 Math 类提供了一些常量和一些基本的数学运算和几何运算方法，如平方函数，三角函数等。通过查看 API 文档可以了解到，Math 类中的所有方法和字段都是可以直接访问的。在 Java 中，将它们称为静态方法和静态字段。有关静态方法和静态字段的概念，在前面章节已经详细介绍，现在我们知道，这些方法和字段可以直接使用。因为这些成员是静态成员，而且 Math 类是一个 final 类，所以可通过“类名．方法名称”和“类名．字段”来访问方法和字段。Math 类中常用的常量及方法如表 7－1 所示。

表 7－1 Math 类中常用的常量和方法

常量或方法	含 义
double E	常量 e（2.71828）
double PI	常量 π（3.14159）
static double sin（double a）	计算 a 的正弦值
static double cos（double a）	计算 a 的余弦值
static double pow（double a，double b）	计算 a 的 b 次方
static double sqrt（double a）	计算 a 的平方
static double exp（double a）	计算 e 的 a 次方
static double log（double a）	计算 a 的自然对数
static int abs（int a）	计算 a 的绝对值（可接收其他类型参数）
static double ceil（double a）	返回大于等于 a 的最小整数值
static double floor（double a）	返回小于等于 a 的最大整数值
static int max（int a，int b）	求 a、b 两数中较大的一个（可接收其他类型参数）

（续表）

常量或方法	含 义
static int min（int a，int b）	求 a、b 两数中较小的一个（可接收其他类型参数）
static int round（float a）	对 a 取整值（四舍五入）
static rint（double a）	返回最接近 a 的整数值
static double random（）	产生 0～1 之间的随机数

下面是关于 Math 函数的举例说明：

Math. abs（－30. 5）＝＝30. 5　　　　Math. ceil（－8. 0989）＝＝－8. 0
Math. floor（－8. 0989）＝＝－9. 0　　Math. rint（30. 4）＝＝30. 0
Math. round（30. 1）＝＝30　　　　　Math. random（）＝＝0. 83636823562

通过以上的例子可以看出，函数方法的使用很简单，关键是要注意其参数。类库其实就是一个方法和属性的集合。学习类库要多练习，只要熟悉了类库中各种方法的使用，也就掌握了类库。

7. 3. 2 Date 类

Date 类是由 java. util 包提供，用来表示日期和时间、提供操作日期和时间各组成部分的方法。Date 类可将日期分解为年、月、日、时、分、秒，还可以将日期转换成一个字符串，甚至可以执行反向的操作。Date 类中最常用的方法就是获取系统当前时间。Date 类常用方法如表 7－2 所示。

表 7－2 Date 常用方法

常量或方法	含 义
Date（）	使用当前日期创建对象
Date（long date）	使用自 1970 年 1 月 1 日开始到某时刻的毫秒数创建对象
boolean before（Date date）	如果日期在指定日期之前，返回 true
boolean after（Date date）	如果日期在指定日期之后，返回 true
boolean equals（Date date）	如果两个日期相等，返回 true
long getTime（）	返回一个表示时间的长整型数据（毫秒）
void setTime（long time）	设定日期对象
String toString（）	返回日期格式的字符串

Math 类中的方法和字段属性都是静态的，所以可以直接使用；而 Date 类中的方法和字段属性不是静态的，所以不能直接用“类．方法名”或“类．字段名”，必须使用“对象名．方法名”或“对象名．字段名”。此时我们需要用关键字 new 来创建该类

的一个对象，然后用对象去访问 Date 类中的函数。例如：

```
new Date();
```

上面的表达式构造了一个日期对象，并把这个对象初始化为当前的日期和时间。其实可以从一个类中产生多种不同的对象，Date 类可创建很多种不同的对象。例如，

```
Date(int year,int month,int date),
Date(int year,int month,int date,int hour,int min);
```

但是如果在程序中需要将时间显示出来，应该使用什么方法呢？有两种方法：第一种方法是将 Date 对象作为一个参数，传给 println（）方法；另一种方法就是使用 Date 类中的 toString（）方法，它可以将时间、日期直接按照字符串的形式显示出来。

【例 7-6】 Date 应用举例。

```
import java.io.*;
import java.util.*;
public class DateTest{
public static void main(String args[])
  {
    Date date = new Date();
     System.out.println(date.getTime());
    System.out.println(date.toString());
    System.out.println(date);
    System.out.println(date.getDay());      //获得日期的"日"
    System.out.println(date.getHours());    //获得日期的"小时"
  }
}
```

输出结果：

```
1335495138852
Fri Apr 27 10:52:18 CST 2012
Fri Apr 27 10:52:18 CST 2012
5
10
```

Date 类中也有用于得到日期的方法函数，如 getDay（）、getMonth（）等方法函数，但是这些方法已经不被推荐使用了。在程序中，尽量不要使用不被推荐（deprecated）的方法函数。相比之下，GregorianCalendar 类拥有更多对日期进行操作的方法函数。下面重点介绍一下 GregorianCalendar 类。

7.3.3 GregorianCalendar 类

在对 Date 类的介绍中，读者会发现 Date 类表示的是一个时间点，也就是创建对象时的时间点，而这对于进行日期的相关操作及运算是非常不方便的。为此，在 Java 类库中为开发者提供了一个方便操作日期的类——GregorianCalendar 类。其实 GregorianCalendar 类是 Calendar 类的一个子类。Calendar 类是 java. util 包中提供的一个与日历相关的类，它是一个抽象类，因此不可以实例化。GregorianCalendar 提供了世界上大多数国家使用的标准日历系统。GregorianCalendar 类对象可以调用 Calendar 类中的方法。

（1）GregorianCalendar 类的构造方法

● GregorianCalendar（）为具有默认语言环境的默认时区使用当前时间构造一个默认的 GregorianCalendar。

● GregorianCalendar（int year，int month，int dayOfMonth）为具有默认语言环境的默认时区构造一个带有给定日期设置的 GregorianCalendar。

● GregorianCalendar（int year，int month，int dayOfMonth，int hourOfDay，int minute）为具有默认语言环境的默认时区构造一个具有给定日期和时间设置的 GregorianCalendar。

● GregorianCalendar（int year，int month，int dayOfMonth，int hourOfDay，int minute，int second）为具有默认语言环境的默认时区构造一个具有给定日期和时间设置的 GregorianCalendar。

例如，创建一个代表当前日期的 GregorianCalendar 对象：

```
GregorianCalendar gc = new GregorianCalendar();
```

创建一个代表 2012 年 6 月 12 日的 GregorianCalendar 对象（注意参数设置，月份要减去 1）：

```
GregorianCalendar gc = new GregorianCalendar(2012,6 - 1,12);
```

（2）GregorianCalendar 类的主要方法

● isLeapYear（int year）——确定给定的年份是否为闰年。

● public int get（int field）——get（）方法中 int 可以使用 Calender 类的常量实现。

● public void set（int field，int value）——用 value 的值代替 field 字段的 Calender 类的常量。

● public final void set（int year，int month，int date）——设置年、月、日。

● public final void set（int year，int month，int date，int hour，int minute）——设置年、月、日、小时、分。

● public final void set（int year，int month，int date，int hour，int minute，int second）——设置年、月、日、小时、分、秒。

（3）Calendar 类的常量

因为 GregorianCalendar 类能调用 Calendar 类中的方法和常量，下面介绍 Calendar 类中的常量。

● Calendar. YEAR 返回当前的年。

● Calendar. MONTH 返回当前的月（从 0 开始）。

● Calendar. DATE 返回当前的天数（从 1 开始）。

- Calendar. DAY_ OF_ MONTH 和 Calendar. DATE 一样。
- Calendar. HOUR 返回当前的小时（12 小时）。
- Calendar. HOUR_ OF_ DAY 返回当前的小时（24 小时）。
- Calendar. MINUTE 返回当前的分钟。
- Calendar. SECOND 返回当前的秒。
- Calendar. MILLISECOND 返回当前的毫秒。
- Calendar. WEEK_ OF_ MONTH 返回当前是本月的第几周。
- Calendar. YEAR 返回当前的年。
- Calendar. DAY_ OF_ WEEK 返回当前是星期几。

说明：

GregorianCalendar 构造方法中的 month 参数是从 0 开始的，即 0 代表一月份。

【例 7-7】 打印当前日期。

```
import java.io.*;
import java.util.*;
public class GregorianCalendarTest
{
    public static void main(String args[])
    {
        GregorianCalendar g = new GregorianCalendar(2012,2,24);  //日期里面的 2 月实际是当前 3 月份
        int year = g.get(Calendar.YEAR);
        int month = g.get(Calendar.MONTH) + 1;
        int day = g.get(Calendar.DAY_OF_MONTH);
        String output = year + "年" + month + "月" + day + "日";
        System.out.println(output);
    }
}
```

输出结果：

```
2012 年 3 月 24 日
```

该程序使用 get（）函数来获取当前的年、月、日，程序结构比较简单。下面来看一个稍微复杂的例子。程序的功能是判断某人阳历生日（6 月 29 日）在 2012 年是星期几。

【例 7-8】 判断某人生日是星期几。

```
import java.io.*;
import java.util.*;
public classGregoriancalendarTest2
{
```

```
    public static void main(String args[])
    {
        GregorianCalendar gc = new GregorianCalendar();
        final char[] kor_week = {'日','一','二','三','四','五','六'};
        gc.set(2012,Calendar.JUNE,29);     //如果把 Calendar.JUNE 换成数字,应该是 5
        char week = kor_week[gc.get(Calendar.DAY_OF_WEEK) - 1];
        System.out.println(2012 + "年的生日是星期" + week);
    }
}
```

该程序用 set () 函数设置生日为 2012 年 6 月 29 日，然后用 get () 函数获取当前日期是星期几。

7.3.4 对象重构

重构是对软件内部结构的一种调整，目的是在不改变外部行为的前提下，提高程序的可理解性，以降低修改成本。重构是严谨、有序地完成对代码的整理，从而减少出错的一种方法。

利用重构技术开发软件会把时间分配给两种行为：添加新功能和重构。添加新功能时，不修改既有代码，只添加新功能；重构时不再添加功能，只改进程序结构。但两种行为可以交替进行。

为什么要重构呢？主要因为以下几点：

(1) 改进程序设计。程序员为了快速完成任务，有时会在没有完全理解整体架构之前就修改代码，这导致程序逐渐失去自己的结构。重构则可以帮助重新组织代码、体现程序结构，从而进一步改进设计。

(2) 提高程序可读性。容易理解的代码也很容易维护和增加新功能。代码首先是写给人看的，然后才是给计算机看的。

(3) 帮助找到程序错误。重构是 Code Review 和反馈的过程。在另一时段重新审视代码，会容易发现问题和加深对代码的理解。

(4) 帮助提高编程速度。设计和代码的改进可以提高开发效率，好的设计和代码都是提高开发效率的根本。

(5) 提高设计和编码水平。

重构的方法包括以下几种：

(1) 如果重复代码在同一个类的不同方法中，则可以直接提炼为一个方法。

(2) 如果重复代码在两个互为兄弟的子类中，则可以将重复的代码提到父类中。

(3) 如果代码类似，则将相同部分构成单独函数，或者用 Template Method 设计模式。

(4) 如果重复代码出现在不相干的类中，则可以将代码提炼成函数或者放在独立的类中。

下面是几个重构示例。

(1) 提炼函数 (Extract Methods)

将代码段放入函数中，让函数名称解释该函数的用途。

重构前代码：

```
String name = request.getParameter("Name");
if( name != null && name.length() > 0 ){
    ⋮
}
String age = request.getParameter("Age");
if( age != null && age.length() > 0 ){
    ⋮
}
```

重构后代码：

```
String name = request.getParameter("Name");
if( ! isNullOrEmpty( name ) ){…}
String age = request.getParameter("Age");
if( ! isNullOrEmpty( age ) ){…}
private boolean isNullOrEmpty( final String string ){
if( string != null && string.length() > 0 ){
return true;
}else{
return false;
}}
```

（2）将函数内联化（Inline Method）

如果函数的逻辑太简单，则将其移到调用它的代码中，取消这个函数。

重构前代码：

```
int get(){
return(d())? 2 : 1;
boolean d(){return a>3;}
}
```

重构后代码：

```
int get()
{
return(a>3)? 2 : 1;
return x + y;}
```

（3）将临时变量内联化（Inline Temp ）

变量被一个简单的表达式赋值一次，则将变量替换成那个表达式。

重构前代码：

```
int area = a.getArea();
return area;
```

重构后代码：

```
return a.getArea();
```

(4) 查询取代临时变量（Replace Temp with Query）

临时变量保存表达式的结果，将这个表达式提炼到独立的函数中。

重构前代码：

```
double basePrice = quantity * itemPrice;
if(basePrice > 1000)
    return basePrice * 0.95;
else
    return basePrice * 0.98;
```

重构后代码：

```
if (basePrice() > 1000)
    return basePrice() * 0.95;
else
    return basePrice() * 0.98;
double basePrice(){return quantity * itemPrice;}
```

(5) 引入解释性变量（Introduce Explaining Variable）

将复杂表达式结果放入临时变量，用变量名来解释表达式用途。

重构前代码：

```
if ( (platform.toUpperCase().indexOf("MAC") > -1)
  && (browser.toUpperCase().indexOf("IE") > -1)
  && wasInitialized() && resize > 0 )
{do something}
```

重构后代码：

```
Boolean isMacOs = platform.toUpperCase().indexOf("MAC") > -1;
boolean isIEBrowser = browser.toUpperCase().indexOf("IE")  > -1;
boolean wasResized  = resize > 0;
if (isMacOs && isIEBrowser && wasInitialized() && wasResized)
{do something}
```

(6) 剖解临时变量（Split Temporary Variable）

一个临时变量多次被赋值（不在循环中），应该针对每次赋值，创造独立的临时变量。

重构前代码：

```
double temp = 2 * (_height + _width);
System.out.println (temp);
temp = _height * _width;
System.out.println (temp);
```

重构后代码：

```
double perimeter = 2 * (_height + _width);
```

```
System.out.println(perimeter);
double area = _height * _width;
System.out.println(area);
```

（7）用卫语句取代嵌套条件语句（Replace Nested Conditional with Guard Clauses）

函数中条件语句使人难以看清正常的执行路径，可以用卫语句替换嵌套条件。

重构前代码：

```
double getPayAmount() {
double result;
if (isDead) result = deadAmount();
else {
if (isSeparated) result = separatedAmount();
else {
if (isRetired) result = retiredAmount();
else result = normalPayAmount();
}}
  return result;
}
```

重构后代码：

```
double getPayAmount() {
if(isDead) return deadAmount();
if(isSeparated) return separatedAmount();
if(isRetired) return retiredAmount();
return normalPayAmount();
}
```

（8）分解条件表达式（ Decompose Conditional ）

从复杂的条件语句分支中分别提炼出独立函数。

重构前代码：

```
if(date.before(SUMMER_START) || date.after(SUMMER_END))
  charge = quantity * _winterRate + _winterServiceCharge;
else
  charge = quantity * _summerRate;
```

重构后代码：

```
if(notSummer(date))
  charge = winterCharge(quantity);
else
  charge = summerCharge(quantity);
```

7.4 包

在操作系统中，可以用目录来管理文件。读者都知道，不同的目录下可以有相同的文件名，相同目录下不能出现相同的文件名。同样的道理，在Java程序设计中，经常出现很多类，这些类如果都放在同一个文件夹下，一定不能重名，但是在不同的文件夹下，类名可以相同。如果这些同名的类放在一个文件夹下，Java编译器为每个类生成的字节码文件就会产生冲突。为了解决这一问题，Java提供包来管理命名空间。下面我们先了解一下命名空间的概念。

7.4.1 命名空间

随着项目复杂度的增加，一个项目中需要实现的类和接口的数量也都快速增长。为了方便对代码管理和阅读，需要将这些类和接口按照一定的规则进行分类，这就是程序设计中出现命名空间（name space）概念的原因。比如北京中关村，这里的北京就是中关村的命名空间。如果不用命名空间，即只说中关村，那么如果全国只有北京一个中关村时，大家都知道所说的中关村是指北京的中关村，但如果上海也有一个中关村，那么我们在北京和上海以外的地方说中关村时，就要加上命名空间，指定是北京的还是上海的中关村。

程序中每个类都拥有自己的名字空间，这样类及其方法和变量在一定的范围内知道彼此的存在，从而可以相互使用。

7.4.2 包的概念及作用

其实，包（package）是一个逻辑概念，就是给类名加了一个前缀。实际上，包被转换成一个文件夹，操作系统通过文件夹来管理各个类和接口，从而实现对类进行分类，或者说是按照类的功能对这些类进行封装。Java要求文件名与类名相同，若将多个类放在一起，则必须保证类名不重复。当声明多个类时，类名出现重复的可能性很大，这时需要用包（package）来实现对类的管理。当源程序没有声明包时，类被存放在默认的包中，该默认包中的类要求类名唯一，不能重复，但不同包中的类名可以重复。Java的类库就是用包来实现类的分类和存放。

包（package）是Java提供的一种命名空间机制，它实现了对类的存放和引用位置的管理，包对应一个文件夹，包中还可以再有子包，称之为包的等级。同一个包中的类，在默认情况下可以相互访问，所以通常把需要在一起工作的类放在同一个包中。包的概念体现了Java语言面向对象特性中的封装机制。

Java的JDK工具提供的包有java.applet、java.awt、java.awt.image、java.io、java.lang、java.net、java.util、java.swing等。每个包中都包含了许多有用的接口，用户也可以定义包来实现自己的应用程序。

通常使用package语句来实现下面的两个目的：

(1) 可以将多个相关的源程序文件归类，存放在一个包中，便于管理。在同一个包中的类不能重名。

(2) 实现 Java 的访问控制机制。由于 private 修饰的属性和方法是私有的，使包外的代码无法访问，从而保证数据的安全。

7.4.3 包的实现

在默认情况下，系统会为每个 Java 源文件创建一个无名包。该 Java 文件定义的所有类都属于这个无名包，它们之间可以相互应用非私有的变量和方法。但由于这个包没有名字，因此不能被其他包引用，所以我们可以创建自己的包。创建包的格式如下：

```
package <包名>;
```

在应用程序中，还可以创建多层次的包，即一个包又可以包含子包。格式如下：

```
package <包名>.<子包名 1>.<子包名 2>…;
```

其中，各个层次中的包名用“.”隔开，以指明目录的层次。例如，

```
package java.awt.image;
```

指定这个包中的文件存储在目录 java \ awt \ image 下。

说明：

package 语句必须放在源程序文件的开头位置，且在一个源程序文件中最多只能有一个 package 语句。

【例 7 - 9】 创建包实例（文件存放位置为 d：\ test）。

```
package mypackage;
public class Circle
{
    public double radius = 2.0;
    public double getArea()
    {
        return radius * radius * 3.14;
    }
}
```

程序中的第一条语句声明了一个名为 mypackage 的包，编译后，希望将编译生成的类文件 Circle.class 存放在 mypackage 包中。实现这一目的的方法有以下两个。

(1) 首先在确定的位置（如 d：\ test）创建一个名为 mapackage 的文件夹，将 Circle.java 源文件保存在该文件夹中，然后编译该源文件。系统会自动在 mapackage 文件下创建 Circle.class 文件。此时，程序的源文件与编译产生的类文件存储在同一个目录 mapackage 中。

(2) 使用“- d”选项指定包的存放位置。把例 7 - 9 程序放在 d：\ test 路径下，并使 d：\ test 成为当前目录，然后使用带有“- d”选项的编译命令对源文件进行编

译，编译器将自动使用包名创建一个目录，并把编译的 .class 文件放到该文件夹中。带有“-d”选项的编译命令的格式如下：

```
java - d <存放包的目录> <源文件>
```

例如：

```
javac - dd:\test Circle.java
```

或者：

```
javac - d . Circle.java
```

其中，“.”代表当前目录，即 d：\test。

这种方法中，程序的源文件与编译产生的类文件可以存储在不同的目录中。本例中的 Cirlce.java 源文件是放在 d：\test 路径下，Circle.class 是放在 d：\test\mapackage 路径下。

程序编译过程如图 7-1 所示。

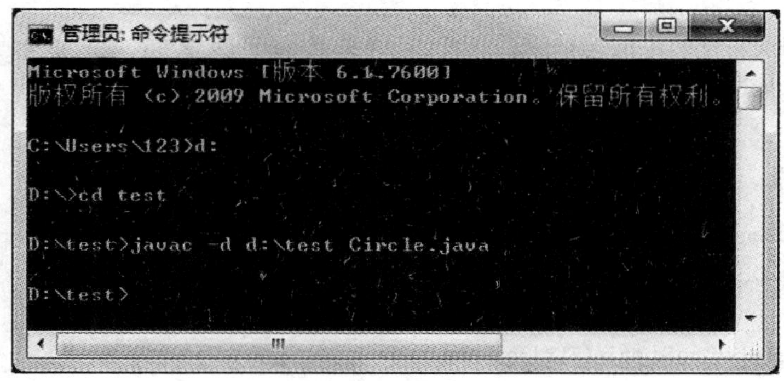

图 7-1 程序编译结果

执行此命令后，就会在 d：\test 目录下面生成一个包（文件夹）mapackage，并且包 mapackage 中包含了字节码文件 Circle.class。

7.4.4 包的使用

到目前为止，所介绍的类都是属于同一个包的，因此在程序代码的编写上并不需要修改。但如果几个类分别属于不同的包，而某个类要访问到其他类的成员时，则必须做下列修改：

(1) 若某个类需要被访问时，则必须把这个类公开出来。也就是说，此类必须声明成 public。

(2) 若要访问不同包内的某个 public 类成员时，在程序代码内必须明确指明被访问包的“名称．类名称”。

将类组织成包的目的是为了更好的使用包中的类。默认情况下，一个类只能引用与它在同一个包中的类。如果要引用某些包中的类或接口，一般有两种方法：一种是直接在要引用的类和接口前面给出所属包的名称；另一种就是在程序的开始部分用

import 语句引入所需的类。

● 直接使用包

当程序中引用的类较少时，使用这种方法是比较合适的。例如：

```
java.util.Date date = new java.util.Date( );
```

● 使用引用语句 import

import 可以引入特定的类甚至整个包。import 声明的形式如下：

```
import 包名 1.<包名 2…>.(类名| * );
```

其中，“包名 1.<包名 2…>”表示包的层次，与 package 语句相同，它对应于文件目录；“类名”则指明所要引入的类，如果要从一个包中引入多个类，则可以用“*”代替。例如：

```
import java.util. * ;
```

说明：

import 语句一般放在 package 语句后面，如果没有 package 语句，则放在类的前面。“*”只表示本层次的所有类，不包括子层次下的类。

【例 7-10】 使用包的示例。

```
import mypackage.Circle;
public class CircleTest
{
    public static void main(String args[])
    {
        Circle mycircle = new Circle();
        System.out.println("面积是" + mycircle.getArea());
    }
}
```

该程序中，在主函数 main () 中创建了一个 Circle 类对象，所以在文件的最开始处用 import 引入了该程序所需要的包，即例 7-9 创建的包。

7.4.5 类路径与默认包

在编程时，有时使用关键字 import 来导入包和类，有时并不需要。这是因为 Java 虚拟机在运行时，系统会自动导入 java.lang 包。因此只要程序用到这个包的类时，就不需要导入。由于 java.lang 包由系统自动导入，所以称为系统的默认包。除了 java.lang 包外，要使用其他的包都必须手动导入。

前面在配置 Java 编程环境时，配置了类路径。类路径能让系统自动找到程序员需要导入的类。也就是说，通过 classpath 可以为 Java 包建立依存的目录列表。编译和运行 Java 程序时，系统会自动从 classpath 环境变量中读取包所在的目录。所以在配置

Java 编程环境时，配置类路径是非常关键的。下面我们以程序为例，再讲述一下配置类路径的3种方法。

第一种方法是用命令行设定环境命令。例如：

```
set classpath = d:\test
```

或者：

```
set classpath = .
```

使用此方法，程序7-10的运行结果如图7-2所示。

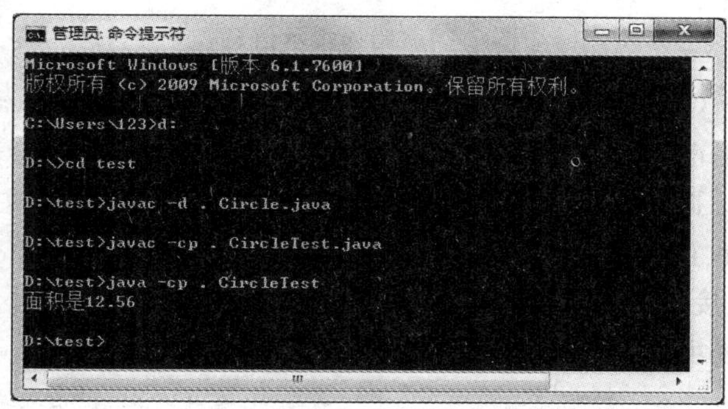

图7-2　程序运行结果

第二种方法是在 javac 和 java 命令行中用-cp（-classpath）选项来指明。

第7.4.3节中，我们已经编译了 Circle 类，在例7-9中，导入了 Circle 类，所以编译与运行例7-9程序时，需要用到-cp 选项来指定类路径（Circle.class 的路径）。使用-cp 的命令格式如下：

```
javac - cp . CircleTest.java
java - cp . CircleTest.java
```

其中，“.”代表当前目录，“-cp”选项（也可以使用“-classpath”选项）参数后面是类路径，用来为解释器指定到哪里找到需要的.class 文件。因为要用到例7-9程序的.class 文件，所以需要用-cp 命令进行编译和运行例7-10程序。程序7-10编译和运行结果如图7-3所示。

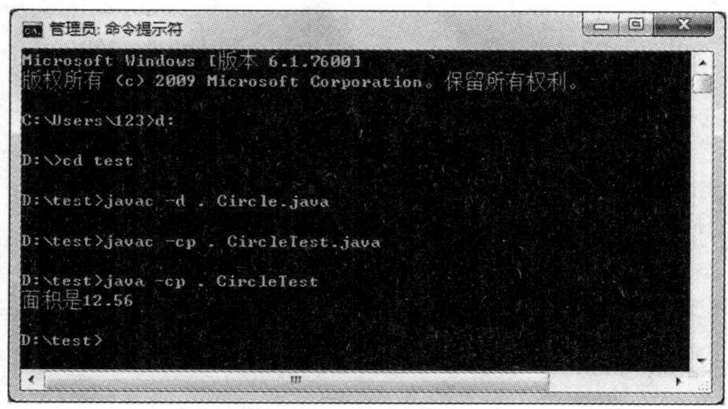

图7-3　程序运行结果

程序 7 - 10 中，如果把 import mapackage. Circle 改成 import mapackage. * ，仍按上述方法运行程序时，就会出现如图 7 - 4 所示的错误。

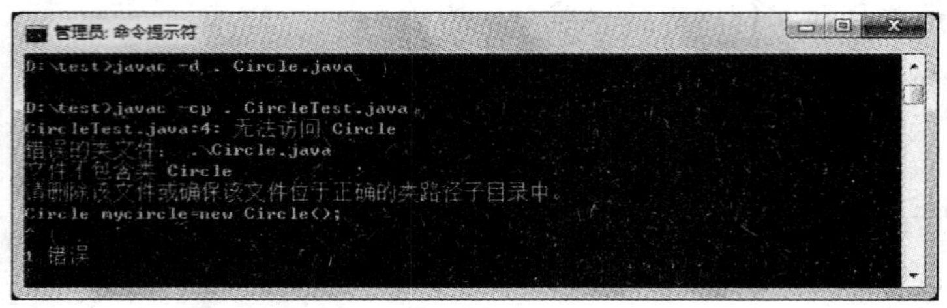

图 7 - 4　错误提示信息

错误原因在于：Circle 类的源文件 Circle. java 与 CircleTest. java 在同一个目录下，编译程序首先搜索当前路径下的文件。搜索到 Circle. java 时，将会造成错误。为避免发生错误，通常采用两种方法：一是不要将源文件 Circle. java 放在 d：\ test 文件夹下，即避免将 Circle. java 和 mapackage 文件夹放在同一个目录下；另一种方法就是不使用“ * ”，而是直接指定类名，如 import mapackage. Circle。

最后一种设计环境变量的方法如第 2 章所讲，这里不再讲述。

 **说明：**

编译还是用 - d 命令，但在运行程序时，类名的前面一定要加上包名。

7.4.6　包作用域

前面介绍过 public 和 private 访问控制符，声明为 public 的类、方法或成员变量可以被任何类使用，而声明为 private 的类、方法或成员变量只能被本类使用。没有指定为 public 或 private 的部件，只能被本包中的所有方法访问，包以外任何方法都无法访问。

下面的程序是一个包访问示例。

```
A. java 文件
package mypackage;
public class A                          //公共作用域
      {
      int num;                          //包的作用域
      public int get( )
      {return num;}                     //公共作用域
}
//B. java 文件
package anotherpackage;
import mypackage. A;
class B
```

```
        {                                         //包的作用域
        A mya = new A ( );                        //正确访问
        void m( ){
        int t = mya.get( );                       //正确访问
        int s = mya.num;                          //错误,num是包的作用域,不能访问
    }
}
```

上述程序包含两个文件，编译时如果当前目录没有 mapackage 和 anotherpackage 子目录，则系统会自动创建子目录，在子目录 mapackage 和 anotherpackage 下会产生 A. class 和 B. class 两个类文件。在类 B 中引入类 A，所以在类 B 中能创建类 A 的对象。在 m（）方法中能用类 A 的对象 mya 访问类 A 中的公共方法 get（），但不能访问私有方法 num（）。

在一个程序中，如果没有将某类定义为公有类，那么只有在同一个包（在此是默认包）中的其他类可以访问。对于类来说，这种默认是合理的。但是对变量来说，就有些不适宜了，因此变量必须显式地标记为 private，不然将默认为包可见。显然，包可见会破坏封装性。问题在于人们经常忘记键入关键字 private。在 java. awt 包中的 Window 类就是一个典型示例，java. awt 包是 JDK 提供的部分源代码：

```
Public class Window extends Container
{
String warningString;
⋮
}
```

请注意，这里的 warningString 变量不是 private，意味着 java. awt 包中所有类的方法都可以访问该变量，并将它设置为任意值。实际上只有 Window 类的方法访问它，因此应该将它设置为私有变量。以上代码可能是程序员匆忙之中忘记了键入修饰符 private。

在默认情况下，包不是一个封闭的实体。也就是说，任何人都可以向包中添加更多的类。当然，有敌意或低水平的程序员很可能利用包的可见性添加一些具有修改变量功能的代码。例如，在 Java 程序设计语言的早期版本中，只需要将语句 package java. awt; 放在类文件的开头，就可以很容易地将其他类混入 java. awt 包中。然后，把编译后的类文件放置在类路径某处的 java/awt 子目录下，就可以访问 java. awt 包的内部了。

7.5 注释及嵌入文档

Java 里有 3 种类型的注释。这 3 种类型注释都起源于 C++。

第一种注释用一个“/*”起头，用一个“*/”结束。该注释能够注释多行。例如：

```
/* This is
a Java
```

```
Program
*/
```

第二种类型的注释叫做单行注释，以一个“//”起头，表示这一行的所有内容都是注释。这种类型的注释更常用，因为它书写时更方便。例如：

```
// This is a Java Program
```

第三种类型注释也能注释多行，我们发现许多程序员在连续注释内容的每一行都用一个“*”开头。例如：

```
/* This is
* a Java
* Program
*/
```

进行编译时，“/*”和“*/”之间的所有东西都会被忽略，所以上述注释与下面这段注释并没有什么不同：

```
/* This is
Program
*/
```

Java 语言最体贴的一项设计是让人们不为了写程序而写程序，因此也需要考虑程序的文档化问题。程序的文档化中，最主要的是对文档的维护。若文档与代码分离，那么每次改变代码后都要改变文档，这无疑是相当麻烦的一件事情。解决的方法很简单：将代码同文档“链接”起来。为达到这个目的，可以将所有内容都置于同一个文件。然而，为使一切都整齐划一，还必须使用一种特殊的注释语法标记出特殊文档。另外还需要一个工具，用于提取这些注释，并按有价值的形式将其展现出来。这些都是 Java 必须做到的。

用于提取注释的工具叫做 javadoc，它部分采用了来自 Java 编译器的技术，查找我们置入程序的特殊注释标记。它不仅提取由这些标记指示的信息，也将毗邻注释的类名或方法名也提取出来。这样一来，我们就可用最少的工作量生成十分专业的程序文档。

javadoc 输出的是一个 HTML 文件，可用 Web 浏览器查看。该工具允许我们创建和管理单个源文件，并自动生成有用的文档。有了 javadoc，我们能够用标准的方法创建文档。而且由于它使用非常方便，所以我们能轻松获得所有 Java 库的文档。所有 javadoc 命令都只能出现于“/**”注释中，以注释“*/”结束。主要通过两种方式来使用 javadoc：嵌入 HTML 或使用文档标记。其中，文档标记（Doc tags）是一些以“@”开头的命令，置于注释行的起始处（但前导的“*”会被忽略)；所有类型的注释都支持嵌入 HTML。

javadoc 生成的 HTML 格式注释文档中的标识符并不是 javadoc 加上的，而是我们在写注释的时候加上去的。比如需要换行时，不是敲入一个回车符，而是写入
。如果要分段，就应该在段前写入 <p>。因此，格式化文档就是在文档注释中添加相应的 HTML 标识。文档注释的正文并不是直接复制到输出文件（文档的 HTML 文件），而是读取每一行后，删掉前导的“*”号及“*”号以前的空格，再输入到文档的。例如：

```
/**
* This is first line. <br>
***** This is second line. <br>
This is third line.
*/
```

输出结果：

```
This is first line. <br>
This is second line. <br>
This is third line.
```

javadoc 标记由“@”及其后所跟的标记类型和专用注释引用组成，置于注释行的起始处。通常从 package、公开的类或者接口、公开或者受保护的字段、公开或者受保护的方法提取信息。每条注释应该是以“/**”开始，以“*/”结尾。注释文档必须书写在类、域、构造函数、方法以及字段（field）定义之前。例如：

```
/**
 * @param id the coreID of the person
 * @param userName the name of the person
 * you should use the constructor to create a person object
 */
 public SecondClass(int id,String userName)
 {
        this.id = id;
        this.userName = userName;
 }
```

上述代码的输出是一个 HTML 文件，它与其他 Java 文档具有相同的标准格式。javadoc 能识别注释中用标记“@”标识的一些特殊变量，并把 doc 注释加入它所生成的 HTML 文件。

@see:引用其他类

3 种类型的注释文档都可包含“@see”标记，即允许我们引用其他类里的文档。对于这个标记，javadoc 会生成相应的 HTML，将其直接链接到其他文档。常用“@”标记的格式如下：

@see 类名
@see 完整类名
@see 完整类名#方法名

每一格式都会在生成的文档里自动加入一个超链接的“See Also（参见）”条目。

注意：javadoc 不会检查我们指定的超链接，也不会验证它们是否有效。

随着嵌入 HTML 和@see 的引用，类文档可以包括用于版本信息以及作者姓名的标记，也可以用于接口目的。

- @version

格式如下：

```
@version 版本信息
```

其中，“版本信息”代表适合作为版本说明的任何资料。若在 javadoc 命令行使用了“- version”标记，就会从生成的 HTML 文档里提取出版本信息。

- @author

格式如下：

```
@author 作者信息
```

其中，“作者信息”包括您的姓名、电子邮箱、地址或者其他适宜的资料。若在 javadoc 命令行使用了“- author”标记，就会从生成的 HTML 文档里专门提取出作者信息。

可为一系列作者使用多个这样的标记，但它们必须连续放置。全部作者信息会一起存入最终 HTML 代码的一个单独段落里。

变量文档只能包括嵌入的 HTML 以及@see 引用。

除嵌入 HTML 和@see 引用之外，方法还允许使用针对参数、返回值以及违例的文档标记。

- @param

格式如下：

```
@param 参数名 说明
```

其中，“参数名”是指参数列表内的标识符，而“说明”代表一些可延续到后续行内的说明文字。一旦遇到一个新文档标记，就认为前一个说明结束。可使用任意数量的说明。

- @return

格式如下：

```
@return 说明
```

其中，“说明”是指返回值的含义，它可延续到后面的行内。

- @exception

它们是一些特殊的对象，若某个方法失败，就可将它们扔出。调用一个方法时，尽管只有一个违例对象出现，但一些特殊的方法也能产生任意数量、不同类型的违例，所有这些违例都需要说明。违例标记的格式如下：

```
@exception 完整类名 说明
```

其中，“完整类名”明确指定了一个违例类的名字，它是在其他某个地方定义好的。而“说明”（同样可以延续到下面的行）则告诉我们为什么这种特殊类型的违例会在方法调用中出现。

- @deprecated

这是Java 1.1的新特性。该标记指出一些旧功能已由改进过的新功能取代。该标记的作用是建议用户不必再使用一种特定的功能，因为未来改版时可能摒弃这一功能。若将一个方法标记为@deprecated，则使用该方法时会收到编译器的警告。

7.5.1 如何添加注释

注释可以增加代码的清晰度，代码注释的目的是使代码更易于被其他开发人员理解。如果你的程序不值得注释，那么它很可能也不值得运行。要保持注释的简洁，注释信息不仅要包括代码的功能，还应给出原因，不要为了注释而注释。除变量定义等较短的语句注释可用行尾注释外，其他注释应当尽量避免使用行尾注释。

javadoc实用程序从下面几个特性中抽取信息：包、公开类与接口、公开的和受保护的方法、公有的和受保护的域。

应该为上面几部分编写注释。注释应该放置在所描述的特性前面。注释以“/＊＊”开始，并以“＊/”结束。每个/＊＊…＊/文档注释在标记之后紧跟着自由格式文本(free-form text)。标记由“@”开始，如@author或@param。自由格式文本的第一句应该是一个概要性的句子。javadoc实用程序自动地将这些句子抽取出来形成概要页。

通常情况下，一个类注释位于一个类定义之前，变量注释位于变量定义之前，而一个方法注释位于一个方法定义的前面，如下面这个简单的例子所示。

```
/＊＊一个类注释 ＊/
public class docTest {
/＊＊一个变量注释 ＊/
public int i;
/＊＊一个方法注释 ＊/
public void f() {}
}
```

下面来具体讲解一下类注释、方法注释和字段注释。

7.5.2 类注释

类（模块）注释通常采用/＊＊…＊/这一形式。在每个类（模块）的头部要有必要的注释信息，包括工程名、类（模块）编号、命名空间、类可以运行的JDK版本、版本号、作者、创建时间、类（模块）功能描述（如功能、主要算法、内部各部分之间的关系、该类与其他类的关系等，必要时还要有一些特别的软硬件要求等说明）、主要函数、过程清单及本类（模块）历史修改记录等。类注释应该在import语句的后面，类声明的前面。例如：

```
package com.north.java;
/＊＊
```

```
 * @author ming
 *
 * this interface is to define a method print()
 * you should implements this interface is you want to print the username
 * @see com.north.ming.MainClass#main(String[])
 */
public interface DoSomething
{
    /**
     * @param name which will be printed
     * @return nothing will be returned
     *
     */
    public void print(String name);
}
```

7.5.3 方法注释

方法注释通常采用 /**…*/这一形式。在已说明成员变量的情况下，设置（set（）方法）与获取（get（）方法）成员的方法可以不加注释；普通成员方法要求说明完成什么功能，参数含义是什么且返回值是什么；另外，方法的创建时间必须注释清楚，以便为将来的维护和阅读提供宝贵线索。方法注释要紧靠方法的前面，可以在其中使用@param、@return、@throws 等标签。除构造函数外，私有方法必须添加该方法的注释；复杂方法（如方法体超过 30 行）或包含关键算法的方法，必须对内部的操作步骤添加注释；方法内部存在不易理解的多个分支条件表达式，必须对每个分支添加注释。例如：

```
/**
 *
 * @param i
 * @return true if …else false
 * @throws IOException when reading the file,if something wrong happened
 * then the method will throws a IOException
 */
public boolean doMethod(int i) throws IOException
{
    return true;
}
```

7.5.4 字段注释

字段注释是对字段描述，只有 public 的字段才需要注释，通常是 static 的。例如：

```
/ * *
 * the static filed hello
 * /
public static int hello = 1;
```

【例 7-11】 一段带有注释的 Java 程序。

```
import java.util. * ;
/ * * A Simple Java example program.
 * @(#)HelloDate.java1.5 98/07/09
 *
 * Displays a string and todays date.
 * @author Bruce Eckel
 * @author www.BruceEckel.com
 * @version 2.0
 * /
public class HelloDate {
  / * * Sole entry point to class & application
   * @param args array of string arguments
   * @return No return value
   * @throws exceptions No exceptions thrown
   * /
  public static void main(String args[]) {
    System.out.println("Hello, its: ");
    System.out.println(new Date());
  }
}
```

在 DOS 窗口中使用 javadoc 命令：javadoc HelloDate.java，可以生成一系列的 HTML 文档。其中，HelloDate.html 文档如图 7-5 所示。

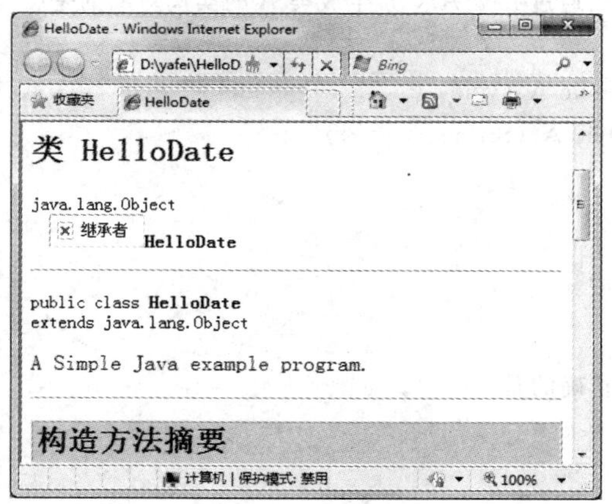

图 7-5 HelloDate.java 生成的文档

7.5.5 其他注释

除了上述 3 种情况外，还有以下一些注释。

(1) 接口注释：在满足类注释的基础之上，接口注释还应该包含描述接口的目的以及如何被使用和如何不被使用，块标记部分必须注明作者和版本。在接口注释清楚的前提下，对应的实现类可以不加注释。

(2) 函数注释：在每个函数或者过程的前面要有必要的注释信息，包括函数或过程名称，功能描述，输入、输出及返回值说明，调用关系及被调用关系说明等。函数注释里面可以不出现版本号（@version）。

(3) 全局变量注释：要有较详细的注释，包括对其功能、取值范围、哪些函数或者过程的存取以及存取时注意事项等说明。

(4) 局部（中间）变量注释：主要变量必须有注释，无特别意义的情况下可以不加注释。

(5) 实参、参数注释：参数含义、其他任何约束或前提条件。

(6) 域注释：只需要对公有域（通常指的是静态常量）建立文档。

(7) 包与概述注释：可以直接将类、方法和变量的注释放置在 Java 源文件中，只要用/ * *…* /文档注释界定就可以了。但是，要想产生包注释，就需要在每一个包目录中添加一个单独的文件。可以有如下两个选择：

- 提供一个以 package. html 命名的 HTML 文件。
- 提供一个以 package - info. java 命名的 Java 文件。这个文件必须包含一个初始的以“/ * *”和“ * /”界定的 javadoc 注释，跟随在一个包语句之后。它不应该包含更多的代码或注释。

练 习 题

选择题

1. 下面类定义中，可以通过 new A（ ）生成类 A 的实例对象的是(　　)。

A. public class A { }

B. public class A { public A (void) { }}

C. public class A {public A (String s) { }}

D. public class A

```
{public void A ( ) {  }
public A(String s) {  }
}
```

2. 下面程序中，结论正确的是(　　)。

```
public class A {
public A( ) {
System. out. print("2");
}
```

```
public static void main(String args[ ]) {
A s = new A( );
s.A( );
System.out.print("1"); } }
```

A. 程序可以通过编译并正常运行，输出结果为“21”
B. 程序可以通过编译并正常运行，输出结果为“221”
C. 程序无法通过编译
D. 程序可以通过编译，但无法正常运行

3. 下面程序的输出结果是(　　)。

```
public class A {
int m = 2;
String s = null;
A( ){ m = 3;
s = "constructor"; }
public static void main(String args[ ]) {
A app = new A( );
System.out.println(app.m + app.s);
}}
```

A. 3null　　B. 3constructor　　C. 2constructor　　D. 2null

4. 已知字符'a'和'b'所对应的数值分别是97和98。下面程序代码中，选项结论正确的是(　　)。

```
public class A {
static char name;
static int age;
public static void setData(char n) {
name = n;}
public static void setData(int m) {
age = m;}
public static void main(String args[ ]) {
setData((int)'a');
setData((char)98);
System.out.println("Name:" + name + "; Age:" + age);
}
}
```

A. 程序可以通过编译并正常运行，输出结果是“Name：a；Age：98”
B. 程序可以通过编译并正常运行，输出结果是“Name：b；Age：97”
C. 程序可以通过编译并正常运行，输出结果是“Name：b；Age：98”
D. 程序可以通过编译并正常运行，输出结果是“Name：a；Age：97”

5. 下面程序的输出结果是(　　)。

```
class A{
static int m = 0;
```

```
}
class T{
public static void main(String args[ ]) {
A a = new A( );
A b = new A( );
a.m = 1;
b.m = 2;
System.out.println(a.m);
}
}
```

A. 0　　B. 1　　C. 2　　D. 上面的程序含有编译错误

6. 定义类中的成员时，不可能用的修饰符是(　　)。

A. final　　B. void　　C. protected　　D. static

填空题

1. 下列程序的输出结果是__________。

```
class A
{
int x;
public void setX(int x)
{
    this.x = x;
}
int getX()
{
    return x;
}
}
class B
{
public void f(A a)
{
    a.setX(100);
}
}
public class F
{
public static void main(String args[])
{
    A a = new A();
    a.setX(8);
    System.out.println(a.getX());
```

```
    B b = new B();
    b.f(a);
    System.out.println(a.getX());
}
}
```

2. 下列程序的输出结果是__________。

```
class  B
{
    int x = 100,y = 200;
    public void setX(int x)
{
    x = x;
}
public void setY(int y)
{
    this.y = y;
}
public int getXYSum()
{
    return x + y;
}
}
public class A
{
public static void main(String args[])
{
    B b = new B();
    b.setX( - 100);
    b.setY( - 200);
    System.out.println("sum = " + b.getXYSum());
}
}
```

3. 下列程序的输出结果是__________。

```
class  B
{
    int n;
    static int sum = 0;
    void setN(int n)
{
    this.n = n;
}
```

```
int getSum()
{
    for(int i = 1;i< = n;i + + )
    {
        sum  =  sum + i;
    }
    return sum;
}
}
public class A
{
public static void main(String args[])
{
B b1  =  new B(),b2 = new B();
b1. setN(3);
b2. setN(5);
int s1  =  b1. getSum();
int s2  =  b2. getSum();
System. out. println(s1 + s2);
}
}
```

4. 下列程序的输出结果是__________。

```
public class A {
  static int m = 0;
  public int s( ) {
m + + ;
return m;
}
public static void main(String args[ ]) {
A a = new A( );
A b = new A( );
A c = new A( );
a. s ( );
b. s ( );
c. s ( );
  int i = a. s( );
System. out. println(i); }}
```

简答题

1. 什么是对象、类？它们之间有什么关系？
2. 请解释类属性和实例属性的区别。

3. 类成员的访问控制符有哪几种？请说明它们的访问权限。

4. 类中的实例变量在什么时候会被分配内存空间？

5. 类中的实例方法可以用类名直接调用吗？

编程题

1. 定义一个表示学生信息的类 Student，包括学号（no）、姓名（name）、性别（sex）、成绩（score）四个变量，实例方法有获得学号、获得姓名、获得性别和获得成绩。创建两个该类的对象，输出这两个学生的信息，并计算两人成绩的平均值。

2. 编写一个类描述汽车，属性包括车牌号、价格。方法为修改汽车价格（根据折扣系数 0.9 修改汽车价格），最后在主函数中输出修改后的汽车信息。

第8章 继承和多态

■ 本章导读

在前面章节的学习中，我们接触了类、对象，并学习了 String 类及 StringBuffer 类，这一章将介绍面向对象编程领域中的另一个重要概念——继承。

谈到继承首先必须要有父辈，然后子辈才可以继承。对于 Java 程序设计语言，父辈称为父类，子辈称为子类。继承就是发生在父类与子类之间的一种关系。

■ 学习目标

(1) 了解继承的概念；

(2) 掌握多态、超类、数组列表的操作方法；

(3) 掌握数组列表与对象包装器的使用。

8.1 继承的概念

继承是面向对象开发中的一个非常重要的概念。在程序中复用一些已经定义完善的类，不仅可以缩短软件开发周期，还可以提高软件的可维护性和可扩展性。对于 Java 编程语言来说，继承就是在已经存在的类的基础上再扩展产生新的类。我们称已经存在的类为父类或基类，称新产生的类为子类或派生类。既然子类继承了父类，那么它就拥有了父类的所有特性。当然，我们可以在子类中添加新的属性与方法，这些新添加的属性与方法也仅属于子类。子类无需重新定义或复制代码便可获得与父类一样的属性和行为，而父类又从其自身父类那里获得相应的属性和行为。依此类推，就形成了层次结构。子类拥有层次结构中位于它上面所有类的属性与方法，同时也有自己的属性和方法。

一个父类及所有派生出来的类的集合构成了一个继承层次图。例如，在 Student 类中派生出一个学生会类，在学生会类中再派生出一个学生会主席（Chair）类。如图 8-1所示。

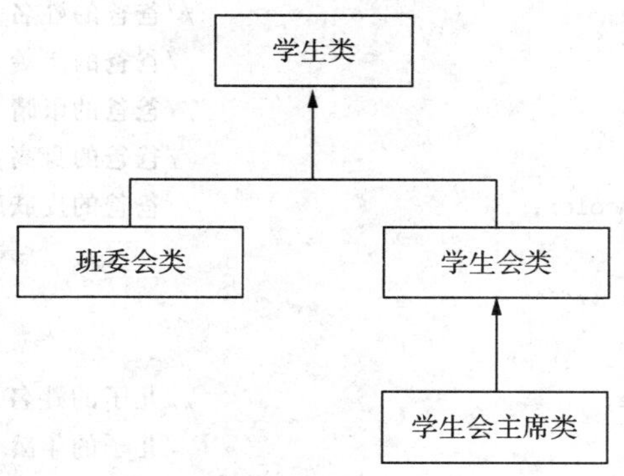

图 8-1　学生类继承层次图

画继承层次图可以帮助我们更加清楚地理解类之间的相互关系。随着以后学习的深入，读者会接触到越来越多的类，并且类之间的相互关系也会越来越复杂。所以请读者自己画一些类的继承层次图，便于更深入地掌握与理解类之间的相互关系。

Java 类层次结构的顶端是 Object 类，所有的类都是从这个超类继承而来。Object 类是层次结构中最通用的类，Java 类库中的所有类都继承了它定义的行为。在层次结构的顶部定义的是抽象概念，越往下这些概念越具体。

使用 Java 创建新类时，常常是在某个现有类的功能上做一些修改。例如：CommandButton 按钮能够在单击时发出声音。如果想要不经过任何重建工作得到 CommandButton 的所有功能，可以将类定义为 CommandButton 的子类。这样，类将自动继承 CommandButton 类定义的属性、行为及 CommandButton 的超类定义的属性、行为。

如果创建类时没有指定超类，Java 认为这个新类将直接继承 Object 类。

8.2　继承的实现

在 Java 中，继承是通过关键字 extends 来实现的。extends 在英语中是扩展的意思，所以在 Java 中继承有时也被称为扩展。关键字 extends 说明要构建一个从已存在的类中衍生出来的新类。

8.2.1　继承

下面通过一个典型例子来说明继承的特点，然后再结合代码学习继承。

有一对父子，爸爸个字很高，黑皮肤、单眼皮。儿子遗传了爸爸的许多特征，与爸爸长得很像，外人一看就是父子俩。但是儿子的皮肤很白、戴副眼镜，这些特征是与爸爸不一样的地方。

下面是表示父类和子类的代码。

```
public class Father
{
```

```
    public String name;                       //爸爸的姓名
    public int age;                           //爸爸的年龄
    public String eye;                        //爸爸的眼睛
    public int height;                        //爸爸的身高
    public String skincolor;                  //爸爸的皮肤颜色
}
public class son
{
    public String name;                       //儿子的姓名
    public int age;                           //儿子的年龄
    public String eye;                        //儿子的眼睛
    public int height;                        //儿子的身高
    public String skincolor;                  //儿子的皮肤颜色
    public String eyeglasses;                 //儿子戴了一副眼镜
}
```

儿子除了拥有爸爸的所有特征外，还可以比爸爸多出一些特征来。于是爸爸相当于父类，儿子相当于子类，子类继承父类。

【例 8－1】 程序清单：Son. java。

```
class Father
{
    public String name;
    public int age;
    public int height;
    public String skincolor;
    public Father()
    {
    }
    public Father(String name,int age,int height)
    {
        this.name = name;
        this.age = age;
        this.height = height;
    }
    public String toString()
    {
        String tmp = name + " " + age + " " + height;
        return tmp;
    }
}
public class Son extends Father
{
```

```
    public String eyeglasses;
    public Son()
    {
    }
    public Son(String eyeglasses)
    {
        this.eyeglasses = eyeglasses;
    }
    public void getEye()
    {
        System.out.println(eyeglasses);
    }
    public static void main(String args[])
    {
        Father f = new Father("Father Chen",50,172);
        System.out.println(f);
        Son s = new Son("Black");
        s.name = "Son Chen";
        s.age = 21;
        s.height = 180;
        System.out.println(s);
        s.getEye();
    }
}
```

程序运行结果如图 8-2 所示。

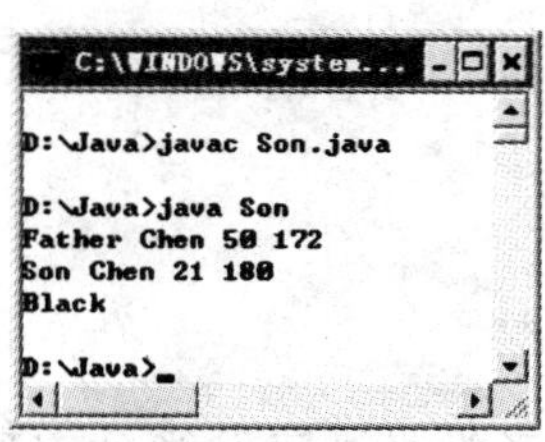

图 8-2 程序运行结果

Father 为父类，Son 为子类，子类拥有父类所有的公共属性和方法。除此之外，子类还拥有自己的属性和方法。如果父类现在所有的方法和属性不能满足功能需要，那就只需要新建一个父类的子类，在子类中添加所需要的属性和方法即可满足功能上的需要。

一般情况下，在父类中定义一些公共的属性和方法，在子类中定义子类需要完成特定功能的属性和方法。

在使用继承时，需要说明以下两点：

- 如果子类中含有带有参数的构造函数，则默认的是调用父类中的无参构造函数。

● 如果父类中没有无参构造函数，将不能通过编译，但子类中如果没有无参构造函数也可以通过编译。例如：

```
public Son()
{
    super();    //这里调用的是 Father 类的无参构造函数,不写也可以
}
```

8.2.2 关于 super

在继承中，super 代表父类，而 super（）则代表父类的构造函数，可以使用 super 代替父类中的属性和方法。在 Java 中，使用 this 来引用对象自身，this（）来表示对象的构造函数。

为培养学生的自我管理意识，学校需要由学生选举产生学生会成员、班干部等，那么某些学生可能就需要一种职务的描述。在这种情况下，就需要用到继承来构建一个新的类，将这个新类命名为 ClassManage，然后在新的类中添加属于这个新类的属性和方法。

在某些特殊情况下，父类中的某些方法不能完全反映子类的需求。例如，Student 类中的 toString（）方法返回的是对一个学生类对象的描述。在这个描述中并没有职务信息，因此这个方法对于 ClassManage 类的对象来讲就是不合适的。为了能更准确地反映一个具有职务的学生的描述，需要一个新的 toString（）方法，使其符合新学生类的需要。代码如下：

```
class ClassManage extends Student
{
    ⋮
    public String toString()
    {
        ⋮
    }
}
```

也许有的读者会认为，由于子类具有了父类的字段，那么这个方法可以直接返回 strName、strNumber、strSex、strBirthday、strSpeciality、strAddress、strDuty 等属性。例如：

```
public String toString()
{
    String information = "学生姓名=" + strName + ",学号=" + strNumber;
    if( ! strSex.equals("") )
        information + = ",性别=" + strSex;
    if( ! strBirthday.equals(""))
        information + = ",出生年月=" + strBirthday;
```

```
        if( ! strSpeciality.equals("") )
            information += ", 专业 = " + strSpeciality;
        if( ! strAddress.equals("") )
            information += ", 籍贯 = " + strAddress;
        if( ! strDuty.equals("") )
            information += ", 职务 = " + strDuty;
        return information;
    }
```

实际上这是不正确的。ClassManage类中的toString（）方法不能直接访问父类的私有成员。也就是说，尽管子类具有了父类的成员，但子类不能直接访问父类的私有成员，即只有Student类才可以访问本类中的私有成员。如果想在子类中访问父类的私有成员，必须使用公开接口，也就是public的方法。说到这里，读者可能会问，如果只能使用public方法，那是不是只需调用父类中的toString（）方法，再把职务信息加上就可以了？具体代码如下：

```
public String toString()
{
    String informatin = toString();
    if( ! strDuty.equals("") )
        information += ", 职务 = " + strDuty;
    return information;
}
```

其实这样也是不行。这是因为如果只是简单地调用toString（）方法，而它又会调用本类中的toString（）方法，这样就形成了递归调用。由于没有结束条件，程序将会崩溃。

现在问题的关键已经明确，我们需要调用的是Student类中的toString（）方法，不是本类中的toString（）方法。解决的方法也很简单，只要使用关键字super就可以了。代码如下：

```
super.toString();
```

这种书写格式表示调用父类中的toString（）方法，所以ClassManage类中toString（）方法的正确写法如下：

```
class ClassManage extends Student
{
    ⋮
    public String toString()
    {
        String str = super.toString();
        if(! strDuty.equals(""))
        {
```

```
            str + = "职务:" + strDuty;
        }
        return str;
    }
}
```

注意:

有人认为关键字 super 与 this 具有相似的功能，这种理解是不完全准确的。关键字 this 是一个对象的引用，但关键字 super 用来告诉编译器调用父类中的方法。

如果一个父类有一个方法名为 test，那么在它的子类里也有一个方法，名字也是 test。两个方法的返回类型和参数都相同，只是方法体不同。这种形式叫做过载，也称为覆盖。

综上所述，我们可以在子类中添加字段及方法，也可以覆盖父类中的方法，但是子类不能去除父类中的任何字段及方法。

接下来我们再讨论一下构造器。在 Student 类中有一个如下所示的构造器：

```
public Student(String name, String number)
{
    strName = name;
    strNumber = number;
}
```

但是现在我们想要在子类中构建一个新的构造器，从而使职务字段的初始化通过该构造器来实现。例如：

```
public ClassManage(String name, String number, String strDuty)
{
    ⋮
}
```

如果此时也像学生类那样进行字段的初始化是完全行不通的，而若重新声明一个新的变量，也就失去了继承的意义。这时，我们同样采用关键字 super 来实现：

```
public ClassManage(String name, String number, String strDuty)
{
    super(name, number);
    this.strDuty = strDuty;
}
```

这里，关键字 super 具有不同的含义。以下代码中：

```
super(name, number);
```

super 的意思是调用 Student 父类的构造器，同时带有 name、number 参数，完成相应字段的初始化。

因为 ClassManage 中的构造器不能访问父类中的私有字段，所以必须通过一个构造器来初始化父类中的相关字段。这个构造器就是通过专门的 super 语句来实现的。

> **注意：**
> super 语句的调用必须是子类构造器中的第一行语句。

接下来，我们用示例进一步说明继承的使用。现在创建一个新的、具有职务的学生类：

```
ClassManage monitor = new ClassManage("Tom", "20031009", "班长");
```

也可以构建一个包括 3 个学生的数组，并把这个对象填充到数组中：

```
Student[] student = new Student[3];
student[0] = monitor;
student[1] = new Student("Jack", "2003100901");
student[2] = new Student("Rose", "2002091002");
```

现在我们如下调用：

```
for(int i = 0; i <student.length; i++)
{
    System.out.println(student[i].toString());
}
```

请读者先考虑一下会出现什么结果。我们将所有的代码结合到一起，编译运行一下。

【例 8-2】 程序清单：StudentTest.java。

```
/*
  学生测试类
*/
public class StudentTest
{
    public static void main(String args[])
    {
        //生成一个新的 ClassManage 类对象,职务是班长
        ClassManage monitor = new ClassManage("Tom", "20031009","班长");
        Student[] student = new Student[3];          //学生类数组,容量为 3
        //数组初始化
        student[0] = monitor;
        student[1] = new Student("Jack", "2003100901");
        student[2] = new Student("Rose", "2002091002");
        for(int i = 0; i <student.length; i++)
        {
```

```
            System.out.println(student[i].toString());
        }
    }
}
/*
  学生类,包括学生的基本信息
 */
class Student
{
    private String strName = "";                      //学生姓名
    private String strNumber = "";                    //学号
    private String strSex = "";                       //性别
    private String strBirthday = "";                  //出生年月
    private String strSpeciality = "";                //专业
    private String strAddress = "";                   //籍贯
    public Student(String name, String number)
    {
        strName = name;
        strNumber = number;
    }
    public String getStudentName()
    {
        return strName;
    }
    public String getStudentNumber()
    {
        return strNumber;
    }
    public void setStudentSex(String sex)
    {
        strSex = sex;
    }
    public String getStudentSex()
    {
        return strSex;
    }
    public String getStudentBirthday()
    {
        return strBirthday;
    }
    public void setStudentBirthday(String birthday)
    {
```

```
        strBirthday = birthday;
    }
    public String getStudentSpeciality()
    {
        return strSpeciality;
    }
    public void setStudentSpeciality(String speciality)
    {
        strSpeciality = speciality;
    }
    public String getStudentAddress()
    {
        return strAddress;
    }
    public void setStudentAddress(String address)
    {
        strAddress = address;
    }
    public String toString()
    {
            String information = "学生姓名=" + strName + ",学号=" + strNumber;
            if( ! strSex.equals("") )
                information += ",性别=" + strSex;
            if( ! strBirthday.equals(""))
                information += ",出生年月=" + strBirthday;
            if( ! strSpeciality.equals("") )
                information += ",专业=" + strSpeciality;
            if( ! strAddress.equals("") )
                information += ",籍贯=" + strAddress;
            return information;
        }
}
/*
  学生管理者类,增加了职务字段
 */
class ClassManage extends Student
{
    private String strDuty = "";
    public ClassManage(String name, String number, String strDuty)
    {
        super(name, number);                          //调用父类的构造器,初始化相关字段
        this.strDuty = strDuty;
```

```
    }
    public String getDuty()
    {
        return strDuty;
    }
    //覆盖父类的方法
    public String toString()
    {
        String str = super.toString();              //调用父类中的方法
        if(! strDuty.equals(""))
        {
            str + = ", 职务 = " + strDuty;
        }
            return str;
        }
}
```

输出结果：

```
学生姓名 = Tom, 学号 = 20031009, 职务 = 班长
学生姓名 = Jack, 学号 = 2003100901
学生姓名 = Rose, 学号 = 2002091002
```

现在再问一个新的问题。数组中的第一个元素的对象类型是 ClassManage，而我们声明的数组类型是 Student 类，在调用 toString（）方法时，为什么会找到不同的方法呢？

原因很简单，虽然我们声明的是学生类，但数组中第一个元素真正的类型仍然是 ClassManage，因此解释器可以准确地找到正确的方法。这种机制在 Java 中称为多态，我们将在第 8.7 节专门讲述这个问题。

8.2.3 访问控制权限

在 java 程序中，最常用的访问属性和方法的限定符有 public、private、protected 和 default。这些限定符决定了类中哪些属性和方法对其他类是可见的。

1. public：声明成员为公共类型

如果希望类中的属性和方法可供任何类使用，则需要使用 public 修饰符。

【例 8-3】 程序清单：Car.java。

```
class Vehicle
{
    public int wheels;                          //轮子个数
    public int weight;                          //重量
}
public class Car extends Vehicle
{
```

```
    private String name;                              //汽车名字
    private int hatchback;                            //两厢还是三厢
    public Car()
    {
        wheels = 4;
        weight = 1100;
        name = "V3 菱悦";
        hatchback = 3;
    }
public static void main(String args[])
{
        Car c = new Car();
        System.out.println(c.name + "是一辆" + c.hatchback +"厢汽车,有"
        + c.wheels + "个轮子,重量为" + c.weight + "千克");
    }
}
```

输出结果：

```
V3 菱悦是一辆 3 厢汽车,有 4 个轮子,重量为 1100 千克
```

汽车类 Car 是交通工具类 Vehicle 的子类。在 Vehicle 类中，定义了两个 public 类型的成员：轮子的个数和交通工具的重量。在 Car 类的构造函数中，引用了父类的成员 wheels 和 weight。

2. private：*声明成员为私有类型*

private 表示被其修饰的属性和方法为私有类型，即除本类外，其他任何类都不能访问这个属性和方法。

【例 8-4】 程序清单：Car.java。

```
class Vehicle
{
    public int wheels;                                //轮子个数
    public int weight;                                //重量
    private String color;
    public Vehicle()
    {
        this.wheels = 2;
        this.weight = 1200;
        this.color = "红色";
    }
    private void DriveVehicle1()
    {
        System.out.println("父类中的 private 方法");
```

```
    }
    public void DriveVehicle2()
    {
        DriveVehicle1();
    }
}
public class Car extends Vehicle
{
    private String name;                          //汽车名字
    private int hatchback;                        //两厢还是三厢
    private String color;
    public Car()
    {
        name = "V3 菱悦";
        hatchback = 3;
    }
    public static void main(String args[])
    {
        Car c = new Car();
        c.DriveVehicle2();
        System.out.println(c.name + "是一辆" + c.hatchback + "厢汽车,有"
         + c.wheels + "个轮子,重量为" + c.weight + "千克");
    }
}
```

输出结果：

```
父类中的 private 方法
V3 菱悦是一辆 3 厢汽车,有 2 个轮子,重量为 1200 千克
```

父类 Vehicle 的成员变量 color 和 DriveVehicle1（）方法被声明为 private 类型，那么 Vehicle 的子类 Car 就不能访问这些成员变量和方法。如果想让 Car 能访问 Vehicle 的 DriveVehicle1（）方法，需要在父类 Vehicle 中添加一个 public 类型的方法 DriveVehicle2（）。

3. protected：*声明成员为保护类型*

protected 表示被其修饰的成员为保护类型。在同一个包中，它的作用与 public 类型是一样的。但是，不同包里的 protected 类型成员只能通过子类来访问，这是该修饰符区别其他修饰符的地方。

【例 8－5】 程序清单：Car. java。

```
package a;
class Vehicle
{
```

```
    public int wheels;                                    //轮子个数
    public int weight;                                    //重量
    protected String color;
    public Vehicle()
    {
        this.wheels = 2;
        this.weight = 1200;
        this.color = "红色";
    }
    protected void DriveVehicle()
    {
        System.out.println("父类中的 protected 方法");
    }
}
public class Car extends Vehicle
{
    private String name;                                  //汽车名字
    private int hatchback;                                //两厢还是三厢
    public Car()
    {
        name = "V3 菱悦";
        hatchback = 3;
    }
    public static void main(String args[])
    {
        Car c = new Car();
        c.DriveVehicle();
        System.out.println(c.name + "是一辆" + c.hatchback + "厢汽车,有"
         + c.wheels + "个轮子,重量为" + c.weight + "千克");
    }
}
```

输出结果：

```
父类中的 protected 方法
V3 菱悦是一辆 3 厢汽车,有 2 个轮子,重量为 1200 千克
```

4. default：声明成员为默认类型

如果不添加任何修饰符，则表示这个成员修饰符为 default 类型。default 类型表示同一个包里的类或子类能够访问；不同包里的类或子类没有继承该成员变量，因此是无法访问到它的。

【例 8-6】 程序清单：Car. java。

```
package a;
```

```
public class Vehicle
{
    public int wheels;                                  //轮子个数
    public int weight;                                  //重量
    protected String color;
    public Vehicle()
    {
        this.wheels = 2;
        this.weight = 1200;
        this.color = "红色";
    }
    public void DriveVehicle()
    {
        System.out.println("父类中的 default 方法");
    }
    }
package b;
import a.Vehicle;
public class Car extends Vehicle
{
    private String name;                                //汽车名字
    private int hatchback;                              //两厢还是三厢
    public Car()
    {
        name = "V3 菱悦";
        hatchback = 3;
        color = "黑色";
    }
    public static void main(String args[])
    {
        Vehicle v = new Vehicle();
        Car c = new Car();
        c.DriveVehicle();
        System.out.println(c.name + "是一辆" + c.hatchback + "厢汽车,颜色是" +
        c.color + ",有" + c.wheels + "个轮子,重量为" + c.weight + "千克");
    }
}
```

输出结果：

父类中的 default 方法

V3 菱悦是一辆 3 厢汽车,颜色是黑色,有 2 个轮子,重量为 1200 千克

8.3 构造函数的调用

下面通过几个实例来说明构造函数的调用顺序。

【例 8-7】 程序清单：ConstructorTest.java。

```
/*
 测试类构造器的调用顺序
 */
public class ConstructorTest
{
    public static void main(String args[])
    {
        C c= new C("hello");
    }
    }
    class A
    {
        public A()
        {
            System.out.println("this is A");
        }
    }
    class B extends A
    {
        public B()
        {
            System.out.println("this is B");
        }
    }
    class C extends B
    {
        public C(String str)
        {
            System.out.println("this is C");
    }
}
```

输出结果：

```
this is A
this is B
this is C
```

通过这个程序运行的结果可以看出，在调用类 C 的构造函数时，编译器会一直上溯到最初的类，也就是类 A。因此首先要完成类 A 构造函数的实例化，然后再依次执行子类的构造函数。现在我们再将类 B 的默认构造函数（无参数的构造函数）改成带参数的构造函数，代码如下：

```
class B extends A
{
    public B(String str)
    {
        System.out.println("this is B");
    }
}
```

再编译一次试试，看看会有什么情况发生。输出结果：

```
ConstructorTest.java:31: cannot resolve symbol: constructor B ()
location: class B
        {
        ^
1 error
```

此时发生编译错误：在运行到第 31 行时，不能构造类 B 的实例，即没有找到合适的构造函数。可是为什么在使用没有参数的构造函数时可以呢？

这是由 Java 编译器的一种机制造成的。当继承存在时，要生成子类的实例，子类会自动去调用父类的无参数构造函数。但目前类 B 没有无参数构造函数，那该怎么解决呢？当然，在当前的情况下可以将类 B 再添加一个默认构造函数，但有时我们并不需要或不能让类 B 有默认构造函数。例如，在构建学生类的对象时，必须同时指定学生的姓名、学号等，不能构建一个没有姓名与学号的学生对象。因此在这种情况下，我们就必须在子类的构造函数中使用 super 语句。

我们再将类 C 构造函数中加上以下语句：

```
super(str);
```

该语句明确告诉编译器，调用的是父类中带有参数的构造函数。

整个代码变成如下的形式：

```
/*
  测试类构造函数的调用顺序
 */
public class ConstructorTest
{
    public static void main(String args[])
    {
        C c = new C("hello");
    }
```

```
}
class A
{
    public A()
    {
        System.out.println("this is A");
    }
}
class B extends A
{
    public B(String str)
    {
        System.out.println("this is B");
    }
}
class C extends B
{
    public C(String str)
    {
        super(str)
        System.out.println("this is C");
    }
}
```

这样程序就可以执行了。

通过上面一系列的变化及修改，相信读者已经明白为什么在某些情况下子类构造函数中必须要有 super 语句。

关键的原因就是，如果不指定子类调用构造函数的形式，编译器会自动寻找父类中的默认构造函数，以实现继承的上溯。

由于继承等因素的存在，类之间又发生了一定的关系，接下来我们就来探讨一下类的相互关系。

8.4 类之间的关系

类与类之间最常见的关系主要有以下 3 种：

- 依赖（uses - a）；
- 聚合（has - a）；
- 继承（is - a）。

下面以在线书店订单系统为例，说明这 3 种关系的区别。

这个系统的主要功能：注册用户可以登录网上书店选购图书，在线填写订单并支付购书款。书店确认已经收到购书款后，按照用户留下的地址邮寄图书。根据面向对象中关于类的抽象的介绍，我们可以抽象出如下几个类：

- 图书（Book）；
- 账户（Accout）；
- 订单（Order）；
- 地址（Address）。

8.4.1 依赖

依赖关系是类中最常见、也是最一般的关系。例如，订单类需要访问用户的账户类，所以在订单类中需要引用账户类，即订单类依赖账户类，但图书类并不需要账户类，因此图书类并不依赖账户类。如果我们修改了账户类，则会影响到订单类。

说明：

在实际应用中，应尽量减少相互依赖类的数量。如果类 A 并不知道类 B 的存在，那么它就不关心类 B 的变化（这就意味着对类 B 的任何改变不会对类 A 产生影响，也就不存在产生 bug 的可能），如图书类与账户类之间一样。用软件工程的话来说，就是尽可能地减少类的耦合性。

8.4.2 聚合

聚合实质是一个类的对象中包含另外一个类的对象。例如，在订单类中包含了图书类，也就是 has - a 的关系。

说明：

如果有的读者看过有关建模的资料，可以知道从建模的角度来看，这种关系称之为关联（association）。聚合与关联两者从实质上讲是一样的。

8.4.3 继承

继承就是一个类调用另一个类的所有方法和属性，并在当前类中不需要重新定义这些方法和属性。正如 Student 类与 ClassManage 类之间的关系一样。

继承的实质是一个类 B 是另外一个类 A 的具体，也就是类 B 继承于类 A。反过来说，即类 A 就是类 B 的泛化，也就是类 A 比类 B 更趋向于一般化。

8.4.4 类记号与类图

在有关 UML（Unified Modeling Language）的资料中，经常可以看到用一些不同形状的箭头来表示类与类之间的关系，这些图被称为类图（class diagram）。一个类图的例子如图 8 - 3 所示。

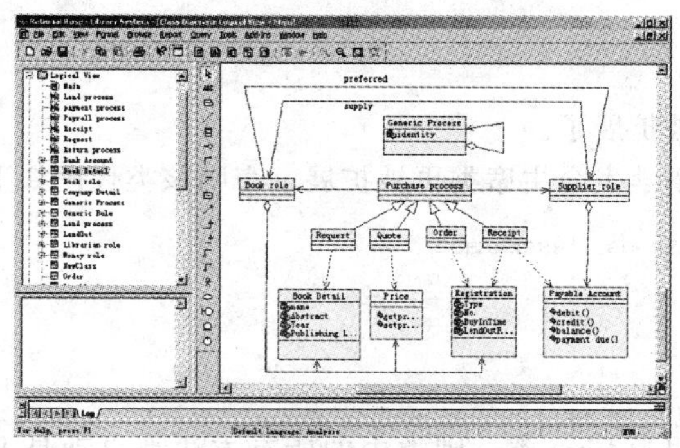

图 8-3 类图示例

想了解更加详细的信息，读者可以查阅相关的 UML 资料。

8.5 设计好继承的几点建议

关于如何设计好继承，我们提出以下几点建议，供读者参考。

(1) 把通用操作与方法放到父类中

一个父类可能有多个子类，因此把通用的操作放到父类中，带来的好处有两个方面：一是避免代码重复；二是避免由于人为因素导致的不一致。

(2) 不要使用受保护字段，即 protected 字段

有的程序员认为把实例字段设为 protected 是一个很不错的主意，这样子类能够在需要的时候访问这些字段。然而，protected 并未带来真正的保护，这主要有两方面的原因：首先，子类是无界的——任何人都可以从你的类上再派生出一个新的子类，然后他们就可以访问所谓的受保护字段了，因而严重破坏了封装性；其次，在 Java 语言中，同一包内的任何类都能够访问 protected 字段，而不管它们是否为子类。因此，不要使用受保护字段。

(3) 在类的声明之前加上关键字 final

尽管类的继承给开发带来了好处和方便，但是如果不希望自己的类再被扩展，也就是不希望再产生子类时，可在类的声明之前加上关键字 final，这样该类就不能再被继承。

8.6 final

编写程序时，如果需要把类定义为不能继承的，即最终类，或者是有的方法不希望被子类继承，这时候就需要将其声明为 final 型。把类或方法声明为 final 类或 final 方法很简单，只需要在类或方法前面加上关键字 final 即可。

```
final class 类名 extends 父类
{
```

```
//类体
}
```

这样类就不能再被扩展了。

例如，如果不希望学生会主席类再被扩展，声明该类代码如下：

```
final class Chair extends ClassManage
{
    ⋮
}
```

如果一个类被声明为 final 类，则类中的所有方法都自动是 final 的。具有 final 声明的方法也不可以被重载，所以如果我们不想某个类中的方法被重载，也可以在方法的声明中加入关键字 final，如学生类中的得到学生姓名的方法 getStudentName（）等。声明代码如下：

```
public final String getStudentName()
{
    return strName;
}
```

加入了关键字 final 的类不可以再被继承，加入了关键字 final 的方法不可以被重载。

注意：

类被声明为 final 后，方法自动为 final，但类中的字段却不会自动变为 final 字段。这与方法是有区别的。

8.7 多 态

多态是面向对象的一个重要特性。多态在面向对象编程中相当灵活，因此多态的实质不太容易被理解。

8.7.1 多态的产生

在开发过程中，需要编写很多方法。有些方法的实现功能是相似的，例如：

```
void print1(int x)
{
    System.out.println(x);
}
    void print2(int x,int y)
{
    System.out.println(x + y);
```

```
}
```

不难看出，上面两个方法的实现功能基本一样，只是参数的个数不同。如果所有的方法都像上面的示例一样，那么整个程序中就会出现很多的方法名。对于程序员来讲，在调用方法时容易产生错误。

【例 8－8】 调用多个方法的程序代码。

```
public class Student {                          //创建学生类
    int x;
    int y;
    int z;
    void print1(int x)                          //创建带 1 个 int 型参数的 print()方法
    {
        System.out.println(x);
    }
    void print2(int x,int y)                    //创建带 2 个 int 型参数的 print()方法
    {
        System.out.println(x + y);
    }
    void print3(int x,int y,int z)              //创建带 3 个 int 型参数的 print()方法
    {
        System.out.println(x + y + z);
    }
    void print4(double x)                       //创建带 1 个 double 型参数的 print()方法
    {
        System.out.println(x);
    }
    void print5(double x,double y)              //创建带 2 个 double 型参数的 print()方法
    {
        System.out.println(x + y);
    }
    void print6(double x,double y,double z)     //创建带 3 个 double 型参数的 print()方法
    {
        System.out.println(x + y + z);
    }
    public static void main(String args[]) {
        Student s = new Student();
        s.print1(5);
        s.print2(5,8);
        s.print3(5,8,10);
        s.print4(2.2);
        s.print5(2.2,4.4);
        s.print6(2.2,4.4,6.6);
```

```
    }
}
```

输出结果：

```
5
13
23
2.2
6.6
13.2
```

在上面的程序中，有 6 个输出函数。main（）函数中分别调用了这 6 个输出函数，调用的过程很容易搞错。为了避免书写多个类似的方法产生错误，我们引入多态的概念。

8.7.2 多态的概念

关于多态，简单地说就是当某个变量的实际类型和形式类型不一样时，调用此变量的方法。编译器一定会调用到正确的方法，也就是与实际类型相匹配的方法。

在例 8-2 中，数组中的第一个元素实际的对象类型是 ClassManage 类，而我们声明的数组类型是 Student 类。也就是说，数组中的每一个元素的类型都是 Student 类型的。在调用 toString（）方法时，不同的元素却能找到各自正确的方法，这种机制在 Java 中被称为多态（ploymorphism）。

多态的存在是类之间继承关系的必然结果。正是因为继承关系，两个类之间有了一种比较亲密的关系：父与子的关系。

判断继承设计是否正确，可以用一个简单的规则，那就是 is-a 规则。is-a 规则表示子类的每一个对象都是父类的对象。例如，每一个班长都是一个学生，但并不是每一个学生都是班长，所以只能是 ClassManage 类是 Student 类的子类，反过来则是不成立的。is-a 规则还有一个明确的方法，就是替代原则。该原则规定：程序需要的父类的一个对象都可以用子类的一个对象来代替。例如，可以将一个子类对象变量赋给一个父类对象变量：

```
Student aStudent;
aStudent = new ClassManage("Tom","20030101","学习委员");
```

这是因为每一个 ClassManage 类的对象也都是一个学生。但父类对象变量不能赋值给一个子类对象变量，如：

```
ClassManage aStudent;
aStudent = new Student("Tom","20030101");          //这是完全错误的
```

以上赋值是不可以的，因为并不是所有的学生都是班干部。

在具体使用多态编写程序时，由计算机需要的参数类型和个数来判断调用哪一个方法，所以使用多态一定要遵循两个规则：

- 方法名称一定要相同；
- 传入的参数类型一定要不同。

【例8-9】 将例8-8写成多态的形式。

```
public class Student {
    int x;
    int y;
    int z;
    void print(int x)
    {
        System.out.println(x);
    }
    void print(int x,int y)
    {
        System.out.println(x + y);
    }
    void print(int x,int y,int z)
    {
        System.out.println(x + y + z);
    }
    void print(double x)
    {
        System.out.println(x);
    }
    void print(double x,double y)
    {
        System.out.println(x + y);
    }
    void print(double x,double y,double z)
    {
        System.out.println(x + y + z);
    }
    public static void main(String args[]) {
        Student s = new Student();
        s.print(5);
        s.print(5,8);
        s.print(5,8,10);
        s.print(2.2);
        s.print(2.2,4.4);
        s.print(2.2,4.4,6.6);
    }
}
```

输出结果：

```
5
13
23
2.2
6.6
13.2
```

虽然调用的方法名称同为 print，但系统会通过参数类型和参数个数判断究竟调用的是哪个方法。以上涉及的参数都是基本数据类型，下面将介绍参数是对象类型的情况。

对象数据的操作通过对象句柄来实现。对象类型的变量引用是按照传址引用来实现的。也就是说，变量在传递过程中，传递的是对象变量（对象句柄）的拷贝，即内存地址的拷贝，而实际的对象是不会变的。

【例 8 - 10】 程序清单 ObjectTypeTest.java。

```
/*
  通过这个程序,测试对象类型的多态实现
*/
public class ObjectTypeTest
{
    public static void main(String args[])
    {
        A a = new B();
        a.method1();
    }
}
class A
{
    public void method1()
    {
        System.out.println("this is class A method1");
    }
}
class B extends A
{
    public void method1()
    {
        System.out.println("this is class B method1");
    }
    public void method2()
    {
```

```
            System.out.println("this is class B method2");
        }
    }
```

输出结果：

```
this is class B method1
```

通过程序的运行结果我们可以看出，如下的声明是完全可以的：

```
A a = new B();
```

我们生成的实际对象是类B的对象（对象的实际类型是类B的实例），将这个对象的句柄声明为类型A（对象句柄声明的类型为类A），然后用类A的句柄去调用method1（）方法。通过程序的运行结果可以看到，实际方法是调用类B的method1（）方法，而类B的method1（）是对类A的method1（）的覆盖。在这种情况下，对象句柄的方法调用的是实际类型（类B）的方法。

如果将方法调用这一条语句，改成如下形式：

```
a.method2();
```

再编译一次，可以看到下面的输出结果：

```
ObjectTypeTest.java:9: cannot resolve symbol
symbol   : method method2 ()
location: class A   a.method2();
1 error
```

系统提示发生编译错误。

虽然实际类型是类B，但形式类型却是类A。编译器告诉我们没有找到method2（）方法的声明，这很容易理解。因为在类A中确实没有声明method2（）方法。如果再将变量的声明及方法调用修改如下：

```
B a = new B();
a.method2();
```

再编译一次，此时程序的输出结果为：

```
this is class B method2
```

那为什么形式类型不同时，会产生不同的结果呢？这是因为Java是一个强类型的编程语言。在程序进行编译时，编译器会检查形式类型中有没有相应方法的声明；但在程序运行时，解释器则是检查实际类型中有没有相应的方法声明。正是由于这种编译器与解释器检查变量类型的不同，造成了多态的存在。

由于编译器只关心形式类型而不管实际类型，所以形式类型也称为编译期类型。相反，解释器关心的是实际类型，所以实际类型也称为运行期类型。

通过这么几个复杂的变化，总结规律如下：在父类中声明并在子类中覆盖的方法，可以实现多态的调用，编译器及解释器都会找到正确的类型，也就是调用对象的实际类型。但在父类中没有声明的方法，是不可以采用多态的形式调用的。

8.7.3 绑定

在 Java 中，绑定就是对象方法的调用。准确地说，就是对象句柄与方法的绑定。绑定分为静态绑定与动态绑定。

1. 静态绑定

当我们声明的方法为 private、static、final 或者构造器时，编译器会清楚地知道调用的是哪一个方法。此时不存在形式类型与实际类型不一致的问题，这称为静态绑定。

> **说明：**
> 如果方法被限定符 private 修饰，则该方法只能在类内调用；被 static 修饰的是类方法；被 final 修饰的是常态方法。以上这些方法不允许被继承，构造器不存在覆盖的问题，也不存在继承。因此，这几种方法是不存在多态的。

2. 动态绑定

动态绑定是指在程序运行的过程中，会根据程序传递参数类型的不同而调用不同的方法。这种绑定只有在程序运行期间才会发生，也就是说动态绑定存在不确定性。

例如，再编写一个类 C，在类 C 中增加一个方法 method3 ()，并以类 A 为参数。在实际的调用中，我们传进去的是类 B 的实例。由于多态的原因，这个传递是完全可以的。程序在运行期间会自动地将对象变量绑定到类 B 的方法中。代码如下：

【例 8－11】 程序清单：ObjectVarTest.java。

```
/*
 通过这个程序,测试对象类型的动态绑定
 */
public class ObjectVarTest
{
    public static void main(String args[] )
    {
        B b = new B();
        C.method3(b);
    }
}
class A
{
    public void method1()
    {
        System.out.println("this is class A method1");
    }
}
```

```
class B extends A
{
    public void method1()
    {
        System.out.println("this is class B method1");
    }
    public void method2()
    {
        System.out.println("this is class B method2");
    }
}
class C
{
    public static void method3(A a)
    {
    a.method1();
    }
}
```

输出结果：

```
this is class B method1
```

不难看出，在类C中要求传入的参数是类A的实例，但由于类B是类A的子类，所以完全可以用父类的类型来代替子类的类型，从而保证了程序能调用正确的方法。相反，假设我们传入的实际类型仍然是类A的变量，那就会调用类A中的相应方法。这个调用是在程序运行期间实现的，编译器会根据传入参数的实际类型来确定应该调用的方法，这就是动态绑定。

注意：

多态只适用于方法，因此字段是不存在多态的。

8.8 超 类

8.8.1 什么是超类

Java是面向对象编程的一门程序设计语言，其所有的类都是从Object类继承而来的。反过来说，Object类是Java语言中所有类的父类，即为超类。但在设计一个类时，我们并不需要写成如下形式：

```
class Student extends Object
```

```
{
    ⋮
}
```

系统会自动认为 Object 类是 Student 类的父类。由于 Object 类是所有类的父类，因此可以使用 Object 类型的变量来表示任何类型的对象。例如：

```
Object obj = new Student("Tom", "201202106");
```

当需要将一个基本数据类型转变为一个对象类型时，可以将基本数据类型直接转换为 Object 类型的变量。例如：

```
Student aStudent = (Student)obj;
```

这种强制类型的转换使变量 obj 转换成子类的变量，以便更专门的方法使用。由此可以看出将子类实例赋给父类变量时，系统会自动完成；但将父类实例赋给子类变量时，必须要进行类型转换。

8.8.2 equals () 方法

Object 类中的 equals () 方法用于测试一个对象是否与另一个对象相等，该方法在 Object 类中的实现是判断两个对象是否指向同一块内存区域。这种测试并不是十分有用的。

在 Java 基本类库中，几乎每一个类都有一个 equals () 方法，这是对 Object 类中 equals () 方法的覆盖。如果想测试自己设计类的两个对象是否相等，同样也需要覆盖这个方法。

Java 语言规范要求 equals () 方法具有如下性质：

● 自反性：对于任何非空引用 x，x. equals (x) 将返回 true；

● 对称性：对于任何引用 x 和 y，当且仅当 y. equals (x) 返回 true 时，x. equals (y) 返回 true；

● 传递性：对于任何引用 x、y 和 z，如果 x. equals (y) 返回 true，y. equals (z) 返回 true，那么 x. equals (z) 也返回 true；

● 一致性：如果 x 和 y 引用的对象没有发生改变，那么 x. equals (y) 的重复调用将返回同一结果。

对任何非空引用 x，x. equals (null) 都返回 false。

8.8.3 通用编程

任何类型的所有实例都可以用 Object 类型的变量来代替。这是因为 Object 类是所有类的父类。因此我们可以声明如下：

```
Object obj = "HELLO";
```

这是用 Object 类型指向了字符串类 String，这种声明是合法的。

然而，由于整数、字符等基本数据类型不属于对象类型，所以不能用 Object 类型来指向。当然，这些基本数据类型可以通过对象包装器来转换成对象类型。

除此之外，所有的数组（不论数组元素是对象类型还是基本类型）都是从 Object 类型派生出来的。

例如，可以有如下转换：

```
Student[] staff = new Student[10];
Object[] obj = staff;
```

因此，我们可以将 Student [] 传递给以 Object [] 为参数的方法，这种思想对于通用编程非常有用。例如，在 Arrays 类中有一个静态的方法：sort（Object [] obj）。在这个方法中，传入的只要是一个数组即可，可以是 Student 数组，也可以是 String 数组。

8.9 数组列表

数组的容量一旦设定，就不可以再被更改。这对于程序的运用来说，确实是一个遗憾。我们在程序中经常会遇到不确定的因素，需要构建不确定容量的数组。比如：统计一个班级学生成绩在 90～100 分、80～90 分（不包含 90）、70～80（不包含 80）分等各个分数段的学生分布情况。在程序运行之前，我们并不能确定每个分类段的人数究竟有多少。如果用数组来容纳学生对象很难处理，此时就再学习一个类似于数组的新的类——数组列表（ArrayList）。通过数组列表可以动态的构建数组，因为数组列表可以根据程序运行时的需要动态伸缩，以适应程序中不确定因素的存在。

> **提示：**
> 在旧版 Java 中，程序员使用 Vector 类来自动伸缩数组的大小。ArrayList 比 Vector 类效率更高，完全可以用其代替 Vector 类。关于 Vector 类的更多详细内容，请读者参阅本书数据结构的相关章节。

数组与数组列表之间有很重要的区别。数组是 Java 语言的一个功能，对于每一个元素类型都有一个数组类型与之相对应。例如：int 型元素对应 int[]，Student 型对应 Student[]；而 ArrayList 是一个库类，它定义于 java. uitl 包中。ArrayList 是一个单一的、能容纳所有类型的库类，因为在数组列表中存放的是 Object 类型。也就是说，所有的元素都是以最原始的父类来代替。因此，如果需要从数组列表中提取一项，就需要进行类型转换，将元素还原到它本身的类型，这样才能有具体的意义。

使用 add（）方法可以向一个数组列表中添加新的元素。例如：

```
ArrayList allStudent = new ArrayList();
allStudent.add(new Student("Tom","20001224"));
allStudent.add(new Student("Jack","20001223"));
⋮
```

这样就可以无限制地向数组列表中添加新的元素。因为添加的元素类型是 Object

类的子类，所以系统会自动完成子类向父类的转换。

ArrayList 类管理的是一个内部的对象数组。如果数组的空间用完，数组列表可以自动地建立一个更大容量的数组，并且把所有的对象从小的数组拷贝到大的数组。这正是数组列表的奇妙之处，也正是由于这个特性的存在，从而可以实现动态的添加元素与数组容量的伸缩功能。

如果我们能够预计一个数组列表中需要存储多少元素，那么就可以在填充数组列表之前调用 ensureCapacity () 方法，使系统分配一个包含固定容量的内部数组。例如：

```
ArrayList allStudent = new ArrayList();
allStudent.ensureCapacity(100);
```

这个调用会分配一个包含 100 个对象的内部数组。接着我们就可以一直调用 add () 方法，它不会再重新分配空间。

当然，也可以直接通过构造器来构建一个具有初始化容量的数组列表：

```
ArrayList allStudent = new ArrayList(100);
```

注意：

分配一个具有初始化容量的数组列表与分配一个具有固定容量的数组有着本质的不同。如 new ArrayList (100)，只是说明数组列表具有了存放 100 个元素的能力。如果不填充元素，数组列表中根本不会有任何元素，也就是说在内存中并没有 100 个元素的位置；但若是 new Student [100]，系统会在内存中申请具有 100 个空的地址，以存放元素。

我们可以通过 size () 方法，以返回数组列表中实际元素的个数：

```
int studentNumber = allStudent.size();
```

这等价于数组 a 的 a.length。

一旦确定数组列表的大小不再发生变化，也就是说不想再利用数组列表的动态伸缩功能，就可以调用 trimToSize () 方法。该方法把内存块的大小调整为当前元素所需要的存储空间，系统会回收多余的内存。

提示：

一旦我们整理了一个数组列表的大小，若再增加新元素就会重新移动内存块。这样会相当费时，因此只有在确定不需要继续增加新元素时才使用 trimToSize () 方法。

(1) 数组列表元素的设置与访问

虽然数组列表的动态伸缩很方便，但对于访问及设置数组列表的某一个元素也增加了难度。

如果想设置数组列表中的某一个元素，可以采用如下形式：

```
Student tom = new Student("Tom", "201202116");
```

```
allStudent.set(i, tom);
```

这样，数组列表会将当前第 i 个元素设置成 tom 对象。这就等同于数组 a：

```
a[i] = tom;
```

在设置一个元素时一定要注意，只有数组元素的尺寸大于 i 时才可以如上调用；否则，系统会报错。在数组列表中，添加一个元素使用 add () 方法，而不是 set () 方法。

同样，如果想访问数组列表中的某个元素，也需要如下语句：

```
Student tom = (Student)allStudent.get(i);
```

读者可以看到，当读取某个元素时，必须要做类型转换；否则，就没有什么具体的事情要做了。这等同于数组 a：

```
Student tom = a[i];
```

提示：

数组列表同数组一样，其下标都是从 0 开始的。

既然数组列表具有添加元素的灵活性，数组具有元素访问的方便性。那我们能不能把两者有效地结合起来呢？提示技巧如下。首先建立一个数组列表并填充元素：

```
ArrayList list = new ArrayList();
while(…)
{
    Student aStudent = new Student(… …);
    list.add(aStudent);
}
```

元素填充完毕，再使用 toArray () 方法把所有的元素拷贝到数组中：

```
Student[] all = new Student(list.size());
list.toArray(all);
```

这样，我们就可以利用数组访问元素的方便性，而不再需要进行类型转换。

(2) 数组列表的安全性

由数组列表其本身的特性，决定它是不安全的。很有可能把一个错误的类型添加到一个数组列表中，如：

```
Date birthday = new Date(…);
allStudent.set(i, birthday);
```

此时编译器不会报告错误，虚拟机会将 Date 对象转换成 Object 对象，并添加到原本是学生对象的数组列表中。但当该对象从数组列表中提取出来时，它的类型会转换成为 Student 对象。这是一个无效的转换，系统将会非正常退出。因此请读者注意，在编写代码的时候一定要将对象的类型搞清楚。

(3) 在数组列表的中间插入与删除元素

我们不仅能在数组列表的末尾追加元素，也可以在中间任何一个位置插入指定的元素。例如：

```
int n = allStudent.size / 2;                    //得到一个整数值
allStudent.add(n, new Student(…));
```

在位置 n 及其后面的元素都要向后移动一个位置，以便插入新的元素。如果插入元素后的数组列表大小超过其容量，系统会重新分配数组列表的容量。

当然也可以通过以下代码，从现有的数组列表中删除一个元素：

```
allStudent.remove(n)
```

上面代码删除指定位置 n 的元素，其后面的元素会自动向前拷贝一个位置，数组列表的大小会缩减 1 个。

现在就用我们设计的学生类结合数组列表来做一个简单的测试。

【例 8－12】 程序清单：ArrayListTest.java。

```
/*
  测试数组列表的使用
*/
import java.util.ArrayList;
public class ArrayListTest
{
    public static void main(String args[])
    {
        ArrayList list = new ArrayList();
        list.add(new Student("Tom","20020410"));
        list.add(new Student("Jack","20020411"));
        list.add(new Student("Rose","20020412"));
        for(int i = 0; i < list.size(); i++)
        {
        System.out.println((Student)list.get(i));
    }
  }
}
class Student
{
    private String strName = "";              //学生姓名
    private String strNumber = "";            //学号
    private String strSex = "";               //性别
    private String strBirthday = "";          //出生年月
    private String strSpeciality = "";        //专业
    private String strAddress = "";           //籍贯
```

```
public Student(String name, String number)
{
    strName = name;
    strNumber = number;
}
public String getStudentName()
{
        return strName;
}
public String getStudentNumber()
{
        return strNumber;
}
public void setStudentSex(String sex)
{
        strSex = sex;
}
public String getStudentSex()
{
        return strSex;
}
public String getStudentBirthday()
{
        return strBirthday;
}
public void setStudentBirthday(String birthday)
{
        strBirthday = birthday;
}
public String getStudentSpeciality()
{
        return strSpeciality;
}
public void setStudentSpeciality(String speciality)
{
        strSpeciality = speciality;
}
public String getStudentAddress()
{
        return strAddress;
}
public void setStudentAddress(String address)
```

```
    {
            strAddress = address;
    }
    public String toString()
    {
            String information = "学生姓名 = " + strName + ", 学号 = " + strNumber;
            if( ! strSex.equals("") )
                information + = ", 性别 = " + strSex;
            if( ! strBirthday.equals(""))
                information + = ", 出生年月 = " + strBirthday;
            if( ! strSpeciality.equals("") )
                information + = ", 专业 = " + strSpeciality;
            if( ! strAddress.equals("") )
                information + = ", 籍贯 = " + strAddress;
            return information;
    }
}
```

输出结果：

```
学生姓名 = Tom, 学号 = 20020410
学生姓名 = Jack, 学号 = 20020411
学生姓名 = Rose, 学号 = 20020412
```

程序自动调用对象的 toString （） 方法，输出正确信息。注意：程序在得到第 i 个元素时，显式的调用类型转换使元素转换成 Student 类型。例如：

```
(Student)list.get(i);
```

现在我们将 main （） 方法再追加一个操作，代码如下：

```
public class ArrayListTest
{
    public static void main(String args[])
    {
        ArrayList list = new ArrayList();
        list.add(new Student("Tom","20020410"));
        list.add(new Student("Jack","20020411"));
        list.add(new Student("Rose","20020412"));
        for(int i = 0; i < list.size(); i+ + )
        {
            System.out.println((Student)list.get(i));
        }
        list.set(2, new Student("Smith", "20020413"));
        for(int i = 0; i < list.size(); i+ + )
```

```
        {
            System.out.println((Student)list.get(i));
        }
    }
}
```

输出结果：

```
学生姓名 = Tom，学号 = 20020410
学生姓名 = Jack，学号 = 20020411
学生姓名 = Rose，学号 = 20020412
学生姓名 = Tom，学号 = 20020410
学生姓名 = Jack，学号 = 20020411
学生姓名 = Smith，学号 = 20020413
```

可以看到程序将第三个对象由 Rose 改变成了 Smith。当然，我们可以将 for 循环单独写成一个方法。但为了方便，就重复使用了一次。

提示：

在 Java 中，任何重复两次以上的代码都应当分享，以独立的方法存在，这也是面向对象思想的一个重要体现。

（4）数组列表的意义

像我们在程序中使用数组列表的这种情况，其实并没有真正体现出数组列表的作用。数组列表作为一种数据结构形式，更多的是利用它来进行封装数据对象并传递对象。

随着信息技术的发展，利用互联网进行的业务也越来越多，因此 Web 应用作为提供网络服务的有效载体也越来越受到重视。数组列表的强大功能只有在类似于以上的应用中才会得到充分的体现。我们可以在服务器端将数据从数据库中取出，封装到数组列表中，然后将数组列表这仅有的一个对象传递到客户端，再由客户端提取出相应的数据。这样做的好处是降低网络流量，提高网络利用效率，保证数据安全。

试想，如果需要 100 甚至更多个学生类的对象，而每次只传递一个对象，需要传递 100 次甚至更多。若传递了 50 个对象时网络发生故障，客户端并不了解还有多少对象没有传递完成。从某种意义上来说，这会给客户一个错误的信息。但如果用数组列表封装了这 100 个学生类的对象，那么只需要传递一次就可以了。很明显，经过封装处理后再传递会安全有效得多。

以上就是数组列表在封装对象中的意义，也是封装处理对于网络传递的意义，更是 Java 语言所倡导的精髓所在。关于封装的更多内容，我们将在后面的章节中再详细介绍。

8.10 对象包装器

如果我们想构建一个包含基本类型的数组列表，那该怎么办呢？

```
ArrayList list = new ArrayList();
list.add(1);                                    //编译不会通过的
```

这是因为 int 型属于基本类型，不属于对象类型，而这里需要的是对象类型。所有的基本类型都不可以直接添加到需要对象类型的方法中处理。那如何把基本类型转换成对象类型呢？这就需要用到基本类型的包装器。

int 型的对象包装器是 Integer 类，它位于 java.lang 包。一个整数型的数值是通过包装器转换成一个对象类型的数值，如：

```
Integer number = new Integer(1);
```

这是将 int 型的数值 1 转换成对象类型的数值 1。此时就可以通过调用数组列表的 add () 方法添加到数组列表中。

```
list.add(number);
```

同样，其他基本类型也有与之相对应的包装器类。所有基本类型的包装器都位于 java.lang 包中，它们的名字很直观，如 Byte、Short、Integer、Long、Float、Double、Character、Boolean 等。包装器类都是 final 型的，也就是说不能再覆盖包装器类中的相关方法了。同样，也不能改变存储在对象包装器内的值。

通过包装器将基本类型转换成对象类型后，也就有了对象的所有特性。

当然，在包装器类中也有相应的方法可以将包装器类对象的值再转换成基本类型。例如：

```
Integer number = new Integer(1);
int one = number.intValue();
```

从性能上说，利用对象类型比基本类型降低了程序运行的速度。但有些时候，我们不得不用对象类型，例如数组列表。

以下是一个 IntegerArrayListTest 的例子，通过 IntegerArrayListTest 就可以避免直接操纵 ArrayList 的麻烦了。

```
public class IntegerArrayList
{
    private ArrayList list;                     //声明一个私有的 ArrayList 对象
    //默认构造器,初始化 ArrayList 对象
    public IntegerArrayList()
    {
        list = new ArrayList();
    }
    public void add(int x)
```

```
    {
        list.add(new Integer(x));
    }
    public int get(int i)
    {
        Integer one = (Integer)list.get(i);
        return one.intValue();
    }
    public void set(int i, int x)
    {
        list.set(i, new Integer(x));
    }
    public int size()
    {
        return list.size();
    }
}
```

通过这个类来操作int型数据，不需要再进行包装器的转换。程序已经在内部实现了这种转换。

我们称类似于这种形式的类为自己设计的工具类，它是为满足我们的某些特定需要而编写的。那究竟在什么情况下需要编写这种工具类呢？我们确实很难给出一个清楚的答案，但有一点可以说明：如果在编写的程序中经常需要用到某一个基本类型与包装器之间的转换，那就需要编写工具类。但这并没有硬性规定，只能根据程序员本身的感觉或经验来处理。

练 习 题

选择题

1. Java语言类之间的继承关系是（　　）。

A. 多重的　　B. 单重的　　C. 线程的　　D. 不能继承

2. 为了区分重载多态中同名的不同方法，要求（　　）。

A. 采用不同的形式参数列表　　B. 返回值类型不同

C. 调用时用类名或对象名做前缀　　D. 参数名不同

3. 方法重载是指（　　）。

A. 两个或两个以上的方法取相同的方法名，但形参的个数或类型不同

B. 两个以上的方法取相同的名字且具有相同的参数个数，但形参的类型可以不同

C. 两个以上的方法名字不同，但形参的个数或类型相同

D. 两个以上的方法取相同的方法名，并且方法的返回类型相同

填空题

1. ________是一种软件重用形式，在这种形式中，新类获得现有类的数据和方法，并可增加新的功能。

2. 派生类构造方法可以通过关键字________调用基类构造方法。

简答题

1. 什么是方法的覆盖？方法的覆盖与域的隐藏有什么区别？与方法的重载又有什么区别？
2. 解释 this 和 super 的意义和作用。
3. 举例说明多态产生的原因。
4. 简述静态绑定与动态绑定的区别。
5. 简述数组列表与数组的区别。

第9章 接口和抽象

■ **本章导读**

接口贯穿于Java的全过程。在Java中，面向对象的具体体现需要接口来实现。Java中不允许多重继承，抽象类不能被实例化。抽象类主要用于继承，易于扩展。

■ **学习目标**

(1) 了解接口的本质；

(2) 掌握接口的声明、实现、多重实现及继承；

(3) 理解克隆的概念；

(4) 运用内部类访问对象状态；

(5) 区分抽象类与接口。

9.1 接 口

接口与继承、多态一样，都是Java语言的重要特性。它贯穿于整个Java程序的开发过程，是对继承很好的补充。

9.1.1 接口的产生

那么究竟什么是接口呢？在阐述接口的概念之前，先举个例子。在日常生活中，我们都会用到插头及插座。一个插座无论是两相的还是三相的，也不管生产插座的厂家在哪里，都会执行相同的规范，因此用户购买到插座以后都可以使用。这里我们关心的是制造插座的规范，并不关心这个插座是用来连接电视机还是台灯。作为生产插座的厂家关心的也只是制造这个插座过程中所执行的规范，他们按照规范生产出来插座，用户就可以正常使用。

通过这个示例，我们思考一个问题：为什么不同的厂家生产出来的插座都可以使用呢？答案很明显，生产厂家都执行了生产插座的相同规范，这个规范是由相关部门制定的。相关部门只是制定规范，但并不管生产是如何进行的。

上面这段话揭示出 Java 程序设计中接口（interface）的本质：接口是一系列行为规范，它只说明类应该做什么，但并不关心如何做。

接口本身类似于上例中制定插座规范的部门。在接口中声明的行为规范（体现在编程语言中就是方法的声明，但只有声明而没有方法体），对应于上例是生产厂家所执行的生产规范，生产厂家对应的就是类，也就是说接口是通过类来实现的。这正如生产插座的厂家要执行相关部门关于插座的生产规范，类也要执行接口中定义的行为规范，即方法。

现在再思考一个问题：在一个生产厂家，是不是只需执行一个生产规范呢？这并不是一定的，若生产厂家还生产电线或其他产品，那就要执行不同的生产规范。

9.1.2 接口的概念

接口只说明类应该做什么，但并不指定如何去做。在实际开发过程中，通过类来实现接口。接口只有方法名，没有方法体。实现接口就是让其既有方法名又有方法体。接口的模型如下：

```
接口
{
    应该做的第一件事情();
    应该做的第二件事情();
    应该做的第三件事情();
}
```

以上模型只是说明了要做什么事情，并没有说明如何去做，因此需要一个类去实现它。

9.1.3 接口的声明

在 Java 中，接口是用关键字 interface 来声明的。所以说接口并不是一个类，而是对符合接口需求的类的一套规范。

接下来，我们再看看接口是如何声明的，还是以我们设计的学生类为例。思考这样一个问题，所有的学生再做进一步的抽象，那就是人，也就是说所有的学生都是人。作为一个人具有人共有的属性，如姓名、性别、出生年月、籍贯等。但如果作为学生，除了上述的属性外，还有学号、专业等特有的属性；如果作为工人，那就有工号、级别等特有的属性。如果我们在此设计一个关于人的接口。由于人的姓名、性别、出生年月等是不可以再改变的，所以我们只提供一个访问器。而籍贯不仅提供访问器，同时也提供设置器，代码如下：

```java
public interface Person
{
    String getName();
    String getSex();
    String getBirthday();
```

```
    String getAddress();
    void setAddress(String strAddress);
}
```

接口标识符的声明与类标识符的声明一致，开头的第一个字符习惯上也是大写。

仔细观察这段代码会发现，在方法的声明中，我们没有声明访问控制符。这是因为接口都是 public 型的，接口中的方法也自动的全部都是 public 型的，所以不需要再在方法声明中使用关键字 public。如果把接口声明为其他访问控制符是没有任何意义的，所以接口只能是 public 型的。

上面的接口中没有实例字段，方法也没有被实现，但可以在接口中声明常量，这也体现了接口只制定规范，而不关心规范实现的特性。更通俗地说，在接口 Person 中，只是定义了一个人可以具有 getName ()、getSex ()、getBirthday ()、getAddress ()、setAddress () 等方法。具体这些方法是如何实现的，怎样得到一个人的姓名、性别，得到是什么人的姓名、性别等信息，接口并不关心。接口关心的只是要得到人的姓名、性别等信息，而如何得到人的这些信息及得到什么人的这些信息由实现这个接口的类去做。对应于前面所讲的例子，也就是让生产插座的厂家去做。

9.1.4 接口的实现

实现一个接口是指类实现一个接口，基本上类似于类的继承，只不过接口是通过关键字 implements 来实现的。

实现接口的类必须要实现接口中的所有方法。例如我们设计的学生类来实现 Person 接口，代码如下。

【例 9 - 1】 程序清单：InterfaceTest. java。

```
/*
   通过这个程序,我们要测试接口的实现
 */
public class InterfaceTest
{
    public static void main(String args[])
    {
      Student aStudent = new Student("Tom", "20031020");
      System.out.println(aStudent);
      aStudent.setAddress("China");
      aStudent. setStudentBirthday("1980 年 10 月 20 日");
      System.out.println(aStudent);
    }
}


/*
   人的接口
```

```
*/
interface Person
{
    String getName();
    String getSex();
    String getBirthday();
    String getAddress();
    void setAddress(String strAddress);
}

/*
  学生类,包括学生的基本信息
*/
class Student implements Person
{
    private String strName = "";                        //学生姓名
    private String strNumber = "";                      //学号
    private String strSex = "";                         //性别
    private String strBirthday = "";                    //出生年月
    private String strSpeciality = "";                  //专业
    private String strAddress = "";                     //籍贯

public Student(String name, String number)
{
    strName = name;
    strNumber = number;
}

public String getName()
{
    return strName;
}

public String getStudentNumber()
{
    return strNumber;
}

public void setStudentSex(String sex)
{
    strSex = sex;
}
```

```
public String getSex()
{
    return strSex;
}

public String getBirthday()
{
    return strBirthday;
}

public void setStudentBirthday(String birthday)
{
    strBirthday = birthday;
}

public String getStudentSpeciality()
{
    return strSpeciality;
}

public void setStudentSpeciality(String speciality)
{
    strSpeciality = speciality;
}

public String getAddress()
{
    return strAddress;
}

public void setAddress(String address)
{
    strAddress = address;
}

public String toString()
{
    String information = "学生姓名 = " + strName + ", 学号 = " + strNumber;
    if( ! strSex.equals("") )
        information + = ", 性别 = " + strSex;
    if( ! strBirthday.equals(""))
```

```
        information + = ", 出生年月 =" + strBirthday;
    if( ! strSpeciality.equals("") )
        information + = ", 专业 =" + strSpeciality;
    if( ! strAddress.equals("") )
        information + = ", 籍贯 =" + strAddress;
    return information;
}
}
```

输出结果：

```
学生姓名 = Tom，学号 = 20031020
学生姓名 = Tom，学号 = 20031020，出生年月 = 1980 年 10 月 20 日，籍贯 = China
```

观察我们所写的代码，在 Student 类中功能与接口声明的方法一致。我们做了一些修改并且完成了方法，以明确告诉程序如何操作。例如 getName（）方法，在接口中只是声明返回一个字符串；而在实现接口的类（Student 类）中，我们却明确告诉返回的是学生的姓名；如果是工人类实现了 Person 接口，那就应该返回工人的姓名。

现在我们再把 getName（）方法修改一下，使之还原到原来的样子。代码如下：

```
public String getStudentName()
{
    return strName;
}
```

输出结果：

```
InterfaceTest.java:20: Student should be declared abstract; it does not define getName() in
Student class Student implements Person
^
1 error
```

编译器明确告诉我们，由于没有完全实现接口中定义的方法，系统出现错误提示信息。Java 是一种强类型语言，编译器会检查出这种错误，实现接口的类就不能被编译通过。

细心的读者也可能发现了另外一个问题，在上面的程序中，为什么接口的声明没有 public 标识符呢？

这是因为虽然接口不是一个类，但在编译时却将其看成同类相等的内容，这也就回到了第 2 章的内容，即在一个文件中不能同时具有两个 public 的类，因此不能有关键字 public。

当然，可以把接口单独保存为一个文件，在这方面接口同类的保存是一致的。

现在再把在类中实现了接口的方法修改一下，将访问控制符由 public 改为别的。代码如下：

```
protected String getSex()
```

```
{
    return strSex;
}
```

输出结果：

```
InterfaceTest.java:58: getSex() in Student cannot implement getSex() in Person; attempting
to assign weaker access privileges; was public
        protected String getSex()
                          ^
1 error
```

结果又发生了编译器错误。编译器告诉我们试图削弱接口中方法访问控制权限。由于接口中的方法默认是 public 的，在实现接口类中关于该方法的声明也必须是 public 的，不能变成其他的，这一点请读者一定要注意。

由此我们可以总结出以下 3 点：

- 声明类需要实现指定的接口；
- 提供接口中所有方法的定义；
- 实现类在接口中定义的方法必须全部都是 public 的。

9.1.5 接口的多重实现

在前面我们提到过，一个类可以实现多个接口，正如一个工厂可以生产多种产品、执行不同的生产规范一样。

如果一个类实现多个接口，也是用关键字 implements 来实现的，多个接口之间用逗号“,”来分隔。

我们就以一个具体的例子来探讨一下接口的多重实现，学习如何利用 Java 公开库中的接口。假设一个班级中有 50 个学生，我们想实现学生间按照学号进行排序。

在 Arrays 类中有一个静态的方法：

```
public static void sort(Object[] a)
```

现在我们就想利用这个方法来实现对象类型的比较。关于这个方法的 API 文档有这样一句话：

```
All elements in the array must implement the Comparable interface.
```

文档告诉我们，如果想利用数组中对象的排序方法，那么数组中的每一个元素必须要实现 Comparable 接口。

我们再来看一下 Comparable 接口的 API 文档，可以看到在接口中只有一个方法的声明，即

```
public int compareTo(Object o)
```

那么，Comparable 接口看起来同下面的代码类似：

```
public interface Comparable
```

```
{
    int compareTo(Object other);
}
```

这就意味着任何实现 Comparable 接口的类都必须要有一个 compareTo () 方法，并且该方法必须使用一个 Object 参数。该方法是按照如下规则进行比较的：

```
y.compareTo(x)
```

- 如果 y 比 x 大，返回一个正整数；
- 如果 y 与 x 相等，返回 0；
- 如果 y 比 x 小，返回一个负整数。

我们让学生类实现 Person 接口的同时再实现 Comparable 接口，那在学生类中应该再追加一个 CompareTo () 方法。代码如下：

```
/*
   学生类,包括学生的基本信息,实现 Person 与 Comparable 接口
 */
class Student implements Person, Comparable
{
    ⋮
    public int compareTo(Object other)
    {
        ⋮
    }
    ⋮
}
```

接下来的工作，就是如何来实现 compareTo () 方法。

程序分析：学生类提供给我们的只是一个学号的字符串，而字符串是不可以被比较的。要想实现两个学生按照学号进行比较，可以通过 Integer.parseInt (String str) 方法将一个字符串转变为一个整数。所以 compareTo () 方法如下：

```
public int compareTo(Object otherObject)
{
    Student other = (Student)otherObject;
    int otherNumber = Integer.parseInt(other.strNumber);
    int thisNumber = Integer.parseInt(this.strNumber);

    if(thisNumber > otherNumber)
        return 1;
    else if (thisNumber = = otherNumber)
        return 0;
    else
        return -1;
```

```
}
```

现在，compareTo () 方法已经写完了，接下来就可以调用数组类中的 sort () 方法了。我们先看一下生成只有 3 个人的数组能不能按照学号排序。代码如下。

【例 9-2】 程序清单：MuilInterfaceTest. java。

```
/*
   通过这个程序,我们要测试接口的多重实现,并学习对象比较方法的实现
*/
import java.util.Arrays;

public class MuilInterfaceTest
{
    public static void main(String args[])
    {
      Student[] staff = new Student[3];
      staff[0] = new Student("Tom", "20031020");
      staff[1] = new Student("Jack", "20031022");
      staff[2] = new Student("Rose", "20021023");

      Arrays.sort(staff);

      for(int i = 0; i < staff.length; i++)
      {
        System.out.println((Student)staff[i]);
      }
    }
}
/*
   学生类,包括学生的基本信息,实现了 Person 与 Comparable 接口
*/
class Student implements Person, Comparable
{
    private String strName = "";                    //学生姓名
    private String strNumber = "";                  //学号
    private String strSex = "";                     //性别
    private String strBirthday = "";                //出生年月
    private String strSpeciality = "";              //专业
    private String strAddress = "";                 //籍贯

    public Student(String name, String number)
    {
      strName = name;
```

```
    strNumber = number;
  }

  public int compareTo(Object otherObject)
  {
    Student other = (Student)otherObject;
    int otherNumber = Integer.parseInt(other.strNumber);
    int thisNumber = Integer.parseInt(this.strNumber);

    if(thisNumber > otherNumber)
      return 1;
    else if (thisNumber = = otherNumber)
      return 0;
    else
      return -1;
  }

  public String getName()
  {
    return strName;
  }

  public String getStudentNumber()
  {
    return strNumber;
  }

  public void setStudentSex(String sex)
  {
    strSex = sex;
  }

  public String getSex()
  {
    return strSex;
  }

  public String getBirthday()
  {
    return strBirthday;
  }
```

```
    public void setStudentBirthday(String birthday)
    {
      strBirthday = birthday;
    }

    public String getStudentSpeciality()
    {
      return strSpeciality;
    }

    public void setStudentSpeciality(String speciality)
    {
      strSpeciality = speciality;
    }

    public String getAddress()
    {
      return strAddress;
    }

    public void setAddress(String address)
    {
      strAddress = address;
    }

    public String toString()
    {
      String information = "学生姓名=" + strName + ",学号=" + strNumber;
      if( ! strSex.equals("") )
        information += ",性别=" + strSex;
      if( ! strBirthday.equals(""))
        information += ",出生年月=" + strBirthday;
      if( ! strSpeciality.equals("") )
        information += ",专业=" + strSpeciality;
      if( ! strAddress.equals("") )
        information += ",籍贯=" + strAddress;
      return information;
    }
}
    interface Person
    {
    StringgetName();
```

```
StringgetSex();
StringgetBirthday();
StringgetAddress();
voidsetAddress(String strAddress);
}
```

输出结果：

```
学生姓名 = Rose，学号 = 20021023
学生姓名 = Tom，学号 = 20031020
学生姓名 = Jack，学号 = 20031022
```

通过程序的运行结果可以看出，数组完成了排序的功能。

提示：

如果读者想进一步了解 Arrays 类中 sort () 方法是如何实现的，可以到 JSDK 安装目录中找到一个 src 的压缩包。将这个包解开到 java. lang 子目录中，找到 Arrays 类的源代码，然后用文本编辑器将其打开就可以了。

观察以下代码：

```
API:java. lang. Comparable
int compareTo(Object otherObject)
```

上面代码将本对象与 otherObject 对象进行比较。如果本对象小于 otherObject，返回一个负整数；如果相等，返回 0；否则，返回一个正整数。

```
API:java. util. Arrays
static void sort(Object[] a)
```

上面代码为数组 a 中的元素进行排序，算法为调谐的归并排序算法。数组中的任何元素必须属于实现 Comparable 接口的类的实例，并且它们必须能够比较。

9.1.6 接口的属性

接口不是一个类，因此永远不能用关键字 new 来生成一个接口的实例。

```
x = new Comparable();                //这是错误的
```

虽然我们不可以实例化一个接口，但可以声明一个接口的变量：

```
Comparable x;                        //这是完全可以的
```

既然变量总要指向一个对象，那接口变量应该指向什么对象呢？接口变量必须指向一个实现了该接口的类的对象，也就是必须用接口的实现类来代替接口的实例。例如在例 9 - 2 中，我们可以用

```
Person x = new Student(…);
```

也可以用

```
Comparable x = new Student(…);
```

来代替接口的实例。

至于在程序中究竟该用哪一个接口来作为形式类型，应要根据具体情况分析。

> **提示：**
>
> 接口与继承有类似的功能。

尽管在接口中不能放置实例字段及静态方法，但可以在接口中声明常量。例如：

```
public interface Person
{
    int RETIRE_AGE = 60;        //设置一个常量,指明人的退休年龄上60岁
}
```

接口中的方法自动为public型的，那接口中的常量为public static final类型的。

> **说明：**
>
> 把接口中的方法明确标记为public以及把字段常量明确标记为public static final是合法的。这也许只是某些程序员的习惯，但在Java语言规范中，建议不要书写多余的关键字。本书遵从这个建议。

有的接口中可能没有方法，只是声明了一些常量，这也是合法的。例如，在javax.swing包中有一个SwingConstants接口，它定义了LEFT、RIGHT、NORTH、SOUTH等19个常量，那么任何实现了SwingConstants接口的类都可以很方便地使用这些常量，不必再使用类名加上常量名的形式来访问了。

一个类只有一个父类，但一个类可以实现多个接口。因此在设计一个类时，就可以有很大的灵活性了。在Java中，有一个重要的接口，它就是Cloneable（可克隆的，我们将在本章中详细讲述）。如果实现了这个接口，就可以调用Object类中的clone()方法实现这个类对象的一个精确拷贝。

9.1.7 接口的继承

既然接口具有类的某些属性，那也可以像类一样，从一个接口中派生出另一个或几个接口，这是一个从通用性到专门性的扩展过程。接口的继承和类的继承一样，也是用关键字extends来实现的。

例如，由于每个年满18岁的人都会拥有一张具有唯一编号的身份证，所以我们再从Person接口派生出一个成人（AdultPerson）的接口。它又追加两个方法声明，代码如下：

```
public interface AdultPerson extends Person
{
    String getIdentityCardNumber();
    void setIdentityCardNumber(String strNumber);
}
```

说明：

虽然单词 Adult 已经可以代表成人，但为了从视觉上形成继承的印象，我们仍然在该单词后面追加了一个 Person。这对程序运行并没有影响，读者可以根据个人的习惯命名。

这样如果是小学生就可以实现 Person 接口，而如果是成年的大学生就可以实现 AdultPerson 接口了。由于实现了不同的接口，所以设计出的学生类也就不同了。

9.1.8 接口的意义

关于接口的意义及灵活性，在前面多处已经做了说明。本小节将从 Java 编程语言横向的角度上说明一下接口的意义。下面提到的一些概念大家可能并不了解，但没有关系，我们只是说明一个问题。

如果读者以后选择做 Java 程序员，需要学习更多的内容，如 JSP、EJB 等。更进一步地，如果能从事手机嵌入式开发，那就必须要学习 J2ME 等内容。学习这些内容接触最多的就是接口。例如 EJB 2.0 中，设计一个 EJB 需要设计 4 个接口 1 个类，也就是说只有一个类是真正有用的，其他的只是接口。其实也正是由于接口的存在才增强了 EJB 的灵活性。

Java 语言是一种思想的实现。在很多领域，由于存在不确定性，Sun 公司只是做了一些规范性的设计，也就形成了接口。具体的任务实现需要我们遵守这种规范，根据具体情况分析以完成具体的要求。也正是由于接口的产生，Java 可以更多地实现设计者的思想，这也给设计者留下了许多发挥空间。

再举例说明，Web 应用在现在越来越广泛，而大多数 Web 应用都遵从 HTTP 协议。随着科技的发展，也可能会出现其他 Web 服务协议。Sun 公司对此早有对策，它定义了一个 Servlet 接口，而现在应用的 HTTP 协议的 Web 服务，只是从这个接口扩展出来的一种具体情况。如果需要新的协议，那我们可以从 Servlet 接口中再派生出属于具体协议的 Servlet 处理形式。

所以说接口实际上不仅是一种规范，更是一种思想的体现，它也是 Java 编程语言横向扩展的必然需要。

9.2 克　隆

对于对象类型在做变量的传递时，我们知道实际上做了一个对象地址的拷贝，对象并没有改变。也就是说两个变量指向同一个对象，当我们改变其中一个变量时，另外一个也会受到影响。例如：

```
Student tom = new Student("Tom", "20021024");
Student tomCopy = tom;
tomCopy.setAddress("American");
```

如果我们再输出 tom 的信息，会看到由于 tomCopy 的操作，tom 的信息也受到了影响，如图 9-1 所示。

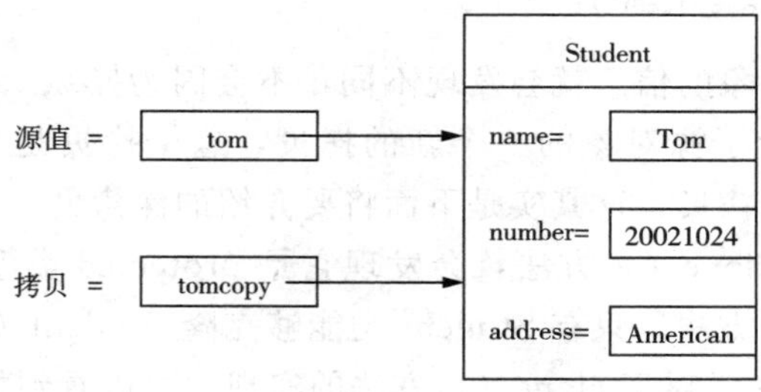

图 9-1 拷贝

9.2.1 浅拷贝

浅拷贝是指被拷贝对象的所有变量都含有与原来对象相同的值，而所有对其他对象的引用仍然指向原来的对象。也就是说，浅拷贝仅仅拷贝所考虑的对象而不拷贝它所引用的对象（如图 9-2 所示）。

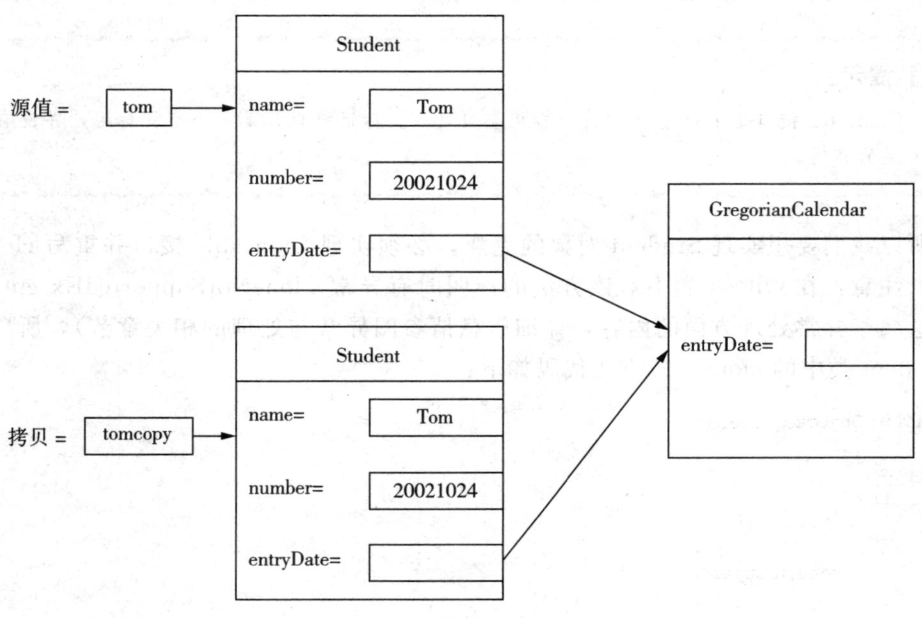

图 9-2 浅拷贝

通过这个图我们可以看出，对于 Student 对象虽然我们做了一个拷贝，但 GregorianCalendar 对象却并没有也做一个拷贝，仅仅做的是一个 GregorianCalendar 对象地址的拷贝，因此两个 Student 对象实际上操纵的仍然是一个 GregorianCalendar 对象。

为了获取对象的一份拷贝，我们可以利用 Object 类的 clone（克隆）方法，它返回的是一个 Object 对象，如果想获得正确的类型需要进行类型的转换。例如：

```
Student tom = new Student("Tom", "20021024");
StudenttomCopy = (Student)tom.clone();
tomCopy.setAddress("American");
```

此时再输出两个对象的信息就会发现不同，不会因为操纵 tomCopy 而导致 tom 的改变。这正是由于克隆了源对象的一个新的拷贝，这个拷贝是一个对象的整体拷贝，而不仅仅是对象地址的拷贝，这其实是下面将要介绍的深拷贝。

查阅 Object 类的 clone（）方法，会发现它是 protected 类型的。也就是说，我们并不能简单的调用这个方法。只有 Student 类能够克隆 Student 对象，这种限制是有原因的。我们查看 Object 类对于 clone（）方法的实现，可以看到如下的代码：

```
protected native Object clone() throws CloneNotSupportedException;
```

也就是说，它只是声明了一个方法，实际上什么也没有做。所以我们必须再重写这个方法，并扩大访问权限。

一个类要实现克隆，那么这个类必须要做两件事情：

- 实现 Cloneable 接口；
- 使用 public 访问控制符重新定义 clone（）方法。

提示：

Cloneable 接口是 Java 提供的几个标记接口之一。标记接口只是一个空的标记，并没有任何方法的声明。

所以我们要想实现 Student 对象的克隆，必须实现 Cloneable 接口并重写 clone（）方法。注意：在 Object 类中对该方法的声明时有异常 CloneNotSupportedException 抛出（这属于异常处理方面的内容，详细信息请参阅异常与处理的相关章节），所以我们在 Student 类中的 clone（）方法代码如下：

```
public Object clone()
{
    try
    {
        return super.clone();
    }
    catch(CloneNotSupportedException e)
    {
```

```
        return null;
    }
}
```

整个代码如例 9－3 所示。

【例 9－3】 程序清单：CloneTest.java。

```
/*
   测试对象的克隆及 clone()方法的重写
*/
public class CloneTest
{

    public static void main(String args[])
    {
      Student tom = new Student("Tom","20020410");
      Student tomcopy = (Student)tom.clone();
      tomcopy.setStudentSex("man");
      tomcopy.setStudentAddress("America");
      System.out.println(tom);
      System.out.println(tomcopy);
    }
}

/*
   学生类,包括学生的基本信息,实现了 Cloneable 接口
*/
class Student implements Cloneable
{
    private String strName = "";                        //学生姓名
    private String strNumber = "";                      //学号
    private String strSex = "";                         //性别
    private String strBirthday = "";                    //出生年月
    private String strSpeciality = "";                  //专业
    private String strAddress = "";                     //籍贯

    public Student(String name, String number)
    {
        strName = name;
        strNumber = number;
    }

    public Object clone()
```

```
{
    try
    {
        return super.clone();
    }
    catch(CloneNotSupportedException e)
    {
        return null;
    }
}

public String getStudentName()
{
    return strName;
}

public String getStudentNumber()
{
    return strNumber;
}

public void setStudentSex(String sex)
{
    strSex = sex;
}

public String getStudentSex()
{
    return strSex;
}

public String getStudentBirthday()
{
    return strBirthday;
}

public void setStudentBirthday(String birthday)
{
    strBirthday = birthday;
}

public String getStudentSpeciality()
```

```
    {
        return strSpeciality;
    }

    public void setStudentSpeciality(String speciality)
    {
        strSpeciality = speciality;
    }

    public String getStudentAddress()
    {
        return strAddress;
    }

    public void setStudentAddress(String address)
    {
        strAddress = address;
    }
public String toString()
    {
        String information = "学生姓名=" + strName + ",学号=" + strNumber;
        if( ! strSex.equals("") )
            information += ",性别=" + strSex;
        if( ! strBirthday.equals(""))
            information += ",出生年月=" + strBirthday;
        if( ! strSpeciality.equals("") )
            information += ",专业=" + strSpeciality;
        if( ! strAddress.equals("") )
            information += ",籍贯=" + strAddress;
        return information;
    }
}
```

输出结果：

```
学生姓名=Tom,学号=20020410
学生姓名=Tom,学号=20020410,性别=man,籍贯=America
```

通过程序运行结果我们可以看到，两个对象完全脱离了关系，彼此之间是相互独立的。

现在，在设计的学生类中再追加一个字段：入学日期。修改结束的代码应该如下所示。

【例9-4】 程序清单：CloneTest2.java。

```
/*
   测试包含子对象的克隆及clone()方法的重写
*/
import java.util.GregorianCalendar;
import java.util.Date;
public class CloneTest2
{
    public static void main(String args[])
    {
      Student tom = new Student("Tom","20020410");
      tom.setEntryDate(2002,01,01);
      Student tomcopy = (Student)tom.clone();
      tomcopy.setStudentSex("man");
      tomcopy.setEntryDate(2003, 10, 23);
      System.out.println(tom.toString());
      System.out.println(tomcopy.toString());
    }
}

/*
   学生类,包括学生的基本信息,实现了Cloneable接口
*/
class Student implements Cloneable
{
    private String strName = "";                        //学生姓名
    private String strNumber = "";                      //学号
    private String strSex = "";                         //性别
    private String strBirthday = "";                    //出生年月
    private String strSpeciality = "";                  //专业
    private String strAddress = "";                     //籍贯
    private GregorianCalendar entryDate = new GregorianCalendar();         //入学日期
    public Student(String name, String number)
    {
        strName = name;
        strNumber = number;
    }
    public Object clone()
    {
        try
        {
            return super.clone();
        }
```

```
        catch(CloneNotSupportedException e)
        {
            return null;
        }
    }
    public String getStudentName()
    {
        return strName;
    }
    public String getStudentNumber()
    {
        return strNumber;
    }
    public void setStudentSex(String sex)
    {
        strSex = sex;
    }
    public String getStudentSex()
    {
        return strSex;
    }
    public String getStudentBirthday()
    {
        return strBirthday;
    }

    public void setStudentBirthday(String birthday)
    {
        strBirthday = birthday;
    }
    public String getStudentSpeciality()
    {
        return strSpeciality;
    }
    public void setStudentSpeciality(String speciality)
    {
        strSpeciality = speciality;
    }
    public String getStudentAddress()
    {
        return strAddress;
    }
```

```
    public void setStudentAddress(String address)
    {
        strAddress = address;
    }
    public void setEntryDate(int year, int month, int day)
    {
        entryDate.set(year, month - 1, day);
    }
    public Date getEntryDate()
    {
        return entryDate.getTime();
    }

    public String toString()
    {
        String information = "学生姓名=" + strName + ",学号=" + strNumber;
        if( ! strSex.equals("") )
            information += ",性别=" + strSex;
        if( ! strBirthday.equals(""))
            information += ",出生年月=" + strBirthday;
        if( ! strSpeciality.equals("") )
            information += ",专业=" + strSpeciality;
        if( ! strAddress.equals("") )
            information += ",籍贯=" + strAddress;
        if( entryDate != null)
            information += ",入学时间=" + getEntryDate();
        return information;
    }
}
```

输出结果:

```
学生姓名=Tom,学号=20020410,入学时间=Thu Oct 23 11:11:28 CST 2003
学生姓名=Tom,学号=20020410,性别=man,入学时间=Thu Oct 23 11:11:28 CST 2003
```

当我们看到运行结果时，也许会感到很意外。我们已经做了 Student 对象的拷贝，也实现了 Cloneable 接口，可是当我们修改入学时间时，为什么会同时修改两个对象的属性呢？这就是我们要进一步探讨的深拷贝。

9.2.2 深拷贝

深拷贝是指被拷贝对象的所有变量都含有与原来对象相同的值，除去那些引用其他对象的变量。那些引用其他对象的变量将指向被拷贝过的新对象，而不再是原有的那些被引用的对象。换言之，深拷贝把要拷贝的对象所引用的对象都拷贝了一遍。

前面提到的tomCopy就是tom的深拷贝，它们的关系如图9-3所示。

我们再回头去看一下Object类中关于clone（）方法的实现。由于该方法对于对象一无所知（因为它是空的，没有做任何有意义的工作），因此它只能按照字段逐一拷贝。如果所有的数据字段是数字或是其他基本类型，那拷贝这些字段是没有问题的（这些工作是由解释器自动完成的），因为这个字段拷贝的过程是按值传递的。但如果这些字段是对象类型的，我们拷贝的仍然是一个对象地址。

也许有的读者会问：例9-3中用到了很多字符串类型的变量，字符串也是对象类型的，为什么没有出现问题呢？

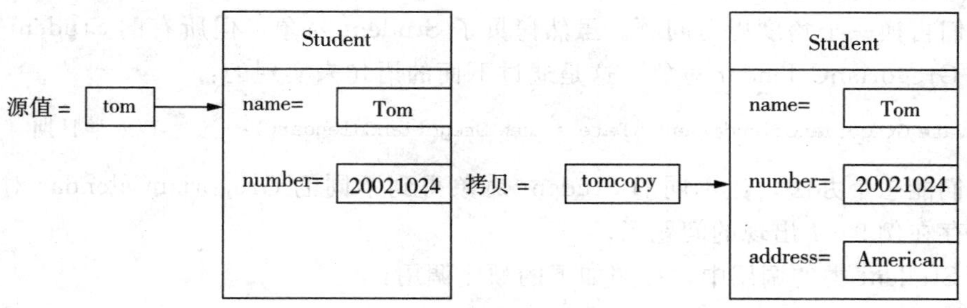

图9-3　深拷贝

原因很简单。虽然我们在代码中运用了对象类型——字符串（String）类型，但字符串是不可变的，所以并没有出现问题。因此，在两种情况下做第一种拷贝是没有问题的：一是子对象可能属于一个不可改变的类，如String类等；二是子对象在生存期内只有常量，它不会改变并且没有方法引用它。

那么对于存在可变子对象的类，如何做一个深度拷贝呢？关键还是在clone（）方法上，既然已经重写了clone（）方法，那么在克隆Student类对象的同时，能不能也把GregorianCalendar对象一起做一个克隆呢？当然可以，这就是解决深度拷贝的思路，代码如下：

```
public Object clone()
{
    try
    {
        Student cloned = (Student)super.clone();
        cloned.entryDate = (GregorianCalendar)entryDate.clone();
        return cloned;
    }
    catch(CloneNotSupportedException e)
    {
        return null;
    }
}
```

把这个改写的clone（）方法替换掉例9-4中的clone（）方法，再重新编译运行一下。

输出结果：

```
学生姓名 = Tom，学号 = 20020410，入学时间 = Tue Jan 01 11：43：28 CST 2002
学生姓名 = Tom，学号 = 20020410，性别 = man，入学时间 = Thu Oct 23 11：43：28 CST 2003
```

读者可以看到，入学时间不再改变。也就是说，我们所做的深度拷贝是可行的。

为了更加深入地理解深度拷贝及 clone () 方法的重写，我们再提出一个问题：如果在 GregorianCalendar 类中又存在可变子对象的问题，那应该如何解决呢？请读者思考一下解决类似问题的思路。

我们再换一个角度思考问题。虽然拷贝了 Student 对象，但所有的 Student 都共享了一个 GregorianCalendar 对象，这是通过下面的语句来实现的：

```
private GregorianCalendar entryDate = new GregorianCalendar();       //入学日期
```

如果我们能想个办法，让不同的 Student 对象得到不同的 GregorianCalendar 对象，那就不会存在例 9 - 4 出现的问题了。

在 Student 类的调用中，按照如下的顺序调用：

```
Student tom = new Student("Tom","20020410");
tom.setEntryDate(2002,01,01);
```

那我们就可以在 setEntryDate () 方法中生成 GregorianCalendar 对象，这样每调用 setEntryDate () 方法时就会生成一个新的 GregorianCalendar 对象。尽管对象句柄 (entryDate) 名字没有改变，但实际上每一个 GregorianCalendar 对象都是不同的，它们只属于某个具体的 Student 类对象。根据这个思路，我们再将例 9 - 4 中 Student 类的相关内容按照如下代码修改：

```
/*
   学生类，包括学生的基本信息，实现了 Cloneable 接口
 */
class Student implements Cloneable
{
    ⋮
    private GregorianCalendar entryDate;              //入学日期
    ⋮

    public Object clone()
    {
        try
        {
            return super.clone();
        }
        catch(CloneNotSupportedException e)
        {
```

```
            return null;
        }
    }
    ⋮
    public void setEntryDate(int year, int month, int day)
    {
        entryDate = new GregorianCalendar(year, month - 1, day);
    }

    public Date getEntryDate()
    {
        return entryDate.getTime();
    }
}
```

再编译运行一下，同样也可以达到修改 clone () 方法所达到的效果。

9.3 内部类

接口为Java的程序设计增加了更多的灵活性。下面我们再学习一个非常有用的概念——内部类。

所谓内部类，顾名思义就是定义在一个类内部的类。创建一个内部类很简单，如：

```
class Student
{
    ⋮
    class Course
    {
        ⋮
    }
}
```

以上代码在学生类 Student 内部又定义了一个课程类 Course。内部类具有以下特点：

- 一个内部类的对象能够访问创建它的对象的实现，包括私有数据；
- 对于同一外包中的其他类来说，内部类是不可见的；
- 匿名内部类可以很方便地定义回调；
- 使用内部类可以编写事件驱动的程序。

9.3.1 使用内部类来访问对象状态

虽然创建一个内部类很简单，但真正将内部类运用好，也是一件十分不容易的事情。因为在设计一些类时，并没有明显的特征使我们立刻想到运用内部类。

为了更好地理解内部类，先设计一个示例。每个学生都有主修课程，在设定学生的同时，希望也可以设定该学生的相关课程。这里尝试用一个内部类去实现学生有关课程的设置。代码如下：

```
class Course
{
    private String[] strCourse;              //学生课程的数组

    public Course(String[] strCourse)
    {
        this.strCourse = strCourse;
    }
    ⋮
}
```

设定一个字符串数组容纳学生的课程，然后再对这个数组进行相关操作。如果把这个类作为一个单独的类，并没有什么奇特的地方；但如果把它放到学生类的里面，会产生很多微妙的变化。因此在学生类中增加一个设置课程的方法，课程类也加上访问控制符。代码如下：

```
class Student
{
    private String strName;
    private String strNumber;

    ⋮

    public Student(String name, String number)
    {
        strName = name;
        strNumber = number;
    }
    ⋮
    public Course setStudentCourse(String[] strCourse)
    {
        return new Course(strCourse);
    }
    private class Course
    {
        private String[] strCourse;

        public Course(String[] course)
```

```
        {
            strCourse = course;
        }
        ⋮
    }
}
```

也许有的读者会问，类的访问控制符不是只有 public 与 default 吗？是的，作为一个单独的类，只能有这两种控制符。也就是说，一个类最小的可见度是包内可见。但是，只有内部类可以是 private。也就是说，只有包含内部类的类中的方法才可以访问它。

由此可以看出，虽然内部类 Course 包含在 Student 类中，但并不意味着每个 Student 的实例都有一个 Course 类的实例。当然我们也需要构造内部类的对象，但这个对象只是属于外部类的方法中的局部变量。Course 类是 Student 类的私有内部类，这是Java 的一种安全机制。只有 setStudentCourse（）方法能够生成Course 类的实例，因此我们也不用担心封装被破坏。

说明：

内部类与外部类的称呼是相对的。如果一个类包含另一个类，习惯上我们称里面的为内部类；相对于内部类来讲，包含它的类称为外部类。一个类不是只能包含一个内部类。在内部类中，如果有需要仍然可以再设计内部类。相对于最里面的类，第二层的类就是外部类了。

内部类 Course 有一个构造器，可以设定学生学习的课程。当然，在内部类的里面会根据需要添加一些方法，以便做一些更加具体的事情。代码如下：

```
private class Course
{
    private String[] strCourse;             //学生课程的数组
    private int courseNumber;

    public Course(String[] course)
    {
        strCourse = course;
        courseNumber = course.length;
        getDescription();
    }

    private void getCourse()
    {
        for(int i = 0; i < courseNumber; i++)
        {
```

```
                System.out.print("\t" + strCourse[i]);
            }
        }

        private void getDescription()
        {
            System.out.println("学生：" + strName + "，学号是：" + strNumber + "。
                              一共选了" + courseNumber + "门课，分别是：");
            getCourse();
        }
    }
```

在这里，我们仔细分析一下上面的代码。Course 类能够访问它本身的实例字段，即字符串数组。但在 Course 类中并没有定义 strName 与 strNumber 字段，而是指向创建 Course 类实例的 Student 对象的 strName 与 strNumber 字段。虽然 strName 与 strNumber 字段是私有的，但作为内部类仍然是可以访问的。

实际上，在内部类中也有一个隐含的、指向外部类的引用。对于内部类的定义来说，这个引用是不可见的，如第 7 章中讲到的关键字 this 一样。关键字 this 也是隐含的、指向本身的引用，例如：

```
class Student
{
    private String strName;
     ⋮
    public void setStudentName(String strName)
    {
        this.strName = strName;
    }
}
```

关于这方面知识的详细介绍，读者如果不熟悉，请参阅第 7 章的相关内容。作为内部类又是如何去实现这个隐含的引用呢？难道还是通过关键字 this 吗？

虽然内部类并不是通过关键字 this 来实现引用的，但也与 this 有一定的关系。因为关键字 this 暗含的是类本身的引用，那么对外部类来讲，我们可以采用外部类名与 this 相结合的方式实现这种隐藏的引用。格式如下：

```
outerClassName.this.field
```

例如，Course 类中引用 strName 与 strNumber 字段。代码如下：

```
private void getDescription()
{
    System.out.println("学生：" + Student.this.strName + "，学号是：" +
                       Student.this.strNumber + "。一共选了" +
```

```
                        courseNumber + "门课,分别是:");
    getCourse();
}
```

现在先写一个完整的程序，然后再接着探讨另外一个问题。

【例 9-5】 程序清单：Student.java。

```
/*
  我们设计的学生基本类
*/
class Student
{
    private String strName = "";                    //学生姓名
    private String strNumber = "";                  //学号
    private String strSex = "";                     //性别
    private String strBirthday = "";                //出生年月
    private String strSpeciality = "";              //专业
    private String strAddress = "";                 //籍贯

    public static void main(String args[])
    {
        String[] course = {"计算机原理","编译方法","数据结构"};
        Student one = new Student("Tom","20021024");
        one.setStudentCourse(course);
    }

    public Student(String name, String number)
    {
        strName = name;
        strNumber = number;
    }

    public String getStudentName()
    {
        return strName;
    }

    public String getStudentNumber()
    {
        return strNumber;
    }

    public void setStudentSex(String sex)
```

```
{
    strSex = sex;
}

public String getStudentSex()
{
    return strSex;
}

public String getStudentBirthday()
{
    return strBirthday;
}

public void setStudentBirthday(String birthday)
{
    strBirthday = birthday;
}

public String getStudentSpeciality()
{
    return strSpeciality;
}

public void setStudentSpeciality(String speciality)
{
    strSpeciality = speciality;
}

public String getStudentAddress()
{
    return strAddress;
}

public void setStudentAddress(String address)
{
    strAddress = address;
}

public String toString()
{
    String information = "学生姓名 = " + strName + ", 学号 = " + strNumber;
```

```
        if( ! strSex.equals("") )
            information + = "，性别 = " + strSex;
        if( ! strBirthday.equals(""))
            information + = "，出生年月 = " + strBirthday;
        if( ! strSpeciality.equals("") )
            information + = "，专业 = " + strSpeciality;
        if( ! strAddress.equals("") )
            information + = "，籍贯 = " + strAddress;
        return information;
    }

    public void setStudentCourse(String[] strCourse)
    {
        new Course(strCourse);
    }

    //内部课程类
    private class Course
    {
        private String[] strCourse;                      //学生课程的数组
        private int courseNumber;

        public Course(String[] course)
        {
            strCourse = course;
            courseNumber = course.length;
            getDescription();
        }

        private void getCourse()
        {
            for(int i = 0; i < courseNumber; i + + )
            {
                System.out.print("\t" + strCourse[i]);
            }
        }

        private void getDescription()
        {
            System.out.println("学生：" + Student.this.strName +
                         ",学号是：" + Student.this.strNumber +
                         "。一共选了" + courseNumber +
```

```
                        "门课,分别是:");
            getCourse();
        }
    }
}
```

输出结果:

```
学生:Tom,学号是:20021024。一共选了3门课,分别是:
计算机原理        编译方法          数据结构
```

当然,读者也可以将 getDescription () 方法改成如下格式:

```
private void getDescription()
{
    System.out.println("学生:" + strName + ",学号是:" +
            strNumber + "。一共选了" +
            courseNumber + "门课,分别是:");
    getCourse();
}
```

输出结果是一样的。

接下来,我们再探讨一个内部类的外部引用问题。细心的读者可能发现了一个问题:为什么这一次的方法 main () 是写在 Student 类内部,而不是像以前一样单独写一个测试方法呢?

现在我们将上面的代码修改如下:

【例 9-6】 程序清单:StudentTest.java。

```
/*
   main()方法单独设计,编译是不能通过的
 */

public class StudentTest
{
    public static void main(String args[])
    {
        String[] course = {"计算机原理","编译方法","数据结构"};
        Student one = new Student("Tom","20021024");
        Student.Course cou = one.setStudentCourse(course);
    }
}

/*
   我们设计的学生基本类
 */
```

```
class Student
{
    private String strName = "";            //学生姓名
    private String strNumber = "";          //学号
    private String strSex = "";             //性别
    private String strBirthday = "";        //出生年月
    private String strSpeciality = "";      //专业
    private String strAddress = "";         //籍贯

    public Student(String name, String number)
    {
        strName = name;
        strNumber = number;
    }

    public String getStudentName()
    {
        return strName;
    }

    public String getStudentNumber()
    {
        return strNumber;
    }

    public void setStudentSex(String sex)
    {
        strSex = sex;
    }

    public String getStudentSex()
    {
        return strSex;
    }

    public String getStudentBirthday()
    {
        return strBirthday;
    }
```

```
public void setStudentBirthday(String birthday)
{
    strBirthday = birthday;
}

public String getStudentSpeciality()
{
    return strSpeciality;
}

public void setStudentSpeciality(String speciality)
{
    strSpeciality = speciality;
}

public String getStudentAddress()
{
    return strAddress;
}

public void setStudentAddress(String address)
{
    strAddress = address;
}

public String toString()
{
    String information = "学生姓名 = " + strName + ", 学号 = " + strNumber;
    if( ! strSex.equals("") )
        information + = ", 性别 = " + strSex;
    if( ! strBirthday.equals(""))
        information + = ", 出生年月 = " + strBirthday;
    if( ! strSpeciality.equals("") )
        information + = ", 专业 = " + strSpeciality;
    if( ! strAddress.equals("") )
        information + = ", 籍贯 = " + strAddress;
    return information;
}

public Course setStudentCourse(String[] strCourse)
{
    return new Course(strCourse);
```

```
    }

    //内部课程类
    private class Course
    {
        private String[] strCourse;         //学生课程的数组
        private int courseNumber;

        public Course(String[] course)
        {
            strCourse = course;
            courseNumber = course.length;
            getDescription();
        }

        private void getCourse()
        {
            for(int i = 0; i < courseNumber; i++)
            {
                System.out.print("\t" + strCourse[i]);
            }
        }

        private void getDescription()
        {
            System.out.println("学生：" + Student.this.strName +
                    ",学号是：" + Student.this.strNumber +
                    "。一共选了" + courseNumber +
                    "门课,分别是：");
            getCourse();
        }
    }
}
```

这段代码编译是不能通过的。输出结果：

```
StudentTest.java:10: Student.Course has private access in Student
                Student.Course cou = one.setStudentCourse(course);
```

通过错误提示信息我们可以看到，由于 Course 类是 private 型的，所以不能在 Sutdent 类外面对其进行访问。

如果想使这段程序通过编译，只需将 Course 类的访问控制符由 private 改为 public 即可。

9.3.2 局部内部类

从例 9 - 5 中可以看到，在实际使用中，我们只用了一次 Course 类的名字。也可以将 Student 类的 setStudentCourse（）方法改成如下形式：

```
public void setStudentCourse(String[] strCourse)
{
    class Course
    {
        private String[] strCourse;
        private int courseNumber;

        public Course(String[] course)
        {
            strCourse = course;
            courseNumber = course.length;
            getDescription();
        }

        private void getCourse()
        {
            for(int i = 0; i < courseNumber; i++)
            {
                System.out.print("\t" + strCourse[i]);
            }
        }

        private void getDescription()
        {
            System.out.println("学生：" + strName + ",学号是:" +
            strNumber + "。一共选了" + courseNumber + "门课,分别是:");
            getCourse();
        }
    }

    new Course(strCourse);
}
```

这样，Course 类就变成了局部内部类。局部内部类不必使用访问控制符，因为局部内部类的范围总是限定在声明它的方法内部。

局部内部类有一个非常重要的优点，那就是它的可见性更加隐蔽了。除了在声明局部内部类的方法内是可见的，在其他任何地方它都是不可见的，就像方法的局部变量一样。

局部内部类不仅可以访问外部类的私有字段及相应的方法，相对于内部类来讲，它还有一个优点——可以访问方法内的局部变量。这样，在上面代码中就可以直接使用 setStudentCourse（）方法中的字符串数组 strCourse，而不必再通过局部类的构造器来构建对象了。但这些局部变量必须声明为 final 才可以，因为 final 类型的变量不能被修改，这就保证了局部变量与局部类所建立的拷贝总有相同的值。将上面的代码修改如下：

```
public void setStudentCourse(final String[] strCourse)
{
    class Course
    {
        private int courseNumber = strCourse.length;

        private void getCourse()
        {
            for(int i = 0; i < courseNumber; i++)
            {
                System.out.print("\t" + strCourse[i]);
            }
        }

        public void getDescription()
        {
            System.out.println("学生：" + strName + ",学号是：" +
                                strNumber + "。一共选了" +
                                courseNumber + "门课,分别是：");
            getCourse();
        }
    }

    Course course = new Course();

    course.getDescription();
}
```

请读者仔细将这两部分代码比较一下。在经过简化的局部内部类中，我们不再需要构造器，而是在类内直接去访问外部类的形式参数。

我们曾经见过将 final 用于修饰常量，实际上关键字 final 可以修饰任意的局部变量、实例变量和静态变量等。在这些情况中，关键字 final 的作用是完全一样的。这些变量被赋值完成后，其值就不能再被修改了。

9.3.3 静态内部类

虽然有时需要通过内部类来把一个类隐藏在另一个类中，但在内部类中并不需要访问外部类的任何字段。这时候可以把内部类声明为 static，以去掉外部类自动生成的引用。

只有内部类才可以声明为 static。从这个意义上来讲，我们可以把内部类看做是与类的实例变量、方法相同级别的内容。

下面通过示例来说明静态内部类是如何实现的。现在再考虑这样一种情况，在一个班级中，如果我们想得到全班同学成绩的最高分与最低分（为实现本示例，需要在 Student 类中追加一对方法：设置学生的分数——setStudentScore（），得到学生的分数——getStudentScore（）。从程序设计的角度来讲，需要根据前面所讲的课程类来设置每一科的分数。这部分的工作量比较大，为了能更简单的说明问题，可以人为设置学生的总分数。在图形编程部分，我们将逐渐完善本示例，这时可以分别写两个方法。通过两次数组的遍历比较，分别求得最高分与最低分。但如果能只通过一次数组遍历就得到我们需要的结果，效率会提高很多。代码如下所示：

```
double minScore = ((Student)studentVec.get(0)).getStudentScore();
double maxScore = ((Student)studentVec.get(0)).getStudentScore();

for(int i = 1; i < studentVec.size(); i++)
{
    double score = ((Student)studentVec.get(i)).getStudentScore();
    if(minScore > score)
        minScore = score;

    if(maxScore < score)
        maxScore = score;
}
```

通过这样一次遍历，就可以得到最高分与最低分。正常情况下，一个方法需要有返回值时，可以返回一个值。但现在需要返回代表两个属性的值，那该如何做呢？

如果我们设计一个对象包含这两个值，然后返回这个包含了两个值的对象是不是就可以了呢？下面我们设计一个类 PairScore。

```
class PairScore
{
    private double maxScore;
    private double minScore;

    public PairScore(double max, double min)
    {
        maxScore = max;
```

```
            minScore = min;
        }

        public double getMaxScore()
        {
            return maxScore;
        }

        public double getMinScore()
        {
            return minScore;
        }
    }
```

当我们比较一个班级所有学生的分数时，就可以返回一个 PairScore 对象。它里面包含了两个参数，分别可以用 getMaxScore () 与 getMinScore () 方法得到最高分与最低分。例如：

```
    public static PairScore minMax(Vector studentVec)
    {
        double minScore = ((Student)studentVec. get(0)). getStudentScore();
        double maxScore = ((Student)studentVec. get(0)). getStudentScore();

        for(int i = 1; i < studentVec. size(); i + + )
        {
            double score = ((Student)studentVec. get(i)). getStudentScore();
            if(minScore > score)
                minScore = score;

            if(maxScore < score)
                maxScore = score;
        }

        return new PairScore(maxScore, minScore);
    }
```

在一个大的项目中，其他程序员可能也会想到如此处理。也就是说，PareScore 这个名字可能会引起潜在的冲突，所以我们可以把它作为 ArrayScore 的内部类，来避免这种潜在的冲突。但这个内部类与前面所说的内部类有所不同，PairScore 类并不需要从 ArrayScore 类中引用任何对象。因此我们可以把这个内部类声明为静态内部类。PairScore 类的访问是通过 ArrayScore. PairScore 来引用的：

```
    Student. PairScore p = ArrayScore. minMax(studentVec);
```

由于 minMax () 方法是静态方法，所以 PairScore 类也必须是静态内部类。如果 PairScore 没有声明为 static，编译器会报告错误。

说明：

在内部类不需要访问外部类对象的时候，请尽量要使用一个静态内部类。

下面我们给出了所有代码。

【例 9－7】 程序清单：StaticInnerClass. java。

```
/*
   静态内部类的测试
*/

import java.util.Vector;

public class StaticInnerClass
{
    public static void main(String args[])
    {
        Vector vec = new Vector();

        Student tom = new Student("Tom","20020410");
        Student jack = new Student("Jack","20020411");
        Student smith = new Student("Smith","20020412");
        Student rose = new Student("Rose", "20020413");
        tom.setStudentScore(456);
        jack.setStudentScore(500);
        smith.setStudentScore(634);
        rose.setStudentScore(414);

        vec.add(tom);
        vec.add(jack);
        vec.add(smith);
        vec.add(rose);

        ArrayScore.PairScore pair = ArrayScore.minMax(vec);
        System.out.println("最高分数为:" + pair.getMaxScore());
        System.out.println("最低分数为:" + pair.getMinScore());

    }
}
```

```
class ArrayScore
{
    static class PairScore
    {
        private double maxScore;
        private double minScore;

        public PairScore(double max, double min)
        {
            maxScore = max;
            minScore = min;
        }

        public double getMaxScore()
        {
            return maxScore;
        }

        public double getMinScore()
        {
            return minScore;
        }

    }

    public static PairScore minMax(Vector studentVec)
    {
        double minScore = ((Student)studentVec.get(0)).getStudentScore();
        double maxScore = ((Student)studentVec.get(0)).getStudentScore();

        for(int i = 1; i < studentVec.size(); i++)
        {
        double score = ((Student)studentVec.get(i)).getStudentScore();
            if(minScore > score)
                minScore = score;

            if(maxScore < score)
                maxScore = score;
        }

        return new PairScore(maxScore, minScore);
    }
```

```
}

/*
   我们设计的学生基本类
 */
class Student
{
    private String strName = "";                        //学生姓名
    private String strNumber = "";                      //学号
    private String strSex = "";                         //性别
    private String strBirthday = "";                    //出生年月
    private String strSpeciality = "";                  //专业
    private String strAddress = "";                     //籍贯
    private double totalScore;                          //学生的总分数

    public Student(String name, String number)
    {
        strName = name;
        strNumber = number;
    }

    public String getStudentName()
    {
        return strName;
    }

    public String getStudentNumber()
    {
        return strNumber;
    }

    public void setStudentSex(String sex)
    {
        strSex = sex;
    }

    public String getStudentSex()
    {
        return strSex;
    }

    public String getStudentBirthday()
```

```
    {
        return strBirthday;
    }

    public void setStudentBirthday(String birthday)
    {
        strBirthday = birthday;
    }

    public String getStudentSpeciality()
    {
        return strSpeciality;
    }

    public void setStudentSpeciality(String speciality)
    {
        strSpeciality = speciality;
    }

    public String getStudentAddress()
    {
        return strAddress;
    }

    public void setStudentAddress(String address)
    {
        strAddress = address;
    }

    public double getStudentScore()
    {
        return totalScore;
    }

    public void setStudentScore(double score)
    {
        totalScore = score;
    }

    public String toString()
    {
        String information = "学生姓名=" + strName + ", 学号=" + strNumber;
```

```
        if( ! strSex.equals("") )
            information + = ", 性别 = " + strSex;
        if( ! strBirthday.equals(""))
            information + = ", 出生年月 = " + strBirthday;
        if( ! strSpeciality.equals("") )
            information + = ", 专业 = " + strSpeciality;
        if( ! strAddress.equals("") )
            information + = ", 籍贯 = " + strAddress;
        return information;
    }
}
```

输出结果：

```
最高分数为:634.0
最低分数为:414.0
```

除了没有对生成它的外部类对象引用外，一个静态内部类与其他的内部类是一样的。

9.4 抽象行为

前面主要学习了 Java 程序设计中的一个核心概念——接口，下面开始学习另外一个核心概念——抽象。

抽象可以作为名词，也可以作为动词。也许有的读者认为这个词应该接近于哲学中抽象的概念，其实是有点类似的。在哲学中，抽象是将现实上升到理论，也就是我们平常所说的总结；但在 Java 程序设计中，抽象是一种具体的行为，它将对象的行为进一步向通用化靠拢，以设计出一个更普遍、更通用的类，而这个过程被称为类的抽象过程。

比如，现在可以将学生类再进一步抽象。所有的学生都是人，那么人共有的属性是什么呢？那就是姓名、性别、出生年月，还有没有其他的属性可以共用了呢？当然还有，比如说国籍等。但绝不可能把类似于学号、工号、行政级别等属性作为人的共用属性。因为这些属性是属于某一部分人所有的，即并不是所有的人都具有。但如果设计一个学生类，那么学号等属性就变成是共有的属性了。因此由学生到人是一个抽象的过程，那么由人到学生就是一个具体的过程。如果结合到哲学中的理论来讲就是，从学生到人是一个从实践到理论的升华过程，而从人到学生是理论指导实践的具体过程。

抽象思想，是 Java 面向对象编程的一个重要思想。

我们再用一个例子说明抽象思想。假如现在有一个花园，需要设计一个软件进行管理。花园里种植了玫瑰、月季、樱花等，每一种花有不同的开花季节、花色。如果将这些花设计成不同的类，那设计出的系统的可扩展性可能不会很好。因为如果在花园中再引进一个品种蔷薇，那就必须再设计一个类，由此带来的整个系统的改变是比较大的，而且这种设计思想也不符合面向对象编程设计的核心思想。现在，我们把各种各样的花进行抽象，抽象的结果可以是花，我们设计一个花的类，然后根据不同花的名字可以产生不同花的实例。通过抽象过程读者可以感觉到，随着抽象的进行，不同的花失去了作为个体的特征，只保留了共有的特征，这就是抽象的核心。

9.5 抽象类

使用关键字 abstract 修饰的类称为抽象类。根据一个类的继承层次图，越上层的类越通用，也越抽象，这些类不能很好地描述对象的属性。

那为什么还需要抽象呢？比如说人，都有几个重要的属性，如姓名、性别等。我们可以把 getName () 方法放到继承层次图的最高层，那在子类中就不需要再写这个方法了。接下来，我们再添加一个方法 getDescription ()，用以返回对工人、学生、商人等的描述。getDescription () 方法有点类似于学生类中的 toString () 方法。例如：

```
the worker with the salary of ¥1000
the student majoring in computer science
the trader is very rich
```

作为一个具体的类，要实现这些信息的输出是很容易的。但在 Person 类中，除了人的一些基本必要属性外，其他的一无所知。由于继承的存在，可以写一个返回空字符串的方法，在子类中再覆盖这个方法，以输出正确的信息。但如果使用关键字 abstract 来声明这个方法，就不用实现这个方法了，如同接口中方法的声明一样，也不再需要方法体了。例如：

```
public abstract String getDescription();
```

以关键字 abstract 声明的方法，我们称为抽象方法。

为了更加明确地体现这个关键字，Java 规定：具有一个或多个抽象方法的类本身必须定义为 abstract。加入了关键字 abstract 的类，我们称为抽象类。

```
abstract class Person
{
    ⋮
    public abstract String getDescription();
}
```

抽象类中并不是只有抽象方法，也可以有具体的方法与数据。例如，我们设计一个抽象类 Person，用构造器实现姓名的初始化并用 getName () 方法返回一个人的姓名，代码如下：

```
abstract class Person
{
```

```
    private String strName;
    public Person(String strName)
    {
        this.strName = strName;
    }
    public String getName()
    {
        return strName;
    }

public abstract String getDescription();
}
```

在抽象类中，我们可以有具体的方法，也可以有实例字段、抽象方法。要注意的是，如果一个类中有一个方法是抽象的，那么这个类必须声明为抽象类。

抽象类也是可以继承的，子类可以实现抽象类部分或全部的抽象方法。这样就有两种情况：如果子类没有实现全部的抽象方法，那么子类必须也声明为抽象的；如果实现了所有的抽象方法，这样的子类就不再是抽象类了。

例如，我们用 Student 类来继承 Person 抽象类并实现 getDescription（）方法，那么 Student 类就不再是抽象类了。

```
class Student extends Person
{
    ⋮
    public String getDescription()
    {
        return "the student majoring in computer";
    }
}
```

相反，如果我们还不想实现 getDescription（）方法，那么 Student 类也必须是抽象类。例如：

```
abstract class Student extends Person
{
    ⋮
    public abstract String getDescription();
}
```

我们说过，一个类中若含有抽象方法，则这个类必须声明为抽象类。那是不是一个抽象类必须包含抽象方法呢？答案是不一定。一个类中如果没有抽象方法，也可以被声明为抽象类。例如：

```
abstract class Person
{
    private String strName;

    public Person(String strName)
    {
        this.strName = strName;
    }

    public String getName()
    {
        return strName;
    }
}
```

此时，抽象类不能被实例化，即不能用关键字 new 来生成一个抽象类的实例，例如：

```
Person p = new Person("Tom");            //这是错误的
```

但我们可以声明一个抽象类的变量，并指向具体子类的对象。例如：

```
Person p = new Student("Tom", "20021010");         //这是正确的
```

现在我们从抽象类 Person 中扩展两个子类：Worker 类与 Student 类，然后构建一个 Person 数组，用工人与学生来填充这个数组。

```
Person[] p = new Person[2];
p[0] = new Worker(…);
p[1] = new Student(…);
```

接下来，我们调用 getDescription () 方法，输出对象的名字及描述：

```
for(int i = 0; i < p.length; i++)
{
    Person people = p[i];
    System.out.println(people.getDescription());
}
```

看到这里，也许有的读者对下面的语句感到迷惑：

```
System.out.println(people.getDescription());
```

people 是 Person 类型的变量，调用 getDescription () 方法，这是不是在调用抽象方法？抽象类永远不可能有实例，也根本不可能构造一个 Person 对象。变量 people 总是指向一个具体的子类 Worker 或 Student，而在这两个类中，getDescription () 方法已经得到实现。这就是我们前面所介绍的多态，而且是动态绑定的多态。

【例 9-8】 程序清单：AbstractTest.java。

```
/*
   通过本程序的测试,主要学习抽象类及子类,抽象方法的实现
   动态绑定,多态
 */

import java.text.NumberFormat;

public class AbstractTest
{
    public static void main(String args[])
    {
      Person[] p = new Person[2];
      p[0] = new Worker("Jack", 1000);
      p[1] = new Student("Tom", "Computer");

      for(int i = 0; i < p.length; i++)
      {
          Person people = p[i];
          System.out.println(people.getDescription());
      }
    }
}

/*
   抽象类
 */
abstract class Person
{
    private String strName;

    public Person(String strName)
    {
        this.strName = strName;
    }

    public String getName()
    {
        return strName;
    }

    //抽象方法,返回人的描述
    public abstract String getDescription();
```

```
}

/*
   工人类,扩展了抽象类,并实现了抽象方法
*/
class Worker extends Person
{
    private double salary;

    public Worker(String strName, double s)
    {
        super(strName);
        salary = s;
    }

    public String getDescription()
    {
        NumberFormat formate = NumberFormat.getCurrencyInstance();
        return "the worker with a salary of " + formate.format(salary);
    }
}

/*
   学生类,扩展了抽象类,实现了抽象方法
*/
class Student extends Person
{
    private String strMajor;

    public Student(String strName, String strMajor)
    {
        super(strName);
        this.strMajor = strMajor;
    }

    public String getDescription()
    {
        return "the student majoring in " + strMajor;
    }
}
```

输出结果：

```
the worker with a salary of ¥1,000.00
the student majoring in Computer
```

通过程序的运行结果我们可以看出，不同的 Person 子类对象可以调用不同的 getDescription（）方法，返回不同的描述，这完全符合我们的要求。

9.6　抽象与接口的区别

通过上面的讲述读者可能感觉到，抽象与接口在很多方面是类似的。比如：

- 都不能产生实例，都不能用关键字 new 来生成实例；
- 可以声明变量，但必须指向子类或实现类的对象等；
- 在接口中，我们可以声明一个标记接口。在抽象类中，我们也可以声明一个没有抽象方法的类作为抽象类。

但两者也有重要的区别：

- 接口比抽象类具有更广泛的应用，也更具灵活性；
- 接口内不能有实例字段，但抽象类中可以有实例字段及实现方法；
- 接口内的方法自动为 public 型，但在抽象类中的抽象方法必须手动声明其访问标识符。

练　习　题

选择题

1. 以下关于 Java 语言继承的说法正确的是（　　）。

A. Java 中的类可以有多个直接父类　　B. 抽象类不能有子类

C. Java 中的接口支持多继承　　D. 最终类可以作为其他类的父类

2. 现有两个类 A、B，以下叙述中表示 B 继承于 A 的是（　　）。

A. class　A　extends　B　　B. class　B　implements　A

C. class　A　implements　B　　D. class　B　extends　A

3. 下列选项中，用于定义接口的关键字是（　　）。

A. interface　　B. implements　　C. abstract　　D. class

4. 下列选项中，用于实现接口的关键字是（　　）。

A. interface　　B. implements　　C. abstract　　D. class

填空题

1. 如果子类中的某个变量的变量名与它的父类中的某个变量完全一样，则称子类中的这个变量__________了父类的同名变量。

2. 如果子类中的某个方法的名字、返回值类型和__________与它的父类中的某个方法完全一样，则称子类中的这个方法覆盖了父类的同名方法。

3. 抽象方法只有方法头，没有__________。

4. Java 语言的接口是特殊的类，其中包含__________常量和__________方法。

5. 接口中所有属性均为__________、__________和__________的。

简答题

1. 抽象对于 Java 有什么意义？
2. 抽象类的声明有什么要求？
3. 抽象类与接口的区别。

编程题

1. 根据本书中 Person 接口，设计一个工人的类并由工人类派生出一个厂长类。
2. 编写应用程序，实现工人类中根据工龄排序的方法。

第 10 章 异常与处理

■ **本章导读**

由于Java程序在网络环境中运行，安全性成为首先考虑的重要因素之一。为了能够及时有效地处理程序中的运行错误，Java引入了异常处理机制。和其他语言一样，异常也是面向对象规范的一部分。

■ **学习目标**

(1) 了解异常的分类；

(2) 掌握Java语言的异常处理机制。

10.1 异常处理

人人都希望处理的事情能非常顺利，但现实生活中总会遇到各种异常情况，如上班路上堵车。异常情况会改变正常的流程，导致不好的结果。为了减少损失，我们应该事先充分预计所有可能出现的异常情况，然后采取有效的措施。

在程序中处理异常，主要考虑两个问题：一是如何表示异常情况，二是如何控制处理异常的流程。下面我们首先了解一下程序中的错误。

程序中的错误一般分为编译错误、逻辑错误和运行错误这三类。编译错误是由于程序存在语法问题未能通过编译而产生的，这类错误很常见，编程时经常会遇到。逻辑错误是指程序不能按照预期的方案执行，机器本身不能检测逻辑错误，只能人工对运行结果进行分析，从中找出原因。运行错误是指在程序运行过程中产生的错误，这类错误可能由程序员没有预料到的情况造成，通常将这类错误称为异常（Exception）。异常（Exception）又称为例外，实际上是因程序中的错误导致中断正常指令流的一种事件。例如，除零溢出、数据越界等都属于异常。大多数高级程序设计语言都提供了异常处理机制。

程序运行时发生的错误称为异常，在程序运行时跟踪这些错误则被称为异常处理。异常处理是程序设计中一个非常重要的方面，也是程序设计的一大难点。从C语言开始，我们已经知道如何用 if-else 来控制异常。如果同一个异常或者错误在多个地方出现，那每个地方都要做相同处理，这会相当麻烦。Java 语言在设计之初就考虑了这些问题，提出异常处理的框架方案。

Java 语言提供了一套完善的异常处理机制，正确运用这套机制有助于提高程序的健壮性。所谓程序的健壮性，是指程序在多数情况下能正常运行，返回预期的结果，如果遇到异常情况，程序也会采取措施进行解决。Java 提供的异常处理机制能够输出错误提示信息，可以让程序知道如何处理遇到的问题。

Java 的异常处理具有以下特点：

(1) Java 通过面向对象的方法进行异常处理，把各种不同的异常事件进行分类，提供了良好的接口。

(2) Java 的异常处理机制将异常代码和常规代码分开，大大减少了代码量，增强了程序可读性。

(3) Java 将异常事件当成对象处理，再利用类的层次性把多个具有相同父类的异常统一处理，也可以区分不同的异常分别处理，使用非常灵活。

下面来看产生异常的一个例子。

```
import java. io. * ;
public class Test
{
    public static void main(String args[])
    {
        int Result;int y = 0;
        Result = 2/y;
        System. out. println("结果为:" + Result);
    }
}
```

其中，当参数 y＝0 时，将引发算术异常 java. lang. ArithmeticException。如果不对异常进行处理，则由 Java 虚拟机自动进行处理。处理方法为显示异常信息并终止程序运行，屏幕显示的异常信息分别指明了异常的类型及异常所在的包。Java 虚拟机自动进行处理的结果如图 10－1 所示。

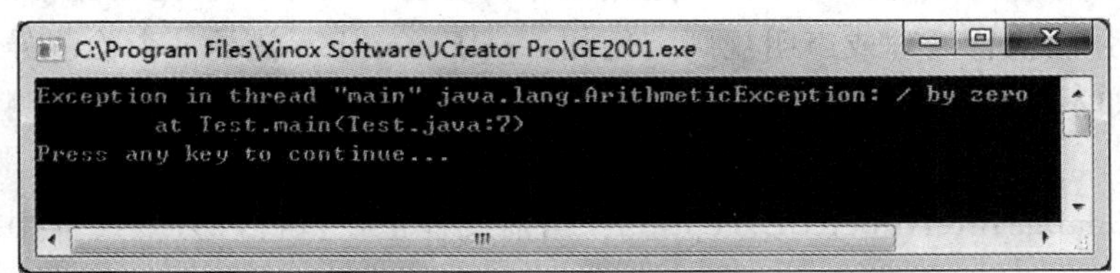

图 10－1 Java 虚拟机自动进行处理结果

10.1.1 异常的分类

Java 中定义了很多异常，每种异常都代表了一种运行错误，类中包含了与该错误相关的信息和处理错误的方法。当程序运行产生可识别的错误，即有一个异常类与该错误对应时，系统就会生成一个该异常类对象。其中包含一些指明异常事件的类型以及当异常发生时程序的运行状态等信息。Java 的异常类都是 java. lang. Trowable 类的子类，Java. lang. Trowable 类有两个派生类：Error（错误）和 Exception（异常）。异常及其分类如图 10－2 所示。

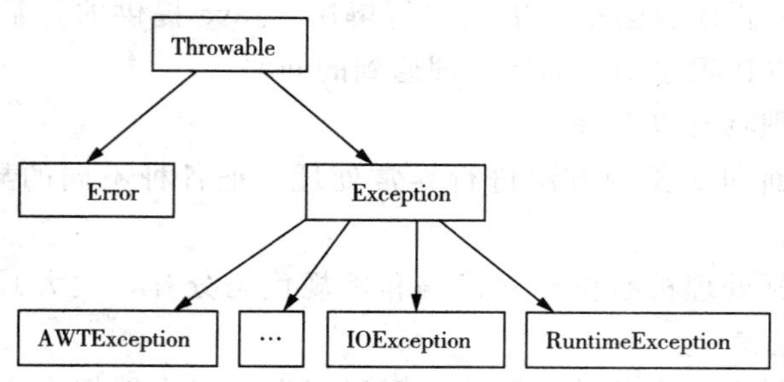

图 10－2　异常及其分类

其中，Throwable 类常用的方法有以下几种。

● public String getMessage（）：返回 Throwable 对象的详细信息。如果该对象没有信息，则返回 null。

● public void printStackTrace（）：完成打印操作。在当前的标准输出上打印输出当前对象的堆栈使用轨迹，也就是打印输出程序先后调用并执行了哪些对象或类的方法。

● public String toString（）：返回该 Throwable 对象的简短文字描述。

Error 类由系统保留。Error 类的异常为内部错误，包括动态链接失败、线程死锁、图形界面错误、虚拟机错误等，通常 Java 不应该捕获这类异常。常见的 Error 类有 AnnotationFormatError、AssertionError、AWTError、Thread DeathVirtualMachineError 等。

Exception 类则供应用程序使用，其中 RuntimeException 类包含类中所有常见的运行时异常，如除零、数组下标越界等。

JDK 中已经定义了若干 Exception 的子类，其中分为检测异常和非检测异常。

（1）检测异常（CheckedException）

检测异常也称为非运行时异常，是经编译器验证、对于声明抛出异常的任何方法，编译器都将强制执行处理或声明规则。例如，sqlExecption 就是一个检测异常。当连接 JDBC 时，如不捕捉这个异常，编译器就不能通过，从而不允许编译。检测异常主要有以下几种。

● Java. lang. InterrupetedException：当前线程正在执行，另一线程中断当前线程时产生的异常。

● java. lang. ClassNotFoundException：找不到类异常。当应用试图根据字符串形式的类名构造类，而在遍历 classpath 之后找不到对应名称的 class 文件时，抛出该异常。

● java. lang. CloneNotSupportedException：不支持克隆异常。如果在没有实现

Cloneable 接口或者不支持克隆方法时，调用其 clone () 方法则抛出该异常。

● java. lang. IllegalAccessException：违法访问异常。当应用试图通过反射方式创建某个类实例、访问该类属性、调用该类方法，而又无法访问类的、属性的、方法的或构造方法的定义时，抛出该异常。

(2) 非检测异常 (RuntimeException)

非检测异常是指不遵循处理或声明规则的异常。在产生此类异常时，不一定非要采取适当操作，编译器不会检查是否已解决这个异常。例如，一个数组的长度为 3，当使用下标 3 时，就会产生数组下标越界异常。Jave 虚拟机不会检测这个异常，要靠程序员自己来判断。非检测异常主要有以下几种。

● java. lang. ArithmeticException：算术条件异常。例如，整数除零等。

● java. lang. ArrayIndexOutOfBoundsException：数组索引越界异常。当对数组的索引值为负数或大于等于数组大小时，抛出该异常。

● java. lang. ArrayStoreException：数组存储异常。当向数组中存放非数组声明类型对象时，抛出该异常。

● java. lang. ClassCastException：类型转换异常。假设有类 A 和类 B (A 不是 B 的父类或子类)，O 是类 A 的实例，那么若强制将 O 构造为类 B 的实例时抛出该异常。该异常也被称为强制类型转换异常。

● java. lang. IllegalThreadStateException：违法线程状态异常。当线程尚未处于某个方法的合法调用状态而调用了该方法时，抛出该异常。

● java. lang. IndexOutOfBoundsException：索引越界异常。当访问某个序列的索引值为负数或大于等于序列大小时，抛出该异常。

● java. lang. NullPointerException：空指针异常。当应用试图在要求使用对象的地方使用了 null 时，抛出该异常。例如，调用 null 对象的实例方法、访问 null 对象的属性、计算 null 对象的长度、使用 throw 语句抛出 null 等。

● java. lang. NumberFormatException：数字格式异常。当试图将一个 String 转换为指定的数字类型，而该字符串却不满足数字类型要求的格式时，抛出该异常。

● java. lang. SecurityException：安全异常。由安全管理器抛出，用于指示违反安全情况的异常。

Java 的异常处理机制可以概括成以下几个步骤。

● Java 程序执行过程中如果出现异常，会自动产生一个异常对象。将该异常对象提交给 Java 运行系统，这个过程称为抛出异常。抛出异常可由程序强制执行。

● 当系统接收到异常对象时，会寻找能处理这一异常的代码并把当前对象交给其处理，这一过程称为捕获 (catch) 异常。

● 如果系统找不到可以捕获异常的方法，则系统将终止程序。

10.1.2 异常声明

如果一个方法可能会出现异常，但没有能力处理它所产生的异常，可以沿着调用层次向上传递，由调用该方法的方法来处理这些异常，这个过程叫做声明异常。如果方法要抛出那些接受检查的异常，必须在方法中显示声明它们，声明异常的关键字为 throws。一旦方法声明了抛出异常，关键字 throws 后异常列表中的所有异常就会要求调用该方法的程序对这些异常进行处理（通过 try-catch-finally）。声明异常的方法如下：

```
修饰符 返回类型 方法名(参数列表)throws 异常类名列表
{方法体}
```

例如，

```
public void method() throws IOException,ArithmeticException{…}
```

其中，关键字 throws 指出方法 method（）可能会抛出异常 IOException、ArithmeticException。

异常声明是接口的一部分，在 Javadoc 文档中应描述方法可能会抛出的某些异常条件。根据异常声明，方法调用者可以了解到被调用方法可能抛出的异常，从而采取相应的措施捕获并处理异常，或者声明继续抛出异常。

说明：

在产生异常的方法名后面加上要抛出（throws）异常的列表，多个异常要用分号隔开。throws 语句本身不处理方法中产生的异常，通常由调用它的方法来处理这些异常。

10.1.3 抛出异常

在 Java 程序运行时，如果引发了一个可识别的错误，就会产生一个与该错误相对应的异常类对象，这一过程称为异常的抛出。抛出异常不是由出错产生，而是人为抛出自己定义的异常。

在声明了异常的方法中如果出现异常，就可以使用 throw 抛出一个异常对象，即 throw 语句用于显示引发异常。格式如下：

```
throw new MyException();
```

或

```
MyException e = new MyException();
  thorw e;
```

例如，汽车在运行时出现故障，代码如下：

```
public void run() throws CarWrongException{
if(无法刹车)
throw new CarWrongExceptin("无法刹车");
}
```

上面所讲的 throws 用来声明一个方法可能抛出的所有异常信息，抛出的是异常类。这就如 Java 面向对象思想里面的类和对象的关系，因为 throw 要抛出的是一个具体的异常对象，而不是异常类。throw 需要用户自己捕获相关的异常，而后再对其进行包装，最后将包装后的异常信息抛出。为了能捕获 throw 抛出的异常，应在 try 语句块中调用包含 throw 语句的方法。程序执行到 throw 语句后会立即停止，并转向 try-catch 寻找异常处理的方法。

值得注意的是，由 throw 语句抛出的对象必须是 java. lang. Throwable 类或者其子类的实例。因此以下代码是不合法的：

```
throw new String("This is an exception");            //编译错误,String 不是异常类型
```

下面程序用关键字 throw 抛出一个异常，但既没有捕捉它，也没有用 throws 来声明。因此在编译时将不会通过。

【例 10 - 1】 求阶乘（用 throw 抛出异常，但没有捕捉和处理）。

```
import java. io. * ;
public classfactorial_1 {
public static int factoria_1l(int x) {
    int result = 1;
    if (x < 0) {
throw new IllegalArgumentException("不能对负数求阶乘!");      // 抛出非法变量异常对象
    }
    for (int i = 2; i <= x; i + + ) {
        result * = i;
    }
    return result;
}
public static void main(String args[]) {
        System. out. print(factorial_1( - 5));
    }
}
```

程序的运行结果如图 10 - 3 所示。

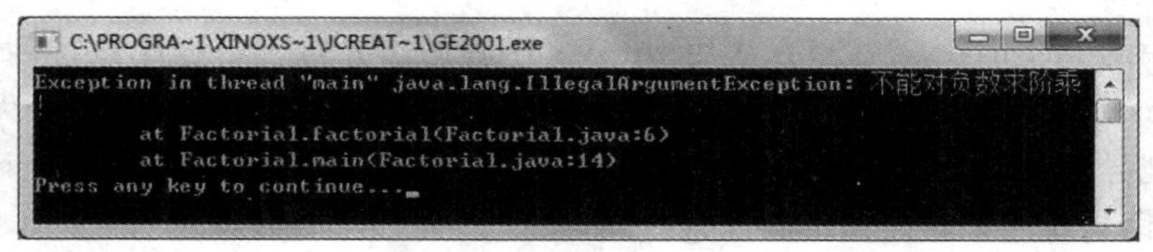

图 10 - 3　程序运行结果

该程序用 throw 抛出一个异常类对象，但是没有捕捉和处理该异常。如果想要处理该异常，必须有相应的 try-catch 语句，并在该函数的后面用 throws 声明抛出异常。下面是对例 10 - 1 的修改。

【例 10 - 2】 应用 throw 和 throws 求阶乘举例（可以用 try-catch 语句去捕捉和处

理异常）。

```
import java.io.*;
public classfactorial_2
{
    public static int factorial_2(int x) throws IllegalArgumentException
    {
        int result = 1;
        if (x < 0) {
        throw new IllegalArgumentException("不能对负数求阶乘!");//抛出非法变量异常对象
    }
    for (int i = 2; i <= x; i++)
    {
        result *= i;
    }
    return result;
    }
public static void main(String args[]) {
    try{
            System.out.print(factorial_2(-5));
        }catch(IllegalArgumentException e){System.out.println(e.getMessage());}
    }
}
```

程序运行结果如图 10－4 所示。

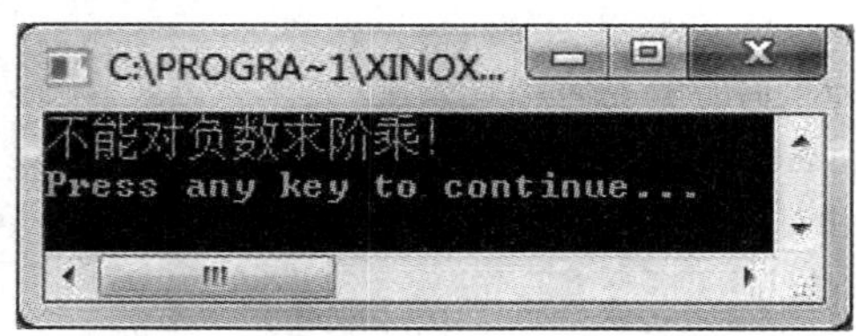

图 10－4 程序运行结果

程序中的 factorial _ 2 () 方法用 throws 声明抛出异常。当程序执行到 thrownew IllegalAccessException (" 不能对负数求阶乘!")；这一语句时，因其本身无法解决该异常，就把异常抛给上一级函数，也就是调用它的主函数 main ()。在 main () 函数中，catch 语句块用来解决抛出的异常。

通常在一个方法（类）的声明处通过 throws 声明方法（类）可能抛出的异常信息，而在方法（类）内部通过 throw 声明一个具体的异常信息。使用 throw 抛出异常其实就是一条语句，末尾要加上分号。当程序执行到 throw 语句时，程序立即停止，后面的语句不再执行。通常这种抛出异常的语句应该在满足一定条件时执行。例如，把 throw 语句放在 if 语句中。如果要捕捉和处理 throw 抛出的异常，必须有相应的 try-catch 语句。我们也可以在上一级代码中捕捉并处理该异常，这时需要在抛出异常的方法中使用关键字 throws。

> **说明：**
>
> throw 和 throws 的比较。
>
> 1. 两者位置不同。throws 是在声明方法的同时也声明要抛出一个异常类；而 throw 是在方法内部实现，抛出一个具体的异常对象。
>
> 2. 对异常处理方式不同。throws 对异常不处理，谁调用谁处理，throws 中异常的取值范围要大于方法内部异常的最大范围，而 catch 的范围又要大于 throws 中异常的范围；throw 主动抛出自定义异常类对象。

10.2 异常的捕获

如果程序中可能发生异常，最好显示地对其进行处理。一般使用关键字 try 进行捕获，catch 进行处理。基本过程是用 try 语句块包住要监视的语句，如果在 try 语句块内出现异常，则异常会被抛出，代码在 catch 语句块中可以捕获到这个异常并做处理。finally 语句块会在方法执行 return 之前执行。捕获异常的一般结构如下：

```
try{
    程序代码
}catch(异常类名 异常的变量名){
    程序代码
}catch(异常类名 异常的变量名){
    程序代码
:
}finally{
    程序代码
}
```

如果 try 语句块产生的异常对象被第一个 catch 语句块接受，则程序流程将直接跳转到这个语句块中。执行完该语句块后就退出当前方法，try 语句块尚未执行的语句和其他 catch 语句块将被忽略。如果 try 语句块产生的异常对象与第一个 catch 语句块不匹配，系统将自动转到第二个 catch 语句块进行匹配。依此类推，直到找到匹配的 catch 语句块。catch 语句只需要一个形参来指明它捕获的异常类型，这个类必须是 Throwable 的子类，运行时系统通过参数值把被抛出的异常对象传递给 catch 语句块。在 catch 语句块中，可以访问一个异常对象的变量或调用它的方法。例如，getMessage（）方法可以得到有关异常事件的信息，printStackTrace（）方法用来跟踪异常事件发生时执行堆栈的内容。finally 子句提供了一个统一的出口，也就是说不论 try 语句块中是否发生异常，是否执行 catch 语句，程序中 finally 子句都要被执行。

结合上述的基本过程，可以得到异常处理的流程如图 10－5 所示。

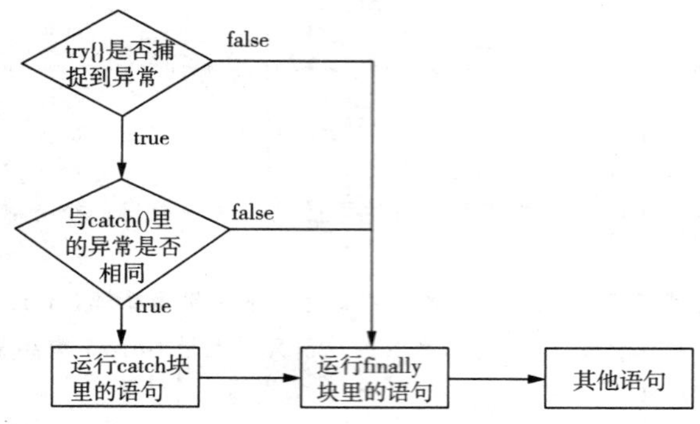

图 10－5　异常处理流程

根据上述流程可知，要想正确使用 try-catch-finally，必须遵循以下规则。

（1）try 语句块不能脱离 catch 语句块或 finally 语句块而单独存在。

（2）try 语句块后可以有 0 个或多个 catch 语句块（如果没有 catch 块，则必须有一个 finally 语句），每个块用于捕获和处理不同的异常。

（3）在 try 语句块中定义变量的作用域为 try 语句块，在 catch 语句块和 finally 语句块中不能访问该变量。例如：

```
try {
    int a = 1;
    ⋮
}catch(Exception e){a = 0;}                //编译错误
finally{a + + ;}                           //编译错误
}
```

如果想在 catch 语句块和 finally 语句块中访问变量 a，则必须把变量 a 定义在 try 语句块外。可以将上述代码修改如下：

```
int a = 1;
try {
    ⋮
}catch(Exception e){a = 0;}                //编译错误
finally{a + + ;}                           //编译错误
}
```

（4）try 语句块不要过于庞大，否则出现异常的地方会很多，要分析发生异常的原因也会很困难。有效的做法是分割各个可能出现异常的程序段落，把它们放在单独的 try 语句块中，从而分别捕获异常。

下面利用 try-catch-finally 语句对程序进行异常处理。

【例 10－3】　算术异常举例。

```
import java.io. * ;
public class Test{
```

```
    public static void main(String args[])
    {
        int Result = 0;int y = 0;
        try{
            Result  =  2/y;
          }catch(ArithmeticException e) { System.out.println("除数为零"); }
        System.out.println("结果为:" + Result);
    }
}
```

程序运行结果如图 10 - 6 所示。

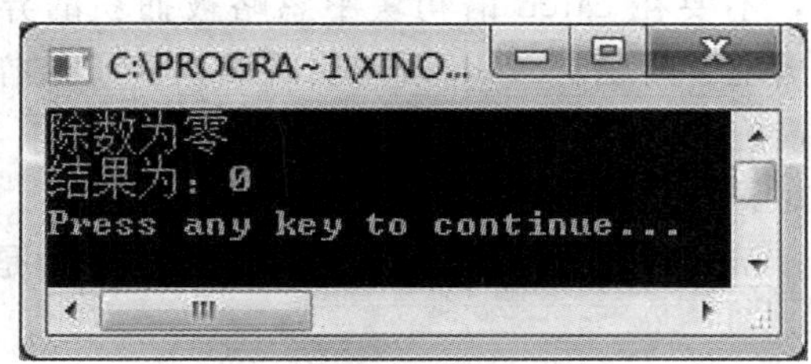

图 10 - 6　程序运行结果

该程序利用 try-catch 语句进行异常处理，把可能出现异常的语句放到 try 语句块中，然后用 catch 语句块对异常进行捕获并处理。

10.2.1　捕获多个异常

实际上，一个 try 语句块可能产生多个异常。如果采取不同的方式处理这些异常，那么就需要多个 catch 语句块去解决这些问题。多异常机制就是指一个 try 语句块后面跟着多个 catch 语句块。当 try 语句块抛出异常时，程序的流程会首先指向第一个 catch 语句块。如果 try 语句块产生的异常对象与第一个 catch 语句块不匹配，系统将自动转到第二个 catch 语句块进行匹配。依次类推，直到找到匹配的 catch 语句块，然后完成流程的跳转。需要注意的是，catch 语句的书写要有一定的顺序，一般是将常见的和较具体的异常放在前面，而将可以与多种异常相匹配的 catch 语句块放在后面。通常，最后一个 catch 语句中的异常为 Exception，因为 Exception 是所有异常的父类。若将子类异常的 catch 语句块放在父类的后面，则不能通过编译。因为子类也不能抛出比父类更多、更一般的异常。

在下面的代码中，code 语句将会抛出 FileNotFoundException 异常。由于 FileNotFoundException 类是 IOException 类的子类，而 IOException 是 Exception 的子类，因此 Java 虚拟机先把 FileNotFoundException 对象与 IOException 类匹配。当出现 FileNotFoundException 时，程序结果为 IOException。

```
try{
  code;                   //可能抛出 FileNotFoundException 异常
}catch(SQLException e1){System.out.println("SQLException");}
```

```
  catch(IOException e2){ System.out.println("IOException");}
  catch(Exception e3){ System.out.println("Exception");}
```

如果将上述代码中 catch 语句块的顺序调换一下，则会出现错误。

```
try{
  code;                //可能抛出 FileNotFoundException 异常
} catch(SQLException e1){System.out.println("SQLException");}
  catch(Exception e3){ System.out.println("Exception");}
  catch(IOException e2){ System.out.println("IOException");}   //编译错误,这个 catch 语句
                                                                 块将永远也不能执行
```

值得大家注意的是，不要在 catch 语句块中忽略被捕获的异常。因为只要异常发生，就意味着某些地方出现了问题。catch 语句块既然捕获了这样的异常，就应该提供处理异常的措施。具体措施如下：

(1) 处理异常。针对异常采取一些方法。

(2) 重新抛出异常。catch 语句块在分析了异常之后，认为是自己不能处理的，就重新抛出它。

(3) 如果在 catch 语句块中不能采取任何措施，就不要捕获异常。用 throws 子句声明异常抛出。

以下两种处理异常的方式是应该避免的。

```
try{
code;
}catch(Exception e){ }                          //对异常不做任何处理
```

或者

```
try{
code;
}catch(Exception e){e.printStackTrace(); }      //只打印异常信息
```

上述两种方法对异常处理都没有具体的帮助，并不能解决任何实际问题。

【例 10-4】 捕获多个异常举例。

```
import java.io.*;
   public class  Multcatch{
     public static void main(String args[]){
     int x=100,z1,z2;
     int y[]={1,2};
     try{
            z1 = y[2];                       //数组下标越界
            x = x / z1;
            System.out.println("result = " + x);
        }
      catch(ArrayIndexOutOfBoundsException E){
```

```
                x = 0;
                System.out.println("捕捉超出索引异常...");
        }
        catch(ArithmeticException E) {
            x = 0;
            System.out.println("捕捉数学运算异常...");
        }
        finally
          {
            if(x == 0)
                System.out.println("程序执行发生异常!");
            else
                System.out.println("程序正常执行完毕!");
        }
    }
}
```

程序运行结果如图 10-7 所示。

图 10-7 程序运行结果

当程序执行语句 z1 = y [2]; 时，y [2] 下标越界，产生异常，因此程序要跳转到 catch 语句块。依次判断 catch 语句块中的内容，因为是下标越界，所以和第一个 catch 语句块相匹配。其余的 catch 语句块就不再执行，然后执行 finally 语句块。

10.2.2 重新抛出异常

有时我们希望把刚刚捕获的异常重新抛出，例如在使用 Exception 捕获的所有异常时。重抛异常会把异常抛给上一级环境中的异常处理程序，即被调用方法可以不处理异常，只是在方法头部简单声明（声明异常），由调用方法决定如何处理异常，或者也可以在被调用方法中捕获异常并进行处理。此时，同一个 try 语句块中的后续 catch 子句将被忽略。异常对象的所有信息都得以保持，高一级环境中捕获此异常的处理程序可以从这个异常对象中得到所有信息。

需要进行下一步处理的异常采用重新抛出异常的方法。重新抛出异常的格式如下：

```
try{
    可能产生异常的代码
```

```
}catch(Exception e){
    异常处理代码
      throw e;                        //重新抛出异常 e
}
```

以下代码块中，当程序执行到出现异常的 code 代码时，流程跳转到 catch 语句块。输出“wrong”后，执行 throw e；语句继续抛出异常。main（）方法将会终止异常，但在终止之前仍会执行 finally 语句。

```
public static void main(String args[]) throws Exception{
    try{
        System.out.println("begin");
        code;                         //出现异常的代码
    }catch(Exception e){ System.out.println("wrong");
        throw e;
        }finally{System.out.println("finally");}
            System.out.println("end");
        }
}
```

上述代码的输出结果：

```
begin
wrong
finally
java.lang….                           //异常信息
```

如果把程序中的 throw e；语句去掉，那么在执行完 finally 代码块后还会执行后面的代码，即还会输出“end”。输出结果：

```
begin
wrong
finally
end
```

【例 10－5】 重新抛出异常应用举例。

```
import java.io.*;
public class Tothrowtest
{
    public static void found() throws Exception
    {
        System.out.println("the original exception in found()");
        throw new Exception("thrown from found()");
    }
    public static void main(String args[]) throws Exception
```

```
    {
        try{found();}
        catch(Exception e){
            System.out.println("catch in main()");
            throw e;
        }
    }
}
```

程序运行结果如图 10－8 所示。

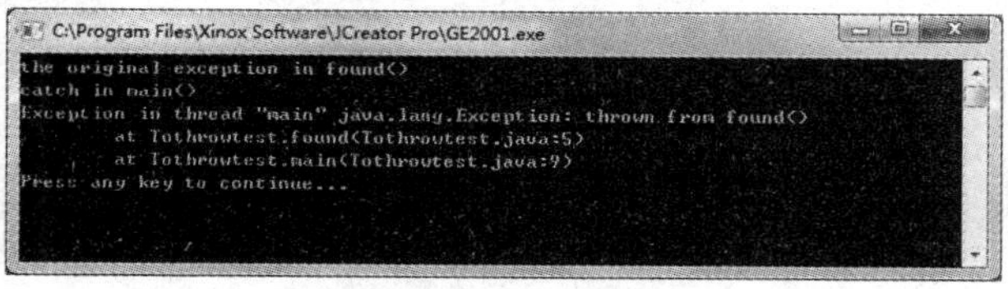

```
C:\Program Files\Xinox Software\JCreator Pro\GE2001.exe
the original exception in found()
catch in main()
Exception in thread "main" java.lang.Exception: thrown from found()
        at Tothroutest.found(Tothroutest.java:5)
        at Tothroutest.main(Tothroutest.java:9)
Press any key to continue...
```

图 10－8　程序运行结果

10.3　finally 子句

异常会强制中断正常流程，这使得不管在任何情况下都必须执行的某些步骤被忽略，从而影响程序的健壮性。例如，小王开了一家店，在店里上班的正常流程为开门、上班工作、下班关门。异常流程为小王突然有急事，因而提前离开。下面用 work（）方法表示小王的上班行为。

```
public void work() throws LeaverEarlyException{          // LeaverEarlyException 为自定义异
                                                              常,详见 10.4 小节
    try{
        open the door;
        working;
        close the door;
    }catch(Exception e){throw new LeaverEarlyException ();}
}
```

如果小王突然离开，那么流程会跳到 catch 语句块，这意味着关门的操作不会被执行。然而这样是不安全的，必须确保在人离开后把门关上。所以捕获异常时要使用 finally 语句，通常将其放在 catch 语句块之后。finally 语句为异常处理提供了统一的出口，不论 try 语句块中是否发生异常，finally 语句都要执行。finally 语句主要是对一些资源进行清理，比如关闭打开的文件、数据集等。try 语句块后面至少要有一个 catch 语句块，但可以没有 finally 语句。修改上述代码如下：

```
public void work() throws LeaverEarlyException{
    try{
        open the door;
```

```
            working;
        }catch(Exception e){throw new LeaverEarlyException ();}
        finally{ close the door ;}
    }
```

【例 10-6】 读取 myfile. txt 文件中的内容（文件内容为“IO test”）。

```
import java. io. * ;
public class finallytest{
    public static void main(String args[])
    {
        try{
            FileInputStream in = new FileInputStream("d:/myfile. txt");
            int b;
            b = in. read();
            while(b! = -1) {
                System. out. print((char)b);
                b = in. read();
            }
        in. close();
        }catch (IOException e) { System. out. println(e); }
        finally
        {
          System. out. println(" 关闭输入流!");
        }
    }
}
```

程序运行结果如图 10-9 所示。

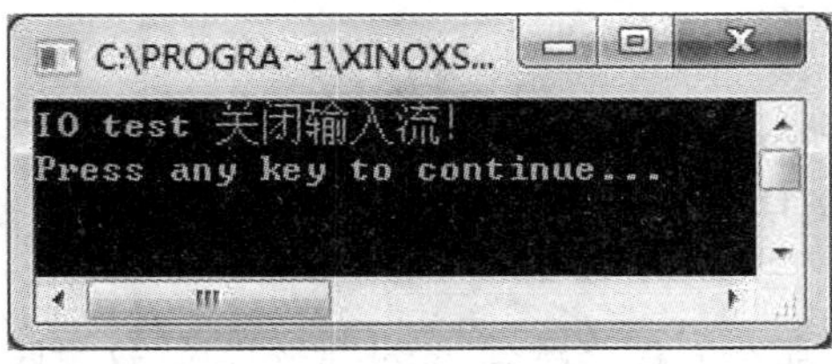

图 10-9　程序运行结果

说明：

该程序中 read () 方法抛出的 IO 异常必须被捕获；否则，编译不能通过。

值得注意的是，finally 语句块唯一不被执行的情况是先执行了用于终止程序的 System. exit (status) 方法。java. lang. System 类的静态方法 exit (status) 用于终止当前的 Java 虚拟机进程，因此 Java 虚拟机所执行的 Java 程序也随之被终止。exit (status) 方法的参数 status 表示程序终止时的状态码。一般情况下，0 表示正常终止程序，非 0 表示异常终止程序。

下面的程序段中调用了 exit () 方法，程序因此结束。此时，程序将会输出"begin"，finally 语句块及 try-finally 语句后的代码都不会执行。

```
try{
System.out.println("begin");
System.exit(0);
}finally{ System.out.println("finally");}
System.out.println("end");
```

10.4 自定义异常

Java 类库中定义了很多异常类，通常能满足我们的一般需要。但是在某些情况下，程序员可以根据实际情况创建自己的异常类。自定义异常同样也要用 try-catch 进行捕获和处理，但必须由用户自己抛出。自定义异常格式如下：

```
throw new 自定义异常类;
```

用户自定义异常，一般都是由 Exception 类或其子类派生出来的类。例如：

```
public class MyException extends Exception{类体};
```

创建自定义异常类一般需要完成以下工作：

(1) 声明一个新的异常类，一般是由 Exception 类或其子类派生出来的类。

(2) 为新的异常类定义属性和方法，或重载父类的属性和方法，使这些属性和方法能够体现该类对应的错误信息。

【例 10-7】 求圆的周长。

```
import java.io.*;
class Radius_Exception extends Exception{          //创建 Exception 子类
    public String getMessage(){
        return "半径不能为负数";
    }
}
public classgirth{
    static double area;
    static final double PI = 3.1415926;
    public static void gegirth(double r) throws Radius_Exception{   //声明抛出自定义异常
        if(r<0){
            throw new Radius_Exception();                            //抛出自定义异常
        }
        girth = PI*r*r;
        System.out.println("圆的周长是:"+girth);
```

```
    }
    public static void main(String args[]){
        try{
            getgirth(10);
            getgirth( - 10);
        }
        catch(Radius_Exception re){ System.out.println(re.getMessage()); }
}
```

程序运行结果如图 10 - 10 所示。

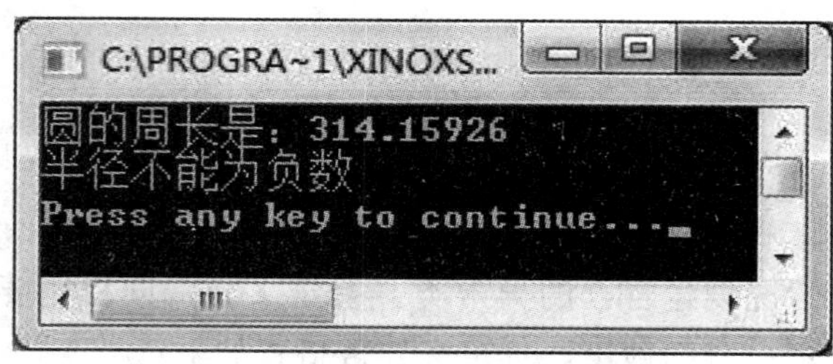

图 10 - 10　程序运行结果

上面程序定义了一个异常类 Radious _ Exception。该异常类是 Exception 的子类，只有一个 getMessage () 方法，用来显示信息。girth 是一个计算圆周长的类，在计算之前先判断半径是否为负数。如果为负数，则抛出异常。

练　习　题

选择题

1. Java 中用来抛出异常的关键字是（　　）。
   A. try　　B. catch　　C. throw　　D. finally
2. 所有异常类的父类是（　　）。
   A. Throwable　　B. Error　　C. Exception　　D. AWTError
3. 下列子句中，是 Java 语言异常处理出口的是（　　）。
   A. try {…} 子句　　B. catch {…} 子句
   C. finally {…} 子句　　D. 以上说法都不对
4. 执行下列程序，说法错误的是（　　）。

```
public class MultiCatch
{
    public static void main(String args[])
    {
        try
        {
            int a = args.length;
            int b = 42/a;
```

```
            int c[] = {1};
            c[42] = 99;
            System.out.println("b = " + b);
        }
    catch(ArithmeticException e)
        {
            System.out.println("除零异常:" + e);
        }
    catch(ArrayIndexOutOfBoundsException e)
        {
            System.out.println("数组超越边界异常:" + e);
          }
        }
  }
```

A. 程序将输出第15行的异常信息

B. 程序第10行出错

C. 程序将输出“b=42”

D. 程序将输出第15和19行的异常信息

5. 对于catch子句的排列，下列说法正确的是（　　）。

A. 父类在先，子类在后

B. 子类在先，父类在后

C. 有继承关系的异常不能在同一个try程序段内

D. 先有子类，其他如何排列都无关

6. 在异常处理中，释放资源、关闭文件、关闭数据库等由（　　）来完成。

A. try子句　　B. catch子句

C. finally子句　　D. throw子句

填空题

1. 捕获异常要求在程序的方法中预先声明，在调用方法时用try-catch-______捕获并处理。

2. Java语言将那些可预料和不可预料的出错称为______。

3. 按异常处理不同可以将异常分为运行异常、捕获异常、声明异常和______。

4. Java语言的类库中提供了一个______类，所有的异常都必须是它的实例或它子类的实例。

5. Throwable类有两个子类：______类和Exception类。

6. 下面程序定义了一个字符串数组并打印输出，捕获数组超越界限异常。请在横线处填入适当的内容以完成程序。

```
public class HelloWorld
{
  int i = 0;
  String greetings[] = {"Hello world!","No,I mean it!","HELLO WORLD!!"};
while(i<4)
  {
__________
```

```
  }
  {
  System.out.println(greeting[i]);
  }
  ____________(ArrayIndexOutOfBoundsException e)
  {
  System.out.println("Re - setting Index Value");
  i = - 1;}
  finally
  {
     System.out.println("This is always printed");
  }
  i+ + ;
  }
  }
```

7. 下面程序抛出了一个异常并捕捉它。请在横线处填入适当内容以完成程序。

```
class TrowsDemo
{
   static void procedure() throws IllegalAccessExcepton
   {
      System.out.println("inside procedure");
throw ______ IllegalAccessException("demo");
   }
public static void main(String args[])
    {
      try
        {
          procedure();
        }
____________
        {
          System.out.println("捕获:" + e);
        }
      }
}
```

编程题

1. 编写一个程序，用来将作为命令行参数输入的值转换为数字。如果输入的值无法转换为数字，则程序显示相应的错误消息。要求通过异常处理方法解决。

2. 编写一个可演示用户自定义异常用法的程序。该程序接受用户输入的学生人数，当输入一个负数时，认为是非法的。要求用户自定义异常捕获此错误。

第11章 Java Applet 编程

■ **本章导读**

Applet 编程是 Java 语言中至关重要的独特功能。与一般的 Java 程序不同的是，它能够嵌入到 HTML 网页中，并由支持 Java 的 Web 浏览器解释执行。只有 IE 浏览器 3.0 以上的版本才支持 Java Applet 程序。这种小应用程序设计的网页有一定的交互功能。本章将介绍有关 Applet 的基本知识，以及如何使用 Applet 编写应用程序段。

■ **学习目标**

(1) 熟悉 Applet 的执行过程；
(2) 掌握 Applet 和网页的结合；
(3) 学会编写 Applet 小程序。

11.1 编写 Applet 小程序

Java 程序分为两种：独立应用程序和 Applet 程序。前面学习的程序都属于独立应用程序，简称应用程序。应用程序是能够独立运行的程序单位。Applet 程序不能独立运行，必须依附在网页上，借助浏览器才能运行，所以 Applet 程序也常被称为 Applet 小程序。

目前，几乎所有的浏览器均支持动态 HTML（DHTML）和脚本编制（支持 XML 的浏览器也有很多），所以比起 Java 刚问世时，浏览器能够做的事情要多很多。尽管如此，由于小应用程序是用一种全功能的程序设计语言编制的，所以同 HTML、XML 和脚本语言的任何一种可能的组合相比，它仍然具有很广的应用前景。

我们已经知道，Java Applet 程序通过浏览器来执行，因此它和 Java 应用程序有许多不同之处。下面通过一个例子来说明一个 Java Applet 的全过程。

【例 11-1】 程序清单：Applet _ Test. java。

```
import java.applet.Applet;
import java.awt.Button;
```

```
import java.awt.Color;
import java.awt.Graphics;

public class Applet_Test extends Applet {
    Button button1;

    Button button2;

    int sum;

    public void init() {
        button1 = new Button("洪恩软件");
        button2 = new Button("洪恩教育");
        add(button1);
        add(button2);
    }

    public void start() {
        sum = 0;
        for (int i = 1; i <= 100; i++) {
            sum = sum + i;
        }
    }

    public void stop() {
    }

    public void destroy() {
    }

    public void paint(Graphics g) {
        g.setColor(Color.red);
        g.drawString("1～100 的累加和为:", 30, 70);
        g.setColor(Color.blue);
        g.drawString("sum = " + sum, 30, 100);
    }
}
```

一个 Java Applet 程序也由若干个类组成，但必须有一个类扩展了 Applet 类，即该类是 Applet 类的子类。Applet 类是系统提供的类，我们把这个类叫做 Java Applet 的主类，Java Applet 的主类必须是 Public 的。一个 Java Applet 不再需要 main () 方法。当保存上面的源文件时，必须将其命名为 Applet _ Test.java。假设我们已经将源文件

Applet _ Test. java 保存在 E：\ test 目录下，接下来就可以进行编译了：

```
E:\test>javac  Applet_Test.java
```

编译成功后，文件夹 test 下会生成一个 Applet _ Test. class 文件。如果源文件有多个类，那么将生成多个 class 文件，但都和源文件在同一文件夹里。

Java Applet 必须由浏览器来运行，因此必须编写一个超文本文件（含有 Applet 标记的 Web 页）告诉浏览器来运行 Java Applet。

下面是一个最简单的 HTML 文件，告诉浏览器运行 Java Applet。我们使用记事本编辑如下一个超文本文件，并保存在 E：\ test 目录下，命名为 Applet _ Test. html（扩展名必须是 html，主文件名只要符合 Java 标识符规定即可）。

```
<appletcode = Applet_Test.class  height = 280 width = 400>
</applet>
```

超文本中的标记<applet…>和</applet>告诉浏览器将运行一个 Java Applet，程序代码告诉浏览器运行哪个 Java Applet。程序代码中符号“＝”的后面是主类的字节码文件。

11.2　Applet 的执行过程

一个 Java Applet 的执行过程称为这个 Java Applet 的生命周期。Java Applet 的生命周期内涉及如下方法：init ()、start ()、stop ()、destroy ()、paint (Graphics g)、repaint ()，这些方法也正是一个完整的 Java Applet 所应包含的。

我们已经知道类是对象的模板，那么上述 Java Applet 主类的对象是由谁创建的呢？这些方法又是怎样被调用执行的呢？当浏览器打开超文本文件 Applet _ Test. html 并发现有 applet 标记时，将创建主类 Applet _ Test 的一个对象，该对象的大小由超文本文件 Applet _ Test. html 中的 width 和 height 来确定。由于 Applet 类也是 Container 的间接子类，因此主类的实例也是一个容器。容器有相应的坐标系统，单位是像素，原点是容器的左上角。容器可以使用 add () 方法放置组件。

1. *初始化*：init ()

该功能进行初始化操作。例如，获取 Applet 的运行参数、加载图像或图片、初始化全程变量和建立新线程等。init () 方法格式如下：

```
public void init(){
⋮
}
```

init () 方法只能被调用执行一次。该方法是父类 Applet 中的方法，Applet _ Test. java 重写了这个方法。

2. *启动*：start ()

初始化之后，紧接着自动调用 start () 方法。在程序执行过程中，init () 方法只能被调用执行一次，但 start () 方法能被多次自动调用执行。除了进入执行过程时调用方法 start () 外，当用户从 Applet 所在的 Web 页面转到其他页面，然后又返回时，start () 也被再次调用，但不再调用 init () 方法。start () 方法格式如下：

```
public void start(){
  ⋮
}
```

该方法是父类 Applet 中的方法，Applet _ Test. java 重写了这个方法。

3. 停止：stop ()

当用户离开 Applet 所在网页，从而使该网页变成不活动状态或最小化浏览器时，要执行 stop () 方法。如果浏览器又回到此网页，则调用 start () 方法来启动 Java Applet。在 Java Applet 的生命周期中，stop () 方法也可以被多次调用。如果用户在小程序中设计了播放音乐的功能，但没有在 stop () 方法中给出停止播放它的相关语句，那么当离开此网页去浏览其他网页时，音乐也不会停止。如果没有定义 stop () 方法，当用户离开 Java Applet 所在的页面时，Java Applet 将继续使用系统的资源。若定义了 stop () 方法，则可以挂起 Applet 的执行。stop () 方法格式如下：

```
public void stop(){
  ⋮
}
```

该方法是父类 Applet 中的方法，Applet _ Test. java 重写了这个方法。

4. 删除：destroy ()

当用户真正离开浏览器时，执行 destroy () 方法。该方法在 stop () 方法之后执行。使用 destroy () 方法可以清除 Applet 占用的资源。在实际应用中，这个方法很少被重载，因为一旦 Applet 运行结束，Java 系统会自动清除它所占用的变量空间等资源。

该方法是父类 Applet 中的方法，不必重写这个方法，直接继承即可。

5. 绘图：paint (Graphics g)

paint (Graphics g) 方法可以使一个 Applet 程序在屏幕上显示某些信息，如文字、色彩、背景或图像等。在 Applet 的生命周期内，paint (Graphics g) 方法可以被多次调用。例如，当 Applet 被其他页面遮挡后又重新放到最前面、改变浏览器窗口的大小以及 Applet 本身需要显示信息时，paint () 方法都会被自动调用。

与上述 4 种方法不同的是，paint () 方法有一个参数 g。浏览器的 Java 运行环境产生一个 Graphics 类的实例，并传递给方法 paint () 中的参数 g。因此，用户不妨把 g 理解为一个画笔。

该方法是 Component 中的方法，Applet _ Test. java 重写了这个方法。

主类创建的容器对象调用 init ()、start ()、paint () 方法之后，出现如图 11 - 1 所示的效果。

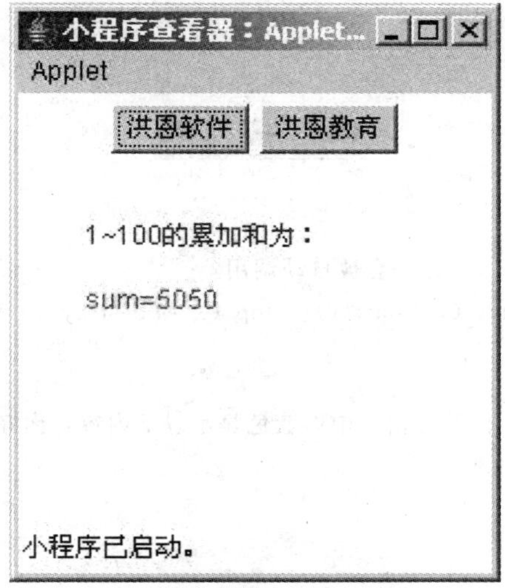

图 11-1　执行 Applet 小程序

6. 重画：repaint ()

当用户使用 repaint () 方法时，将导致下列事情发生：程序首先清除 paint () 方法以前所画的内容，然后再调用 paint () 方法。

在下面的例子中，我们在 paint () 方法中使用了 repaint () 方法。因此小程序调用 repaint () 方法时，将导致 paint () 方法以前所画的内容消失，紧接着会再调用 paint () 方法。这样，小程序中的字符串就不断地往下走。

该方法是 Component 中的方法，Applet _ Test. java 继承了这个方法。

【例 11-2】　程序清单：Repaint _ Test. java。

```
import java.applet.Applet;
import java.awt.Graphics;

public class Repaint_Test extends Applet {
    int x;

    public void init() {
        x = 10;
    }

    public void paint(Graphics g) {
        x = x + 1;
        if (x >= 300)
            x = 10;
        g.drawString("学习 Java 是一个循序渐进的过程", 30, x);
        repaint();
```

```
    }
}
```

练 习 题

简答题

1. 哪些情况发生时，paint () 方法会被自动调用?
2. 在 Applet 类中，方法 init ()、start ()、stop () 和 destroy () 什么时候被调用?

编程题

1. 编写一个 Applet 程序，使其在窗口中以蓝色显示以下内容：你好，朋友!

第 12 章 图形用户界面设计

■ 本章导读

从本章开始，我们将介绍用 Java 进行图形用户界面（Graphics User Interface，GUI）编程。使用 GUI 可以实现用户和程序之间方便地进行交互。通过本章的学习，用户可以自己创建一个美观的窗口，并在窗口中使用多种组件、字体和色彩。

请读者注意，本章及以后的章节都是基于 Eclipse 的编译和运行环境。如果不具备这种环境，可以通过第 11 章介绍过的使用浏览器运行 Applet 程序的方式来调试运行。

■ 学习目标

（1）了解 AWT 基本组件；

（2）掌握 AWT 容器、布局管理器的概念；

（3）理解 AWT 事件处理；

（4）学会 Swing 图形用户界面设计。

12.1 AWT 工具集简介

Java 的抽象窗口工具包（Abstrac Window Toolkit，简称 AWT）中包含了许多类来支持 GUI 设计。AWT 由 Java 的 java. awt 提供，该包中有许多用来设计 GUI 的组件类，如标签、按钮、列表、文本框和文本区等，同时它还包含了窗口、面板、对话框等容器类。

在学习 GUI 编程时，必须理解和掌握两个概念：容器类（Container）和组件类（Component）。java. awt 包中一部分类的层次关系如图 12 - 1 所示。

Button、Canvas、Scrollbar、List、Label、Checkbox、TextField、TextArea 类是包 java. awt 中的类，并且是 java. awt 包中 Component（组件）的子类。Java 把由 Component 类的子类或间接子类创建的对象称为一个组件；把由 Container 的子类或间接子类创建的对象称为一个容器。

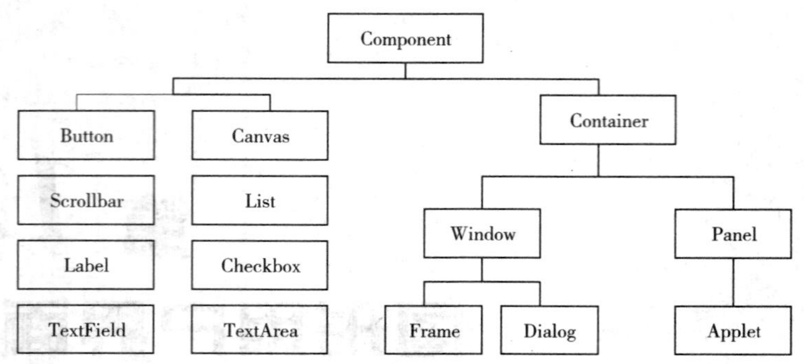

图 12-1　Component 类的部分子类

可以向容器内添加组件。Component 类提供了一个 public 方法 add（），一个容器可以调用这个方法将组件添加到该容器中。

如果容器调用 removeAll（）方法可以移掉容器中的全部组件；调用 remove（Component c）方法可以移掉容器中参数指定的组件。

每当容器添加新的组件或移掉组件时，应当让容器调用 validate（）方法，以保证容器中的组件能正确地显示出来。

> **注意：**
>
> 容器本身也是一个组件，因此用户可以把一个容器添加到另一个容器中以实现容器的嵌套。

在图 12-1 中需要注意的是，Applet 类不是包 java.awt 中的类，上图只是说明它是 Panel 的子类，是 Container 的间接子类。Applet 类是包 java.applet 中的类，不同包中的类可以有继承关系。

现在我们举一个向容器中添加组件的应用程序例子。

【例 12-1】　程序清单：Component_Test.java。

```
import java.awt.*;
public class Component_Test {
  public static void main(String args[]){
    Frame frame = new Frame("Component 类测试");      //实例化一个容器对象
    frame.setLayout(new FlowLayout());
    Label lab = new Label("您的选择是:");
    Button button1 = new Button("赞成");
    Button button2 = new Button("反对");
    frame.add(lab);
    frame.add(button1);
    frame.add(button2);
    frame.setSize(300,200);                  //调用方法 setSize(int,int)设置容器
                                              的大小
```

```
    frame.setBackground(Color.YELLOW);          //设置背景色为黄色
    frame.setVisible(true);
    frame.validate();
  }
}
```

程序运行结果如图 12 - 2 所示。

图 12 - 2 容器和组件

AWT 是 API 为 Java 程序提供的建立图形用户界面工具集，AWT 可用于 Java 的 Applet（小应用程序）和 Applications 中。AWT 支持图形用户界面编程的功能包括：用户界面组件；事件处理模型；图形和图像工具，包括形状、颜色和字体类；布局管理器，可以进行灵活的窗口布局而与特定窗口的尺寸和屏幕分辨率无关；数据传送类，可以通过本地平台的剪贴板来进行剪切和粘贴。

java.awt 包提供了基本 Java 程序的 GUI 设计工具。主要包括下述 3 个概念：

- 组件——Component；
- 容器——Container；
- 布局管理器——LayoutManager。

12.2 AWT 基本组件

Java 图形用户界面最基本的组成部分是组件（Component），组件是一个可以以图形化的方式显示在屏幕上并能与用户进行交互的对象。例如，一个按钮、一个文本框、一个下拉列表等。

12.2.1 标签（Label）

AWT 中最简单的组件就是标签了。所谓标签，实质上就是一段文字。但与文字不同的是，它是 AWT 组件。所以每次在 repaint（）时，不用重新添加。标签的功能只是显示文本，不能动态地编辑文本。

大多数 AWT 组件都有多种构造方法，Label 类中定义了 3 种：

- Label（）构造建立一个空的标签；

● Label（String text）构造建立一个以 text 为内容的标签；

● Label（String text，int alignment）定义一个以 text 为内容的标签，标签内容的对齐方式由参数 alignment 决定。可以是靠左、靠右或居中，默认设置是靠左。为了便于记忆，我们在 Label 类中定义了相应的常量，Label. LEFT、Label. CENTER 和 Label. RIGHT。例如，要定义一个居中的标识，可以写成：

```
Label lab = new Label(myLabel, Label.CENTER);
```

以上是 Label 的定义方法。在定义 Label 之后，我们要用 add（）方法将它添加到屏幕上。否则，它是不会显示在屏幕上的。需要强调的是，所有 AWT 组件的使用过程都是这样。具体添加代码如下：

```
add(lab);
```

或者直接写成：

```
add(new Label(myLabel));
```

这两种方法的区别在于，如果这个标识不再需要修改，可以直接添加；如果还需要修改，应当先定义一个 Label 类，然后再添加。

12.2.2 按钮（Button）

按钮是 AWT 中最常见的一种组件，用户可以通过单击该组件来实现特定的操作。当然，如果希望按钮响应用户的单击操作，就需要实现相关的鼠标单击事件。有关事件处理方面的内容，将在第 12.5 节中介绍。Button 类的构造方法有两种：

● Button（）构造一个没有名称的按钮；

● Button（String label）构造一个指定名称的按钮。

按钮组件的生成方式如下：

```
Buttonbutton = new Button("确定");
```

上面语句生成了一个标记文字为“确定”的按钮。

12.2.3 文本框（TextField）

在许多情况下，用户还需要自己输入一些文字，这时就需要文本框。文本框是由 TextField 类实现的。TextField 类的构造方法有 4 种：

● TextField（）构造一个新的文本框；

● TextField（int columns）构造一个指定长度、初始内容为空的文本框；

● TextField（String text）构造一个指定初始内容为 text 的文本框；

● TextField（String text，int columns）构造一个指定长度、指定初始内容为 text 的文本框。

例如，

```
add(new Label("你的学号是："));
add(new TextField(30));
```

在某种情况下，如果用户可能希望自己的输入不被别人看到，例如密码。这时可以用 TextField 类中 setEchoCharacter (char c) 方法设置回显字符，使用户的输入全部以某个特殊字符显示在屏幕上。

12.2.4 文本区 (TextArea)

文本区的功能与文本框的功能相同，只是文本区能显示更多的文字。因为文本框只能输入一行的文字，所以在需要输入和显示较多的文字时，就要用到文本区，用户可以在文本区中输入多行文本。文本区是由 TextArea 类实现的。TextArea 类的构造方法有 4 种：

- TextArea () 构造一个新的文本区；
- TextArea (int rows, int columns) 构造一个指定高度和宽度的文本区；
- TextArea (String text) 构造一个显示指定文字为 text 的文本区；
- TextArea (String text, int rows, int columns) 构造一个指定高度、宽度，并显示指定文字为 text 的文本区。

下面是一个文本区的例子：

```
add(new Label("你的意见："));
add(new TextArea("我认为 ",5,30));
```

12.2.5 复选框 (Checkbox)

Checkbox 类一般不需要定义相应的操作，它只是用来让用户自己设置某些选项。Checkbox 类提供两种状态：一是选中，二是未选中。Checkbox 类可以有两种使用方式：一种是一次可以选择多项，即复选框；另一种是一次只能选择一项，即单选按钮。这里介绍的是复选框，单选按钮在第 12.2.6 节中介绍。

Checkbox 类常用的构造方法有 3 种：

- Checkbox () 构造一个空的复选框条目，未被选中；
- Checkbox (String label) 构造一个以 label 为标识的复选框条目，未被选中；
- Checkbox (String label, boolean state) 构造一个以 label 为标识的复选框条目，参数 state 设置这个条目是否预先被选中，true 是选中，false 是未选中。所以如果需要将某个条目设置成预先选中的话，必须用这个构造方法。

下面是建立复选框的一个例子。

```
add(new Checkbox("语文"));
add(new Checkbox("数学"));
add(new Checkbox("计算机",true));
add(new Checkbox("物理",true));
```

12.2.6 单选按钮 (Radio Buttons)

单选按钮的使用方法与复选框基本相同，区别在于单选按钮所有条目必须属于一个条目组。在这个条目组中，一次只能选择一个条目。

单选按钮的构造方法：Checkbox（String label，CheckboxGroup group，boolean state）构造一个以 String 为标识的单选按钮。参数 group 指出这个条目所属的条目组，参数 boolean 设置这个条目是否预先被选中，true 是选中，false 是未选中。

CheckboxGroup 类的构造方法：CheckboxGroup（）构造一个条目组。

构造完一个条目组，就可以把条目加入到这个条目组中。在加入条目时，不要忘记只有一个条目能被预先选中。例如，

```
CheckboxGroupsex = new CheckboxGroup();
Checkboxch1 = new Checkbox(" 男 " , sex, true);
Checkbox ch2 = new Checkbox(" 女 " , sex, false);
```

对于单选按钮的生成，首先需要生成一个复选框组 CheckboxGroup 的对象，然后生成 Checkbox 对象，并将生成的 Checkbox 对象加入到复选框组中。在上面的语句中，第一个语句生成复选框组对象，第二个和第三个语句生成单选按钮对象。值得注意的是，通过将第二个参数指定为生成的 CheckboxGroup 对象，也就把复选框对象加入到复选框组中，从而也就生成了单选按钮对象。语句中第一个和第三个参数的含义同上面复选框对象。

12.2.7 下拉列表（Choice）

下拉列表是指弹出式菜单，用户可以在弹出的条目中进行选择。在 Java 中，下拉列表是由 Choice 类实现的。Choice 类的构造方法：Choice（）构造一个下拉列表。

构造完下拉列表之后，再使用 Choice 类中的 add（String text）方法加入菜单的条目。条目在菜单中的位置由条目添加的顺序决定，Choice 类建立一个整数索引以便进行检索。

下面是一个较为完整的例子。

```
Choice c = new Choice();
c.add("语文");
c.add("数学");
c.add("计算机");
add(c);
```

在加入条目之后，不要忘记所做的这些只是定义了一个下拉列表，还需要用 add（）方法把所定义的下拉列表添加到屏幕上。在下拉列表被添加到屏幕上之后，仍可以加入新的条目。

12.2.8 滚动列表（List）

滚动列表的功能是让用户在几个条目中作出选择。滚动列表是由 List 类实现的，List 类的构造方法有 3 种：

- List（）构造一个空的滚动列表；

● List（int rows）构造一个指定行数的滚动列表；

● List（int rows，boolean multipleMode）构造一个指定行数的滚动列表。int 类型参数为指定的行数，boolean 参数 multipleMode 确定这个列表是多选还是单选。true 表示多选，false 表示单选。与 Choice 类相同，在构造一个 List 类后，也要用 add（String text）方法添加列表中的条目。在添加条目的同时，也会建立一个整数索引。

让我们来看一个例子。

```
List list = new List(5,true);
list.add("苹果");
list.add("香蕉");
list.add("橘子");
list.add("桃子");
list.add("梨");
list.add("草莓");
list.add("柚子");
add(list);
```

通过上面这个例子，可以看出列表框与选择菜单的区别。首先，列表框不是弹出式的菜单，而是列表，如果条目的数目超过列表大小，会自动出现滚动条；其次，列表框可以是单选的，也可以是多选的。

12.2.9 菜单项（MenuItem）

MenuItem 是菜单树中的叶子节点，通常被添加到一个 Menu 中。对于 MenuItem 对象，可以添加 ActionListener 使其能够完成相应的操作。MenuItem 类的构造方法有以下 3 种：

● MenuItem（）构造一个空的、没有快捷键的菜单项；

● MenuItem（String label）构造一个指定文本为 label 的、没有快捷键的菜单项；

● MenuItem（String label，MenuShortcut s）构造一个指定文本为 label 且有快捷键 s 的菜单项。

例如：

```
Menu m1 = new Menu("文件");
MenuItem mi1 = new MenuItem("新建");
MenuItem mi2 = new MenuItem("保存");
MenuItem mi3 = new MenuItem("退出");
m1.add(mi1);
m1.add(mi2);
m1.addSeparator();
m1.add(mi3);
```

12.2.10 画布（Canvas）

在 Java 中，用于创建画布对象的类是 Canvas 类。一个应用程序必须继承 Canvas

类才能获得有用的功能，比如创建一个自定义组件等。如果想在画布上完成一些图形处理，那么 Canvas 类中的 paint（）方法必须被重写。

Canvas 组件监听各种鼠标、键盘事件。当在 Canvas 组件中输入字符时，必须先调用 requestFocus（）方法。

【例 12-2】 程序清单：Canvas _ Test. java。

```
import java.awt.Canvas;
import java.awt.Frame;
import java.awt.event.KeyEvent;
import java.awt.event.KeyListener;
import java.awt.event.MouseEvent;
import java.awt.event.MouseListener;
public class Canvas_Test implements KeyListener, MouseListener {
    Canvas can;                                          //声明一个画布对象
    String str = "";
    public static void main(String args[]){
        Frame f = new Frame("Canvas 例子");
        Canvas_Test myCanvas = new Canvas_Test();
        myCanvas.can = new Canvas();
        f.add("Center", myCanvas.can);
        f.setSize(150, 150);
        myCanvas.can.addMouseListener(myCanvas);         // 注册监听器
        myCanvas.can.addKeyListener(myCanvas);           // 注册监听器
        f.setVisible(true);
    }
    public void mouseClicked(MouseEvent ev){
        System.out.println("发生鼠标单击事件,位置是" + ev.getX() + "," + ev.getY());
        can.requestFocus();          //获得焦点,表示该窗口将接收用户的键盘和鼠标输入
    }
    /*
        方法 keyTyped()是 keyPressed()和 keyReleased()方法的组合,当键被按下又释放时,
        keyTyped()方法被调用
     */
    public void keyTyped(KeyEvent ev){
        System.out.println("发生键盘事件");
        str + = ev.getKeyChar();    // 获取每个输入的字符,依次添加到字符串 str 中
        can.getGraphics().drawString(str, 0, 20);        // 显示字符串 str
    }
    public void keyPressed(KeyEvent ev){
        System.out.println("发生键盘按下事件");
    }
    public void keyReleased(KeyEvent ev){
```

```
            System.out.println("发生键盘释放事件");
        }
        public void mousePressed(MouseEvent ev){
            System.out.println("发生鼠标按下事件,位置是" + ev.getX() + "," + ev.getY());
        }
        public void mouseReleased(MouseEvent ev){
            System.out.println("发生鼠标释放事件,位置是" + ev.getX() + "," + ev.getY());
        }
        public void mouseEntered(MouseEvent ev){
            System.out.println("发生鼠标进入事件,位置是" + ev.getX() + "," + ev.getY());
        }
        public void mouseExited(MouseEvent ev){
            System.out.println("发生鼠标离开事件");
    }
}
```

12.2.11 滚动条（Scrollbar）

在下拉列表、滚动列表和文本区中，当程序有需要时系统会自动加入滚动条。在某些情况下，特别是关于数字的操作时，需要单独使用滚动条。滚动条是由 Scrollbar 类实现的。Scrollbar 类的构造方法有 3 种：

- Scrollbar（）构造一个新的、垂直的滚动条；
- Scrollbar（int orientation）构造一个指定方向的滚动条；
- Scrollbar（int orientation，int value，int visible，int minimum，int maximum）根据给定参数构造一个滚动条。其中，第一个参数 orientation 指定滚动条的方向，第二个参数 value 指定滑动块的初始位置，第三个参数 visible 指定滚动条的宽度，第四个参数 minimum 和第五个参数 maximum 指定滚动条的最小值和最大值。

在 Scrollbar 类中，定义了两个常量 HORIZONTAL 和 VERTICAL，在指定滚动条的方向时可以使用这两个常量。

12.2.12 文件对话框（FileDialog）

当用户打开或存储文件时，可以使用文件对话框进行操作。Filedialog 类的构造方法有 3 种：

- FileDialog（Frame parent）构造一个打开的文件对话框；
- FileDialog（Frame parent，String title）构造一个含有标题的文件对话框；
- FileDialog（Frame parent，String title，int mode）构造一个含有标题、打开或存储文件的对话框。

下面构造了一个含有标题的文件对话框。

```
FileDialog d = new FileDialog(ParentFr,"文件对话框");
d.setVisible(true);
```

```
String filename = d.getFile();
```

12.2.13 一个 AWT 的综合实例

现在，我们可以尝试把上面介绍的所有内容组合在一起，做一个较为复杂的例子。

【例 12-3】 程序清单：AWT_Test.java。

```
import java.awt.*;
class Win extends Frame{
    Win(){
        setLayout(new FlowLayout());
        add(new Label("姓名："));
        add(new TextField(10));
        add(new Label("性别："));
        CheckboxGroup sex = new CheckboxGroup();
        add(new Checkbox("男", sex, true));
        add(new Checkbox("女", sex, false));
        add(new Label("你喜欢的水果是："));
        add(new Checkbox("苹果"));
        add(new Checkbox("猕猴桃"));
        add(new Checkbox("哈密瓜"));
        add(new Label("你通常每天要吃几个水果：  "));
        Choice c = new Choice();
        c.add("少于 1 个");
        c.add("1 个到 3 个");
        c.add("3 个以上");
        c.add("我自己也不知道");
        add(c);
        add(new Label("你觉得吃水果有什么好处："));
        add(new TextArea("我认为 ", 4, 35));
        add(new Button(" 确定 "));
        add(new Button(" 重写 "));
        setSize(290,260);
        setVisible(true);
        validate();
    }
}
public class AWT_Test{
    public static void main(String args[]){
        new Win();
    }
}
```

程序运行结果如图 12 - 3 所示。

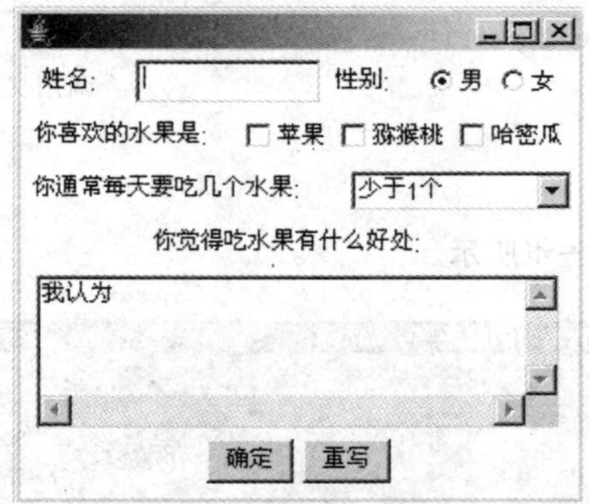

图 12 - 3　AWT 基本组件举例

12. 3　AWT 容器

在 Java 图形用户界面中，容器的主要作用是包容其他组件，并按一定方式组织排列它们。一般情况下，同一个容器中的所有组件总是同时被显示或同时被隐藏的。从图 12 - 1 的层次关系中我们已经知道，所有容器都是类 Container 的子类，包括无边框容器 Panel、Applet 和有边框容器 Frame、Window 和 Dialog 等。下面介绍常用容器 Frame 和 Panel 的使用方法。

12. 3. 1　框架 (Frame)

框架（Frame）是 Java 中最重要、最常用的容器之一，是 Java Application 程序的图形用户界面。框架是一个顶级窗口，它具有自己的外边框和标题，并且不能被其他容器包含。框架对象由 Frame 类创建，其构造方法如下：

● Frame（）构造一个空的、无标题的框架窗口；

● Frame（String title）构造一个空的、标题为 title 的框架窗口；

● Frame（GraphicsConfiguration gc）用指定的绘图配置 gc 创建一个空的、无标题的框架窗口，gc 为 null 时使用系统默认的配置；

● Frame（String title，GraphicsConfiguration gc）用指定的绘图配置 gc 构造一个空的、标题为 title 的框架窗口，gc 为 null 时使用系统默认的配置。

【例 12 - 4】　程序清单：Frame _ Test. java。

```
import java. awt. * ;
public class Frame_Test extends Frame {
    public static void main(String args[]){
        Frame_Test frame = new Frame_Test("此处为窗口的标题"); // 构造方法
        frame. setSize(400, 300);                    // 设置 Frame 的大小,默认为(0,0)
        frame. setBackground(Color. cyan);            // 设置 Frame 的背景,默认为青兰色
```

```
        frame.setVisible(true);                    // 设置 Frame 为可见,默认为不可见
    }
    public Frame_Test(String str){
        super(str);                                // 调用父类 Frame 的构造方法
    }
}
```

程序运行结果如图 12-4 所示。

图 12-4　Frame 容器举例

如果我们要生成一个窗口，通常是用 Window 的子类 Frame 来进行实例化，而不是直接用到 Window 类。Frame 的外观就像我们平常在 Windows 系统下见到的窗口一样，包括标题、边框、菜单和大小等。每个 Frame 的对象被实例化以后，都是没有大小、不可见的。此时必须调用 setSize（）来设置大小，调用 setVisible（true）将该窗口设置为可见的。

在实际的运行过程中，AWT 调用所在平台的图形系统，因此同样一段 AWT 程序在不同的操作系统平台上运行时所看到的图形系统是不一样的。例如在 Windows 系统下运行，显示的窗口是 Windows 风格的窗口；而在 UNIX 系统下运行时，显示的则是 UNIX 风格的窗口。

12.3.2　面板（Panel）

面板（Panel）是最常用、也是最简单的一种容器。它没有边框或其他边界，不能被移动、放大、缩小或关闭，并且无法单独使用，必须被添加到其他容器中。面板也可以处理事件，但一定要先获得输入焦点。

通常，使用面板的目的是让图形界面的各个组件分层，从而使组件在容器中的布局操作更为方便，所以面板常用来进行容器嵌套，以完成图形界面的良好布局。面板对象由 Panel 类创建，其构造方法如下：

- Panel（）创建一个面板对象；
- Panel（LayoutManager layout）创建一个面板对象，并指定布局管理器为 layout。

【例 12-5】 程序清单：Panel _ Test. java。

```
import java.awt.*;
public class Panel_Test extends Frame {
    public Panel_Test(String str){
        super(str);
    }
    public static void main(String args[]){
        Panel_Test fr = new Panel_Test("面板举例");
        Panel panel1 = new Panel();
        Panel panel2 = new Panel();
        Panel panel3 = new Panel();
        fr.setSize(400,300);
        fr.setLayout(null);                  // 将 fr 的布局方式设置为空布局
        panel1.setBackground(Color.red);     // 设置面板 panel1 的背景颜色为红色
        panel2.setBackground(Color.yellow);
        panel3.setBackground(Color.green);
        panel1.setBounds(0, 0, 400, 100);    //设置面板 panel1 的起始坐标和大小
        panel2.setBounds(0, 100, 400, 100);
        panel3.setBounds(0, 200, 400, 100);
        fr.add(panel1);                      // 用 add()方法把面板 panel1 添加到框架 fr 中
        fr.add(panel2);
        fr.add(panel3);
        fr.setVisible(true);
    }
}
```

程序运行结果如图 12-5 所示。

图 12-5　Panel 容器举例

12.4 布局管理器

为了实现跨平台的特性并且获得动态的布局效果，Java 将容器内的所有组件安排给一个布局管理器负责管理，将组件的排列顺序、组件的大小和位置、当窗口移动或调整大小后组件如何变化等功能授权给对应的容器布局管理器来管理。不同的布局管理器使用不同算法和策略，容器可以通过选择不同的布局管理器来决定布局。

一般情况下，主要的布局管理器包括 awt 包中的 FlowLayout、BorderLayout、CardLayout、GridLayout、GridBagLayout 等。

12.4.1 FlowLayout

FlowLayout 是 Panel、Applet 默认的布局管理器，其组件的放置规律是从上到下、从左到右。每一行中的组件都居中对齐，组件之间默认的水平间隙和垂直间隙都是 5 个像素。组件的大小为默认的最佳大小。

构造方法主要包括下面几种：

● FlowLayout（）默认的对齐方式是居中对齐，横向间隔和纵向间隔都是默认值 5 个像素；

● FlowLayout（FlowLayout. LEFT）默认的对齐方式是居左对齐，横向间隔和纵向间隔都是默认值 5 个像素；

● FlowLayout（FlowLayout. RIGHT，20，40）的第一个参数表示组件的对齐方式，指明组件在这一行中的位置是居中对齐、居右对齐还是居左对齐，第二个参数是组件之间的横向间隔，第三个参数是组件之间的纵向间隔，单位是像素。

【例 12-6】 程序清单：FlowLayout _ Test. java。

```
import java.awt.*;
public class FlowLayout_Test {
    public static void main(String args[]){
        Frame f = new Frame();
        f.setLayout(new FlowLayout());
        Button button1 = new Button("赞成");
        Button button2 = new Button("反对");
        Button button3 = new Button("弃权");
        f.add(button1);
        f.add(button2);
        f.add(button3);
        f.setSize(300, 150);
        f.setVisible(true);
    }
}
```

程序运行结果如图 12-6 所示。

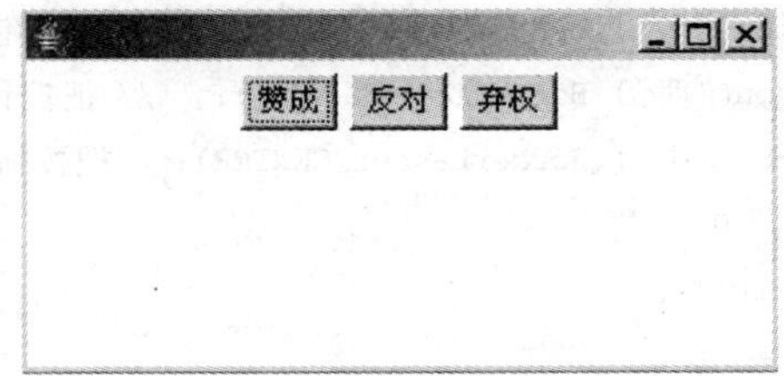

图 12-6　FlowLayout 布局举例

当容器的大小发生变化时，用 FlowLayout 管理的组件会发生变化。其变化规律是：组件的大小不变，但是相对位置会发生变化。例如，图 12-6 中的三个按钮都处于同一行，但如果把该窗口变窄，窄到每行刚好能够放下一个按钮时，则第二个按钮将转到第二行，第三个按钮将转到第三行。“反对”按钮本来在“赞成”按钮的右边，但是现在到了它的下面。

12.4.2　BorderLayout

BorderLayout 是 Window、Frame 和 Dialog 默认的布局管理器。BorderLayout 布局管理器把容器分成 5 个区域，分别是 North、South、East、West 和 Center，每个区域只能放置一个组件。各个区域的位置及大小如图 12-7 所示。

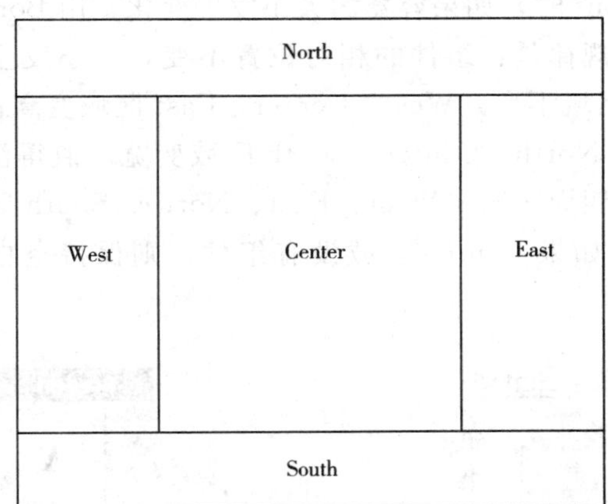

图 12-7　BorderLayout 布局管理器把容器分成 5 个区域

【例 12-7】　程序清单：BorderLayout _ Test. java。

```
import java.awt.*;
public class BorderLayout_Test {
    public static void main(String args[]){
        Frame fr = new Frame("BorderLayout 布局管理器");
        fr.setLayout(new BorderLayout());
        fr.add(new Button("北"),BorderLayout.NORTH);      // 第二个参数表示把按钮添加到
                                                          容器的 North 区域
        fr.add(new Button("南"),BorderLayout.SOUTH);      // 把按钮添加到容器的 South 区域
```

```
        fr.add(new Button("东"),BorderLayout.EAST);    // 把按钮添加到容器的 East 区域
        fr.add(new Button("西"),BorderLayout.WEST);    // 把按钮添加到容器的 West 区域
        fr.add(new Button("中"),BorderLayout.CENTER); //把按钮添加到容器的 Center 区域
        fr.setSize(200, 200);
        fr.setVisible(true);
    }
}
```

程序运行结果如图 12－8 所示。

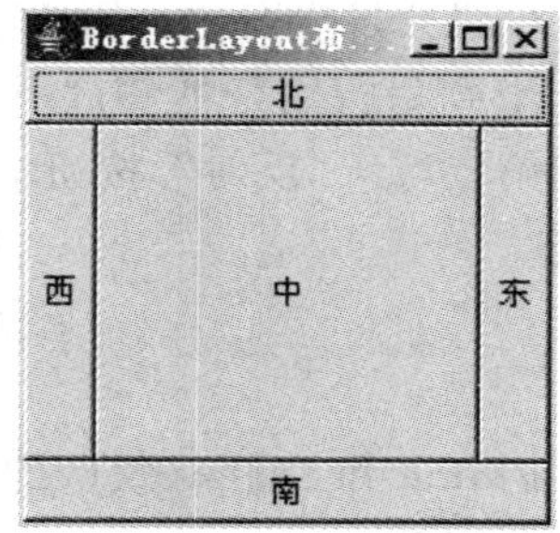

图 12－8　BorderLayout 布局举例

在使用 BorderLayout 时，如果容器的大小发生变化，用 BorderLayout 管理的组件也会发生变化。其变化规律是：组件的相对位置不变，大小发生变化。例如容器变高了，则 North、South 区域不变，West、Center、East 区域变高；如果容器变宽了，则 West、East 区域不变，North、Center、South 区域变宽。值得注意的是，不一定所有的区域都有组件，如果四周区域（West、East、North、South 区域）没有组件，则由 Center 区域填充；但是如果 Center 区域没有组件，则保持空白，其效果如图 12－9 所示。

a）North区域缺少组件

b）North和Center区域缺少组件

图 12－9　North 和 Center 区域的组件

12.4.3　CardLayout

CardLayout（牌式布局管理器）能够帮助用户处理两个甚至更多的成员共享同一

显示空间，它把容器分成许多层，每层的显示空间占据整个容器的大小，但是每层只允许放置一个组件，当然每层都可以利用 Panel 容器嵌套来实现复杂的用户界面。CardLayout 就像一副叠得整整齐齐的扑克牌一样，虽然有许多张牌，但是用户只能看见最上面的一张牌，每一张牌就相当于牌式布局管理器中的每一层。

使用 first ()，last ()，next ()，previous () 和 show () 方法可使卡片成为可见的。下面是一个简单的例子。

```
setLayout(new CardLayout());
Panel one = new Panel();
add(first, one);
Panel two = new Panel();
add(second, two);
Panel three = new Panel();
add(third, three);
show(this, second);
```

在 CardLayout 中也可设置间隔，方法如下：

```
setLayout(new CardLayout(5,5));
```

12.4.4 GridLayout

GridLayout（网格布局管理器）是使用较多的布局管理器之一，它是基于网络（即行列）来放置组件的。这种布局管理器把容器的空间划分成若干行乘若干列的网络区域，并平均占据容器的空间，组件就位于这些划分出来的小格中。

【例 12-8】 程序清单：GridLayout_Test.java。

```
import java.awt.*;
public class GridLayout_Test {
    public static void main(String args[]){
        Frame f = new Frame("GridLayout 布局管理器");
        f.setLayout(new GridLayout(2, 3));          // 容器平均分成 2 行 3 列共 6 格
        f.add(new Button("按钮 1"));                 // 添加到第 1 行的第 1 格
        f.add(new Button("按钮 2"));                 // 添加到第 1 行的第 2 格
        f.add(new Button("按钮 3"));                 // 添加到第 1 行的第 3 格
        f.add(new Button("按钮 4"));                 // 添加到第 2 行的第 1 格
        f.add(new Button("按钮 5"));                 // 添加到第 2 行的第 2 格
        f.add(new Button("按钮 6"));                 // 添加到第 2 行的第 3 格
        f.setSize(240, 100);
        f.setVisible(true);
    }
}
```

程序运行结果如图 12-10 所示。

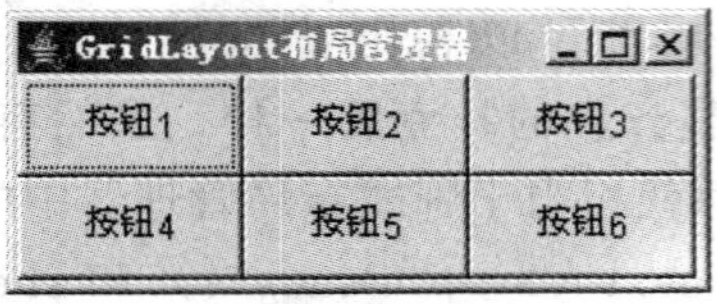

图 12－10　GridLayout 举例

12.4.5　GridBagLayout

GridBagLayout 是一种非常灵活的版面布局，它是在将屏幕划分成网格的基础上，允许每个组件占据一个或多个单元（显示区域）。GridBagLayout 管理的每个组件都有一个相应的 GridBagConstraints 实例，并通过这个实例来安排组件的位置。想要有效地使用 GridBagLayout 类，就必须为该组件定义一个 GridBagConstraints 实例，并正确设置实例变量。

实例变量如下：

● anchor：当组件的尺寸比显示区域小时，用来设置组件的放置位置（可以和参数 fill 一起使用）。其默认值是 GridBagConstraints. CENTER、GridBagConstraints. NORTH、GridBagConstraints. SOUTH、GridBagConstraints. EAST、GridBagConstraints. WEST，或是 GridBagConstraints. NORTHEAST、GridBagConstraints. NORTHWEST、GridBagConstraints. SOUTHEAST 和 GridBagConstraints. SOUTHWEST。

● fill：当显示区域大于组件实际尺寸时，设置如何重新调整组件的大小。可以使用的值有 GridBagConstraints. NONE（默认值）、GridBagConstraints. HORIZONTAL（将组件横向扩充以填满显示区域）、GridBagConstraints. VERTICAL（将组件纵向扩充以填满显示区域）或是 GridBagConstraints. BOTH（将组件扩充以填满显示区域）。

● gridx，gridy：设置安放组件的网格单元的坐标。屏幕左上角的网格单元坐标是 gridx=0，gridy=0。如果使用系统默认值 GridBagConstraints. RELATIVE，那么该组件将放置在前一个被添加组件的右边或下边。

● gridwidth，gridheight：以网格单元为单位设置显示区域的宽度和高度，默认值为 1。使用 GridBagConstraints. REMAINDER 可以设置这个组件是这一行或这一列中的最后一个，即占据剩下的网格单元。使用 GridBagConstraints. RELATIVE 可以将这个组件设置成占据这一行或这一列中除最后一个以外的所有网格单元。

● ipadx，ipady：设置组件之间的间隔。组件间的横向间隔为 ipadx * 2 个像素，同样纵向间隔也为 ipady * 2 个像素。

● insets：设置组件与屏幕边缘之间的间隔。

● weightx，weighty：设置怎样分配空白区域（用于屏幕大小改变时）。其默认值是 0，所有的组件集中在容器的中央。所以需要改变设置时，必须给这两个参数赋值。

【例 12－9】　程序清单：GridBagLayout _ Test. java。

```
import java.awt.*;
import java.applet.Applet;
public class GridBagLayout_Test extends Applet {
    public void init(){
        resize(300, 100);                              // 设置窗口的大小
        GridBagConstraints gbc = new GridBagConstraints();
        // 设定外观管理器为 GridBagLayout 外观管理器
        setLayout(new GridBagLayout());
        gbc.fill = GridBagConstraints.BOTH;            // 所有的按钮都会把分配的剩余空
                                                       间填满
        gbc.gridwidth = 1;                             // 设置第 1 个按钮的大小
        gbc.gridheight = 1;
        Button Button1 = new Button("东");
        ((GridBagLayout)getLayout()).setConstraints(Button1, gbc);
        add(Button1);
        gbc.gridwidth = GridBagConstraints.REMAINDER; // 第 2 个按钮填满整行空间
        Button Button2 = new Button("西");
        ((GridBagLayout)getLayout()).setConstraints(Button2, gbc);
        add(Button2);
        gbc.gridheight = 4;                            // 设置第 3 个按钮的大小
        gbc.gridwidth = 1;
        Button Button3 = new Button("南");
        ((GridBagLayout)getLayout()).setConstraints(Button3, gbc);
        add(Button3);
        gbc.gridheight = 2;                            // 设置第 4 个按钮的大小
        gbc.gridwidth = 2;
        Button Button4 = new Button("北");
        ((GridBagLayout)getLayout()).setConstraints(Button4, gbc);
        add(Button4);
        gbc.gridwidth = GridBagConstraints.REMAINDER;
        Button Button5 = new Button("中");
        ((GridBagLayout)getLayout()).setConstraints(Button5, gbc);
        add(Button5);
        gbc.insets = new Insets(5, 6, 7, 8);          // 设置第 5 个按钮的位置
        Button Button6 = new Button("布局管理器");
        ((GridBagLayout)getLayout()).setConstraints(Button6, gbc);
        add(Button6);
}
}
```

程序运行结果如图 12 - 11 所示。

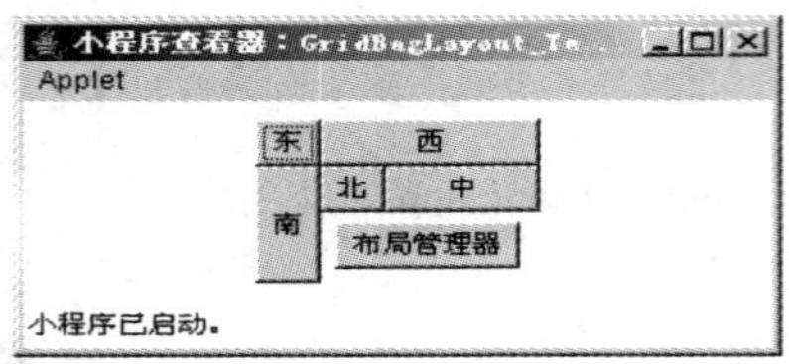

图 12-11　GridBagLayout 举例

12.4.6　容器的嵌套

在复杂的图形用户界面设计中，为了使布局更加易于管理，具有简洁的整体风格，一个包含了多个组件的容器本身也可以作为一个组件添加到另一个容器中去。容器中再添加容器，这样就形成了容器的嵌套。被添加的容器称为原容器的内嵌容器。下面是一个容器嵌套的例子。

【例 12-10】　程序清单：GUI _ Test. java。

```
import java.awt. * ;
public class GUI_Test extends Frame{
    public static void main(String args[]){
        Frame f = new Frame("容器的嵌套实例");
        f. setLayout(new FlowLayout());
        Panel p1 = new Panel();
        p1. add(new Label("用户名:"));
        p1. add(new TextField(10));
        Panel p2 = new Panel();
        p2. add(new Label("密　码:"));
        TextField text = new TextField(10);
        text. setEchoChar('*');              //将文本框的回显字符设置为星号
        p2. add(text);
        f. add(p1);
        f. add(p2);
        f. setSize(200, 150);
        f. setVisible(true);
    }
}
```

程序运行结果如图 12-12 所示。

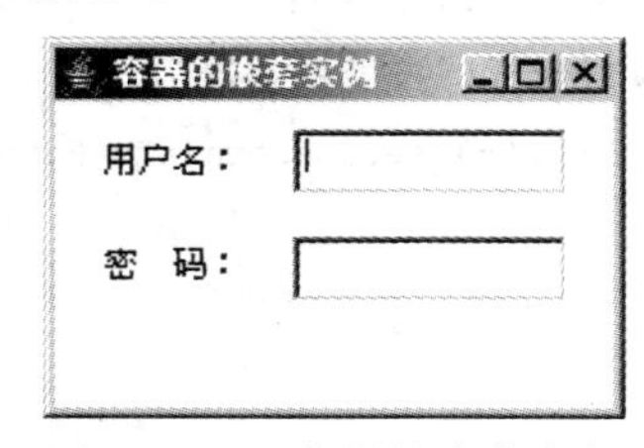

图 12-12　容器的嵌套实例

程序分析：

(1) Frame 是一个顶级窗口。Frame 的默认布局管理器为 BorderLayout，程序中将 Frame 类实例 f 的布局方式改为 FlowLayout。

(2) Panel 无法单独显示，必须添加到某个容器中去。Panel 的默认布局管理器为 FlowLayout。

(3) 当把 Panel 作为一个组件添加到某个容器中后，该 Panel 仍然可以有自己的布局管理器。

(4) 如果采用无布局管理器 setLayout (null)，则必须使用 setLocation ()、setSize ()、setBounds () 等方法手动设置组件的大小和位置。此方法会导致平台相关，因此不鼓励使用。

12.5 AWT 事件处理模型

上一节中的主要内容是介绍如何放置各种组件，使图形界面更加丰富多彩，但是并不能响应用户的任何操作。要想让图形界面能够接收用户的操作，就必须给各个组件加上事件处理机制。在事件处理的过程中，主要涉及以下 3 类对象：

- Event——事件：用户对界面操作在 Java 语言上的描述，以类的形式出现。例如，键盘操作对应的事件类是 KeyEvent。
- Event Source——事件源：能够产生事件的对象都可以成为事件源。例如，按钮 Button、TextField、Choice 等。
- Event handler——事件处理者：接收事件对象并对其进行处理的对象。例如，如果用户用鼠标单击了按钮对象 button，则该按钮 button 就是事件源，而 Java 运行时系统会生成 ActionEvent 类的对象 actionE，该对象中描述了单击事件发生时的一些信息。然后，事件处理者对象将接收由 Java 运行时系统传递过来的事件对象 actionE 并进行相应的处理。

由于同一个事件源上可能发生多种事件，因此 Java 语言采取了授权处理机制 (Delegation Model)，事件源可以把在其自身所有可能发生的事件分别授权给不同的事件处理者来处理。比如，在 Canvas 对象上既可能发生鼠标事件，也可能发生键盘事件，因此 Canvas 对象就可以授权给不同的事件处理者分别处理鼠标事件和键盘事件。有时也将事件处理者称为监听器，主要原因在于事件处理者时刻监听着事件源上所有发生的事件类型，一旦该事件类型与自己负责处理的事件类型一致，就马上进行处理。授权模型把事件委托给外部的处理实体进行处理，实现了将事件源和监听器分开的机制。事件处理者（监听器）通常是一个类，如果要使该类能够处理某种类型的事件，就必须实现与该事件类型相对的接口。每个事件类都有一个与之相对应的接口。

图 12 - 13 显示的是 AWT 中事件传递和处理机制。

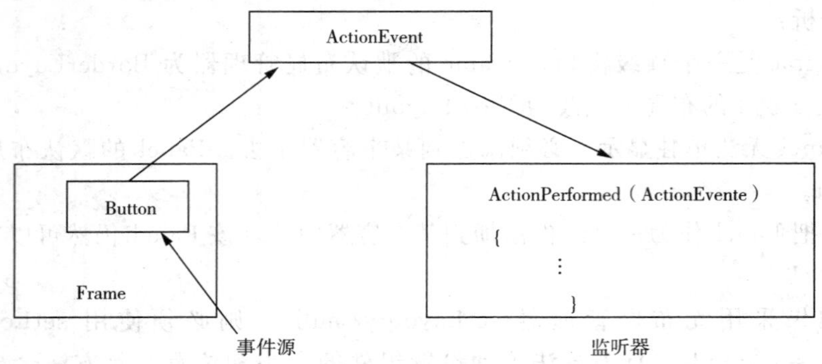

图 12 - 13　AWT 事件传递和处理机制

为了让大家理解图 12 - 13 所示的事件传递和处理机制，下面通过一个具体的程序来进行说明。

【例 12 - 11】　程序清单：Button _ Test.java。

```
import java.awt.*;
import java.awt.event.*;
public class Button_Test {
    public static void main(String args[]){
        Frame f = new Frame("按钮测试");
        Button button = new Button("我是一个按钮");
        button.addActionListener(new ButtonHandler());
        /*
          注册监听器进行授权,该方法的参数是事件处理者对象,要处理的事件类型可以从方法
          名中看出。例如,本方法要授权处理的是 ActionEvent,因为方法名是 addActionListener
        */
        f.setLayout(new FlowLayout());          // 设置布局管理器
        f.add(button);
        f.setSize(200, 100);
        f.setVisible(true);
    }
}
class ButtonHandler implements ActionListener {
    //实现接口 ActionListener 才能做事件 ActionEvent 的处理者
    public void actionPerformed(ActionEvent e)
    //系统产生的 ActionEvent 事件对象被当做参数传递给该方法
    {
        System.out.println("用户点击了按钮!");
        /*
            本接口只有一个方法,因此事件发生时,系统会自动调用本方法,需要做的操作就把
            代码写在这个方法里
        */
```

```
    }
}
```

程序运行结果如图 12－14 所示。

图 12－14 事件处理举例

使用授权处理模型进行事件处理的一般方法归纳如下：

● 对于某种类型的事件 XXXEvent，要想接收并处理这类事件必须定义相应的事件监听器类，该类需要实现与该事件相对应的接口 XXXListener；

● 事件源实例化以后，必须进行授权，注册该类事件的监听器。一般使用 addXXXListener（XXXListener）方法来注册监听器。

12.5.1 事件类

与 AWT 有关的所有事件类都由 java.awt.AWTEvent 类派生而来，它们也是 EventObject 类的子类。

java.util.EventObject 类是所有事件对象的基础父类，即所有事件都是由它派生出来的。AWT 的相关事件继承于 java.awt.AWTEvent 类。AWT 事件共有 10 类，可以归为两大类，即低级事件和高级事件。低级事件是指基于组件和容器的事件，它是在一个组件上发生的事件，如鼠标的进入、单击或拖放，组件的窗口开关等触发的组件事件。高级事件是基于语义的事件，它可以不和特定的动作相关联，而依赖于触发此事件的类。如在 TextField 中按 Enter 键会触发 ActionEvent 事件，滑动滚动条会触发 AdjustmentEvent 事件，选中项目列表的某一条就会触发 ItemEvent 事件等。

低级事件和高级事件的具体分类如下。

（1）低级事件

● ComponentEvent——组件事件：组件尺寸的变化、移动；

● ContainerEvent——容器事件：组件增加、移动；

● WindowEvent——窗口事件：关闭窗口、窗口闭合、图标化；

● FocusEvent——焦点事件：焦点的获得和丢失；

● KeyEvent——键盘事件：键按下、释放；

● MouseEvent——鼠标事件：鼠标单击、移动。

（2）高级事件（语义事件）

● ActionEvent——动作事件：在 TextField 中按 Enter 键；

● AdjustmentEvent——调节事件：在滚动条上移动滑块以调节数值；

● ItemEvent——项目事件：选择“项目”，不选择“项目改变”；

● TextEvent——文本事件：文本对象改变。

12.5.2 事件监听器

每一个事件类都有唯一的事件处理接口。例如，处理 MouseEvent 事件类的对应接口为 MouseListener 接口，而处理 ActionEvent 事件类的对应接口为 ActionListener 接口。

当选择菜单时，会激发一个动作事件 ActionEvent，因此在程序中也要加入一个能够“听到”这个事件的接口，然后再实现这个接口并处理监“听到”的事件。事件 ActionEvent 对应的接口是 ActionListener，下面我们来实现这个接口。

```
class handler implements ActionListener{
⋮
}
```

其中，handler 为监听对象的类，通过这样的方法使监听者能够“听到”事件的发生。在 Java 中，要求向产生事件的组件注册它的监听者，这样就有了事件源与监听者的对应关系。建立对应关系的格式如下：

```
对象名.addActionListener(handler);
```

以上代码中，对象就是事件源，handler 就是监听者。例如，

```
button.addActionListener(handler);
```

上面语句的意思是监听者 handler 向它的按钮类对象（事件源）button 注册，即监听者向产生事件的事件源对象注册。

再如，与键盘事件 KeyEvent 相对应的接口如下：

```
public interface KeyListener extends EventListener {
public void keyPressed(KeyEvent ev);
public void keyReleased(KeyEvent ev);
public void keyTyped(KeyEvent ev);
}
```

值得注意的是，在本接口中有 3 个方法。在 Java 运行时，系统会根据这 3 个方法的方法名调用相应的方法执行。当键盘刚按下去时，将调用 keyPressed（）方法执行；当键盘抬起来时，将调用 keyReleased（）方法执行；当键盘敲击一次时，将调用 keyTyped（）方法执行。

例如，窗口事件接口代码如下：

```
public interface WindowListener extends EventListener{
    public void windowClosing(WindowEvent e);          //把退出窗口的语句写在本方法中
    public void windowOpened(WindowEvent e);           //窗口打开时调用
    public void windowIconified(WindowEvent e);        //窗口图标化时调用
    public void windowDeiconified(WindowEvent e);      //窗口非图标化时调用
    public void windowClosed(WindowEvent e);           //窗口关闭时调用
    public void windowActivated(WindowEvent e);        //窗口激活时调用
```

```
    public void windowDeactivated(WindowEvent e);        //窗口非激活时调用
}
```

AWT 的组件类中提供注册和注销监听器的方法，它们的代码如下所示。

（1）注册监听器

```
public void add<ListenerType>(<ListenerType>listener);
```

（2）注销监听器

```
public void remove<ListenerType>(<ListenerType>listener);
```

例如：

```
public class Button extends Component {
 ⋮
public synchronized void addActionListener(ActionListener l);
public synchronized void removeActionListener(ActionListener l);
 ⋮
}
```

12.5.3 AWT 事件及其相应的监听器接口

表 12-1 列出了所有 AWT 事件及其相应的监听器接口，一共包括 10 类事件，11 个接口，请用户熟记。

表 12-1 AWT 事件及其相应的监听器接口

事件类别	描述信息	接口名	方法
ActionEvent	激活组件	ActionListener	actionPerformed (ActionEvent)
ItemEvent	选择了某些项目	ItemListener	itemStateChanged (ItemEvent)
MouseEvent	鼠标移动	MouseMotion Listener	mouseDragged (MouseEvent) mouseMoved (MouseEvent)
	鼠标点击等	MouseListener	mousePressed (MouseEvent) mouseReleased (MouseEvent) mouseEntered (MouseEvent) mouseExited (MouseEvent) mouseClicked (MouseEvent)
KeyEvent	键盘输入	KeyListener	keyPressed (KeyEvent) keyReleased (KeyEvent) keyTyped (KeyEvent)
FocusEvent	组件收到或失去焦点	FocusListener	focusGained (FocusEvent) focusLost (FocusEvent)

（续表）

事件类别	描述信息	接口名	方法
AdjustmentEvent	移动了滚动条等组件	AdjustmentListener	adjustmentValueChanged (AdjustmentEvent)
ComponentEvent	对象移动、缩放、显示、隐藏等	ComponentListener	componentMoved (ComponentEvent) componentHidden (ComponentEvent) componentResized (ComponentEvent) componentShown (ComponentEvent)
WindowEvent	窗口收到窗口级事件	WindowListener	windowClosing (WindowEvent) windowOpened (WindowEvent) windowIconified (WindowEvent) windowDeiconified (WindowEvent) windowClosed (WindowEvent) windowActivated (WindowEvent) windowDeactivated (WindowEvent)
ContainerEvent	容器中增加、删除了组件	ContainerListener	componentAdded (ContainerEvent) componentRemoved (ContainerEvent)
TextEvent	文本字段或文本区发生改变	TextListener	textValueChanged (TextEvent)

为了帮助用户理解，下面我们通过一个示例来说明。

【例 12－12】 程序清单：Listener _ Test. java。

```
import java.awt.*;
import java.awt.event.*;
class Win extends Frame implements MouseMotionListener,MouseListener,WindowListener{
    Label lab1,lab2;
    TextArea text;
    int a,b,x,y,a0,b0,x0,y0;
    Win(){
        Panel p = new Panel();
        lab1 = new Label("我是粉色标签");
        lab1.setBackground(Color.pink);
        lab1.addMouseListener(this);                //注册监听器 MouseListener
        lab1.addMouseMotionListener(this);          //注册监听器 MouseMotionListener
        lab2 = new Label("我是绿色标签");
        lab2.setBackground(Color.green);
        lab2.addMouseListener(this);
        lab2.addMouseMotionListener(this);
```

```
        p.add(lab1);
        p.add(lab2);
        p.addMouseListener(this);                      //注册监听器 MouseListener
        add(p,BorderLayout.CENTER);                    //使用默认布局 BorderLayout
        text = new TextArea(5,30);
        add(text,BorderLayout.SOUTH);
        addWindowListener(this);
        setBounds(100,100,500,300);
        setVisible(true);
        validate();
    }
    public void windowActivated(WindowEvent e){}
    public void windowClosed(WindowEvent e){}
    public void windowClosing(WindowEvent e){
    //为了使窗口能正常关闭,程序正常退出,需要实现 windowClosing 方法()
    System.exit(0);
    }
    public void windowDeactivated(WindowEvent e){}
    public void windowDeiconified(WindowEvent e){}
    public void windowIconified(WindowEvent e){}
    public void windowOpened(WindowEvent e){}
    public void mouseClicked(MouseEvent e){}
    public void mouseEntered(MouseEvent e){}
    public void mouseExited(MouseEvent e){}
    //实现鼠标按下的方法
    public void mousePressed(MouseEvent e){
        Component com = (Component)e.getSource();
        a0 = com.getBounds().x;
        b0 = com.getBounds().y;
        x0 = e.getX();
        y0 = e.getY();
    }
    //实现鼠标释放的方法
    public void mouseReleased(MouseEvent e){
        int X = a - x0;
        int Y = b - y0;
        if(e.getSource() = = lab1){
            text.append("\n 我拖拽的是粉色标签," + "\n 起始位置:
                    (" + a0 + ", " + b0 + "),结束位置:(" + X + ", " + Y + ")");
        }
        else if(e.getSource() = = lab2){
            text.append("\n 我拖拽的是绿色标签," +
```

```
        "\n起始位置:(" + a0 + ", " + b0 + "),结束位置:(" + X + ", " + Y + ")");
        }
    }
    //实现鼠标拖动的方法
    public void mouseDragged(MouseEvent e){
        if(e.getSource()instanceof Component){
            Component com = (Component)e.getSource();
            a = com.getBounds().x;
            b = com.getBounds().y;
            x = e.getX();
            y = e.getY();
            a = a + x;
            b = b + y;
            com.setLocation(a - x0, b - y0);
        }
    }
    public void mouseMoved(MouseEvent arg0){}
}
public class Listener_Test {
    public static void main(String args[]){
        new Win();
    }
}
```

程序运行结果如图 12-15 所示。

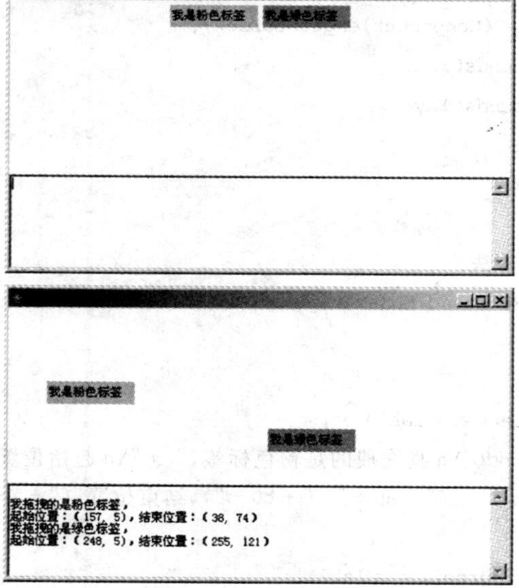

图 12-15 鼠标的状态

以上示例中有如下几个特点。

- 可以声明多个接口，接口之间用逗号隔开。

```
… implements MouseMotionListener, MouseListener, WindowListener;
```

- 可以由同一个对象监听一个事件源上发生的多种事件。

```
lab1.addMouseListener(this);
lab1.addMouseMotionListener(this);
```

对象 lab1 上发生的多个事件都将被同一个监听器接收和处理。

- 可以通过事件对象获得详细资料，如本例中就通过事件对象完成对标签对象的拖动。

```
public void mouseDragged(MouseEvent e){
    if(e.getSource()instanceof Component){
        Component com = (Component)e.getSource();
        a = com.getBounds().x;
        b = com.getBounds().y;
        x = e.getX();
        y = e.getY();
        a = a + x;
        b = b + y;
        com.setLocation(a - x0, b - y0);
    }
}
```

Java 语言类的层次非常分明，只支持单继承。Java 用接口来实现多重继承的能力，一个类可以实现多个接口，这种机制比多重继承具有更简单、更灵活的功能。在 AWT 中，经常会声明或实现多个接口。无论实现了几个接口，接口中已经定义的方法必须一一实现。如果对某事件不感兴趣，可以不具体实现其方法，而用空的方法体来代替，但每一个方法都不能省略。

12.5.4 事件适配器

Java 语言为一些 Listener 接口提供了适配器（Adapter）类。我们可以通过继承事件所对应的 Adapter 类重写需要的方法，不相关的方法不用实现。事件适配器为用户提供了一种简单的、实现监听器的手段，可以缩短程序代码。比如，窗口适配器类（WindowsAdapter）已经实现了相应的接口 WindowListener，使用窗口适配器时只要重写所需要的方法即可。但是，由于 Java 的单一继承机制，当需要多种监听器或此类已有父类时，就无法采用事件适配器了。

1. 事件适配器——EventAdapter

下例中采用了鼠标适配器。

```
import java.awt.*;
```

```
import java.awt.event.*;
public class MouseClickHandler extends MouseAdaper{
    public void mouseClicked(MouseEvent e)              //只实现需要的方法
    { … }
}
```

java.awt.event 包中定义的事件适配器类包括以下几个：

- ComponentAdapter ——组件适配器；
- ContainerAdapter ——容器适配器；
- FocusAdapter ——焦点适配器；
- KeyAdapter ——键盘适配器；
- MouseAdapter ——鼠标适配器；
- MouseMotionAdapter ——鼠标运动适配器；
- WindowAdapter ——窗口适配器。

2. 用内部类实现事件处理

内部类是定义于另一个类中的类。使用内部类的主要原因在于，一个内部类的对象可访问外部类的成员方法和变量，包括私有成员；实现事件监听器时，采用内部类、匿名类编程非常容易实现其功能；内部类对于编写事件驱动程序也很方便。因此，内部类能够应用的地方往往是在 AWT 的事件处理机制中。

【例 12-13】 程序清单：InnerClass_Test.java。

```
import java.awt.*;
import java.awt.event.*;
class Win1 extends Frame {
    Label lab;
    TextArea text;
    int a,b,x,y,a0,b0,x0,y0;
    Win1(){
        Panel p = new Panel();
        lab = new Label("我是粉色标签");
        lab.setBackground(Color.pink);
        lab.addMouseListener(new MyMouseAdapter());
        lab.addMouseMotionListener(new MyMouseMotionAdapter());
        p.add(lab);
        add(p,BorderLayout.CENTER);          //使用默认布局 BorderLayout
        text = new TextArea(5,30);
        add(text,BorderLayout.SOUTH);
        addWindowListener(new MyWindowAdapter());
        setBounds(100,100,500,300);
        setVisible(true);
        validate();
```

```
    }
    //内部类开始
    class MyMouseAdapter extends MouseAdapter{
        //实现鼠标按下的方法
        public void mousePressed(MouseEvent e){
        Component com = (Component)e.getSource();
        a0 = com.getBounds().x;
        b0 = com.getBounds().y;
        x0 = e.getX();
        y0 = e.getY();
        }
        //实现鼠标释放的方法
        public void mouseReleased(MouseEvent e){
            int X = a - x0;
            int Y = b - y0;
            text.append("\n我拖拽的起始位置:(" + a0 + "," + b0 + "),
                        结束位置:(" + X + "," + Y + ")");
        }
    }
    class MyMouseMotionAdapter extends MouseMotionAdapter{
        //实现鼠标拖动的方法
        public void mouseDragged(MouseEvent e){
            if(e.getSource()instanceof Component){
                Component com = (Component)e.getSource();
                a = com.getBounds().x;
                b = com.getBounds().y;
                x = e.getX();
                y = e.getY();
                a = a + x;
                b = b + y;
                com.setLocation(a - x0, b - y0);
            }
        }
    }
    class MyWindowAdapter extends WindowAdapter{
        //实现窗口正常关闭的方法
        public void windowClosing(WindowEvent e){
            System.exit(0);
        }
    }
}
public class InnerClass_Test {
```

```
    public static void main(String args[]){
        new Win1();
    }
}
```

程序运行结果如图 12 - 16 所示。

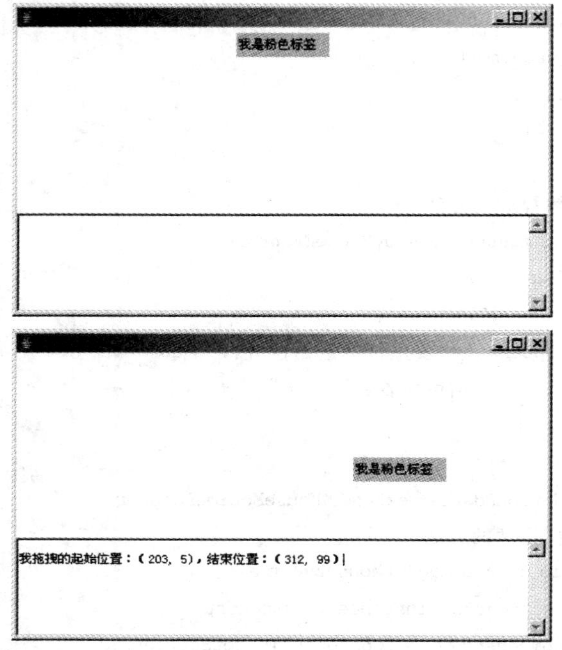

图 12 - 16　鼠标的状态

3. 用匿名类（Anonymous Class）实现事件处理

● 当一个内部类的类声名只是在创建此类对象时用了一次，而且要产生的新类需继承于一个已有的父类或实现一个接口时，才能考虑用匿名类。

● 由于匿名类本身无名，因此也就不存在构造方法的问题了。匿名类需要显示地调用一个无参父类的构造方法，并且重写父类的方法。

● 使用匿名类时，必然是在某个类中直接用匿名类创建对象，因此匿名类一定是内部类。

● 匿名类的类体中不可以声明静态成员变量和静态方法。

下面举例说明一下匿名类的使用。

【例 12 - 14】　程序清单：AnonymousClass _ Test. java。

```
import java.awt. * ;
import java.awt.event. * ;
class Win1 extends Frame {
    Label lab;
    TextArea text;
```

```
int a,b,x,y,a0,b0,x0,y0;
Win1(){
    Panel p = new Panel();
    lab = new Label("我是粉色标签");
    lab.setBackground(Color.pink);
    lab.addMouseListener(new MouseAdapter(){          //匿名类开始
        //实现鼠标按下的方法
        public void mousePressed(MouseEvent e) {
        Component com = (Component)e.getSource();
        a0 = com.getBounds().x;
        b0 = com.getBounds().y;
        x0 = e.getX();
        y0 = e.getY();
        }
        //实现鼠标释放的方法
        public void mouseReleased(MouseEvent e) {
            int X = a - x0;
            int Y = b - y0;
            text.append("\n 我拖拽的起始位置:(" + a0 + "," + b0 + "),
                        结束位置:(" + X + "," + Y + ")");
        }
    });                                               //匿名类结束
    lab.addMouseMotionListener(new MouseMotionAdapter(){
            //实现鼠标拖动的方法
            public void mouseDragged(MouseEvent e) {
                if(e.getSource() instanceof Component){
                    Component com = (Component)e.getSource();
                    a = com.getBounds().x;
                    b = com.getBounds().y;
                    x = e.getX();
                    y = e.getY();
                    a = a + x;
                    b = b + y;
                    com.setLocation(a - x0, b - y0);
                }
            }
        });
    p.add(lab);
    add(p,BorderLayout.CENTER);                       //使用默认布局 BorderLayout
    text = new TextArea(5,30);
    add(text,BorderLayout.SOUTH);
    addWindowListener(new WindowAdapter(){            //实现窗口正常关闭的方法
```

```
                public void windowClosing(WindowEvent e) {
                    System.exit(0);
                }
            });
            setBounds(100,100,500,300);
            setVisible(true);
            validate();
        }
    }
    public class AnonymousClass_Test {
        public static void main(String args[]) {
            new Win1();
        }
    }
```

程序运行结果请大家参照图 12－16。

其实用户仔细分析一下就会看出，例 12－13 和例 12－14 实现的是完全一样的功能，只不过采取的方式不同。例 12－13 中的事件处理类是一个内部类，而例 12－14 的事件处理类是匿名类。虽然从类的关系上来说是越来越不清楚，但是程序却越来越简练。熟悉这两种方式也有助于大家编写图形界面的程序。

12.6 Swing 简介

12.6.1 Swing 与 AWT

前面几节中我们学习了 AWT，它是 Swing 的基础。Swing 产生的主要原因是由于 AWT 不能满足图形化用户界面发展的需要。AWT 设计的初衷是支持开发小应用程序的简单用户界面，但是 AWT 缺少剪贴板、打印支持、键盘导航等特性，而且原来的 AWT 甚至不包括弹出式菜单或滚动窗格等基本元素。Swing 的应用正好填补了这项空白。

根据发展需要，Swing 应运而生。Swing 的组件几乎都是轻量组件。与重量组件相比，轻量组件没有本地的对等组件，因此也不必像重量组件一样要在自己的本地不透明窗体中绘制，轻量组件在它们重量组件的窗口中绘制。

Swing 完全是由 Java 实现的，Swing 组件是用 Java 实现的轻量级（light-weight）组件，没有本地代码，不依赖操作系统的支持，这是它与 AWT 组件的最大区别。由于 AWT 组件通过与具体平台相关的对等类实现，因此 Swing 比 AWT 组件具有更强的实用性。Swing 在不同的平台上表现一致，并且有能力提供本地窗口系统不支持的其他特性。

12.6.2 Swing 程序结构简介

这一节我们将介绍基本的 Swing 组件和使用 Swing 组件创建用户界面的初步方法。

Swing 的程序设计一般可按照下列流程进行：

(1) 引入 Swing 包；

(2) 选择“外观和感觉”；

(3) 设置顶层容器；

(4) 设置按钮和标签；

(5) 向容器中添加组件；

(6) 在组件周围添加边界；

(7) 进行事件处理。

下面举例说明 Swing 程序设计的结构以及最基本的组件 Button 和 Label 的用法。

【例 12 - 15】 程序清单：Swing _ Test. java。

```
import java.awt.BorderLayout;
import java.awt.Component;
import java.awt.GridLayout;
import java.awt.event.ActionEvent;
import java.awt.event.ActionListener;
import java.awt.event.KeyEvent;
import java.awt.event.WindowAdapter;
import java.awt.event.WindowEvent;
import javax.swing.BorderFactory;
import javax.swing.JButton;
import javax.swing.JFrame;
import javax.swing.JLabel;
import javax.swing.JPanel;
import javax.swing.UIManager;
public class Swing_Test {
    private static String labelPrefix = "单击按钮次数：";
    private static String labelPrefix01 = "次";
    private int numClicks = 0;                          //计数器,计算单击次数
    public Component createComponents() {
        final JLabel label = new JLabel(labelPrefix + "0 次");
        JButton button = new JButton("我是一个 Swing 按钮");
        button.setMnemonic(KeyEvent.VK_I);              //设置按钮的热键为'I'
        button.addActionListener(new ActionListener() {
            public void actionPerformed(ActionEvent e) {
                // 显示按钮被单击的次数
                numClicks++;
                label.setText(labelPrefix + numClicks + labelPrefix01);
            }
        });
        label.setLabelFor(button);
        /*
```

```
        在顶层容器及其内容之间放置空间的常用办法是把内容添加到Jpanel上，而Jpanel
        本身没有边框的
      */
      JPanel pane = new JPanel();
      pane.setBorder(BorderFactory.createEmptyBorder(
          40,                                          //上边距
          40,                                          //左边距
          0,                                           //下边距
          40)                                          //右边距
      );
      pane.setLayout(new GridLayout(0, 1));            //单列多行
      pane.add(button);
      pane.add(label);
      return pane;
  }
  public static void main(String args[]) {
      try {                                            //设置窗口风格
          UIManager.setLookAndFeel(
                  UIManager.getCrossPlatformLookAndFeelClassName());
      } catch (Exception e) { }
      //创建顶层容器并添加内容
      JFrame frame = new JFrame("Swing 测试");
      Swing_Test app = new Swing_Test();
      Component contents = app.createComponents();
      // 窗口设置结束，开始显示
      frame.getContentPane().add(contents, BorderLayout.CENTER);
      // 匿名类用于注册监听器
      frame.addWindowListener(new WindowAdapter() {
          public void windowClosing(WindowEvent e) {
              System.exit(0);
          }
      });
      frame.pack();
      frame.setVisible(true);
  }
}
```

在例 12－15 中，我们建立一个 Swing 风格的窗口，并在其中添加一个按钮。程序中保存一个计数器以计算按钮被点击的次数，并在每次点击后用一个 Label 显示。程序运行结果如图 12－17 所示。

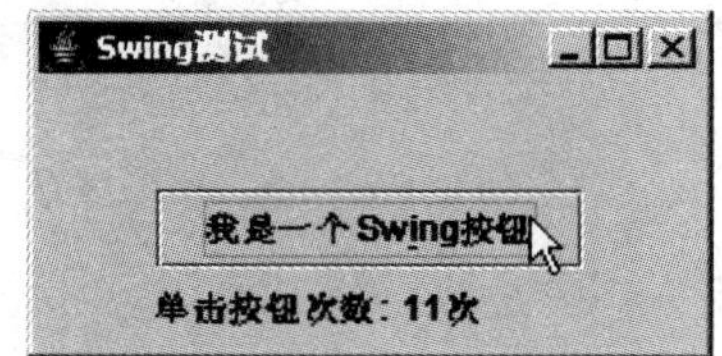

图 12 - 17　Swing 举例

在这个程序中我们可以看到，Swing 组件与 AWT 组件使用的基本方法一致，使用的事件处理机制也完全相同。这些在前面的 AWT 中已经讲过，不再赘述。

练　习　题

选择题

1. 下面方法中，设置标签的对齐方式的是（　　）。

A. getText（）　B. setAlignment（）　C. setEditable（）　D. setText（）

2. 对于面板容器，下面布局管理器中是默认的布局方式的是（　　）。

A. BorderLayout（）　B. BoxLayout（）　C. 空布局　D. FlowLayout（）

3. 下面方法中，可以从 WindowEvent 获取事件源的是（　　）。

A. getFrame（）　B. getID（）　C. getSource（）　D. getWindow（）

4. 下面事件监听器中，在 Java 中有事件适配器的是（　　）。

A. MouseListener　B. KeyListener　C. ItemListener　D. WindowListener

5. 让窗口从激活状态变成非激活状态，调用的方法为（　　）。

A. windowClosed（）　B. windowDeactivated（）

C. windowActivated（）　D. windowClosing（）

编程题

1. 编写一个程序，有一个标题为计算器的窗口，窗口的布局为 FlowLayout 布局。窗口中添加 4 个按钮，分别命名为加、减、乘、除。窗口中还有 3 个文本框，用户可以在前两个文本框中输入要计算的数字，点击相应的按钮，将文本框中的内容作运算，并在第三个文本框中显示结果。

2. 编写一个程序，在画布上绘制矩形。窗口中有 1 个画布、4 个文本框和 1 个确定按钮，用户在文本框中输入矩形的左上角坐标，矩形的宽和高。点击按钮，即在画布上画出矩形。

3. 编写一个程序，窗口中有 4 个按钮，用户单击选择一个按钮，然后通过按键盘上的方向键移动选择的按钮。

第 13 章 JDBC 及其应用

■ **本章导读**

JDBC 全称为 Java DataBase Connectivity，是一种可用于执行 SQL 语言的 Java 应用编程接口（Application Programming Interface，API），是连接数据库和 Java 应用程序的一个纽带。本章通过大量示例，让读者熟悉掌握 JDBC。

■ **学习目标**

（1）掌握数据源的配置；

（2）了解数据库驱动程序加载的方式；

（3）熟悉数据库操作的流程；

（4）学会事务控制、预查询。

13.1 JDBC 基本编程概念

1996 年夏天，Sun 公司发布了 JDBC（Java DataBase Connectivity，Java 数据库连接）工具包第一版。这个包可以让程序员做 3 件事情：

（1）与数据库建立一个连接；

（2）向数据库发送 SQL（Structured Query Language）语句；

（3）处理数据库返回的结果。

JDBC 包是 Java 平台编程环境最重要的技术之一。值得注意的是，用 Java 编程语言和 JDBC 开发的程序是独立于平台和厂商的，这也是 JDBC 的一个基本优点。

从程序设计的角度来看，使用 JDBC 类编程与一般的 Java 编程并没有太大的不同，下面我们开始介绍 JDBC 编程中的一些基本概念。

13.1.1 设定 ODBC 数据源

现在假设有一个用 Access 设计的数据库：myAccess. mdb，在该数据库中有一个表，表名是 student，如图 13 - 1 所示。

Microsoft Access - [student : 表]

姓名	学号	出生日期	专业	籍贯
张丽	20021020	1976-8-10	计算机	山东
胡小元	20021021	1976-8-20	计算机	河南
王成	20021022	1977-6-10	英语	河北
李义	20021023	1977-10-3	计算机	江西
小红	20021024	1980-2-13	应用管理	北京
张成	20021025	1975-3-29	计算机	辽宁

图 13-1　学生表

现在我们想通过 JDBC - ODBC 桥对这个表进行操纵。下面就以 Windows 2000 Professional 为例，进行数据源的配置。

在“开始”菜单中选择“设置”→“控制面板”，打开“控制面板”窗口，选择“管理工具”并双击它，打开如图 13-2 所示的“管理工具”窗口。

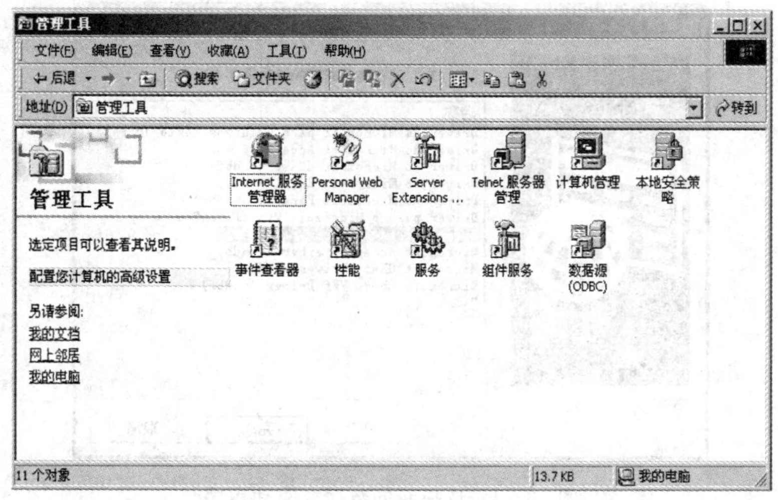

图 13-2　“管理工具”窗口

选择“数据源（ODBC)”并双击它，就会弹出“ODBC 数据源管理器”控制台窗口，如图 13-3 所示。

如果要追加一个新的数据源，单击“添加”按钮；如果要删除一个数据源，则在选定用户数据源后，单击“删除”按钮；如果想修改一个已有的数据源，则单击“配置”按钮。追加一个新的数据源时，单击“添加”按钮后会弹出“创建新数据源”窗口，本例中用户可以选择需要的数据源驱动程序，如图 13-4 所示。

在图 13-4 中，我们选择能访问 Access 数据库的“Microsoft Access Driver”驱动程序，并单击“完成”按钮，弹出配置 Access 数据库的窗口，如图 13-5 所示。

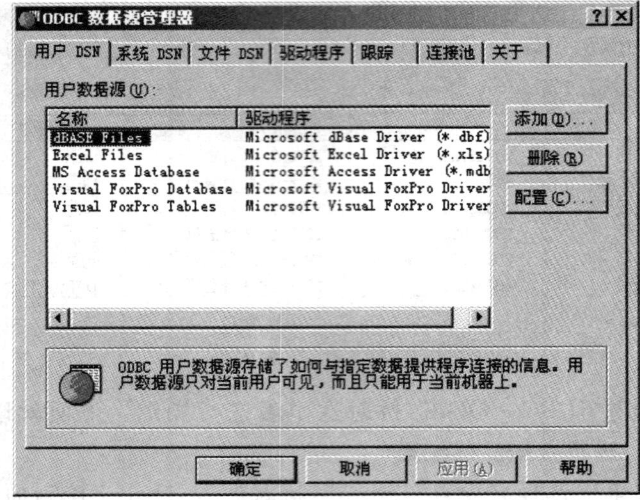

图 13-3 “ODBC 数据源管理器”控制台

图 13-4 选择新的数据源驱动程序

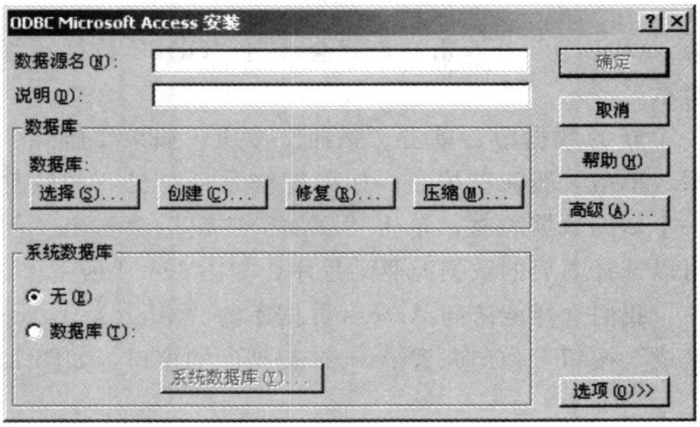

图 13-5 配置 Access 数据库

在“数据源名”栏中填入数据源名字，本例中填入的是 myAccess。用户可以在“说明”栏中填入必要的说明，也可不填。接下来，我们将数据源名与具体的数据库连到一起。在图 13－5 中的“数据库”栏中，单击“选择”按钮，弹出如图 13－6 所示的“选择数据库”窗口，在其中选择一个已经建好了的数据库。

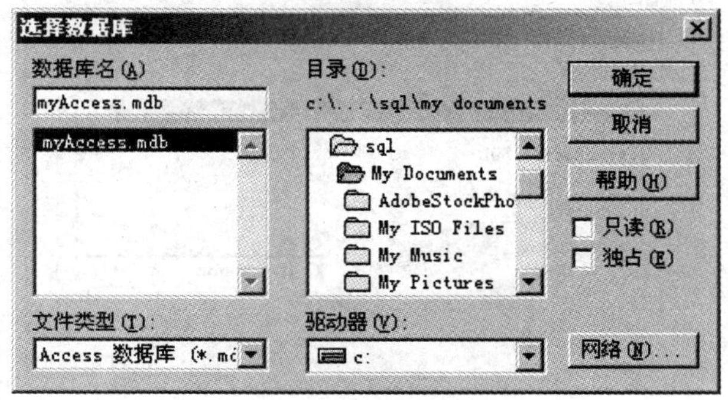

图 13－6 “选择数据库”窗口

选择完成后，单击“确定”按钮，回到配置 Access 数据库对话框，如图 13－7 所示。

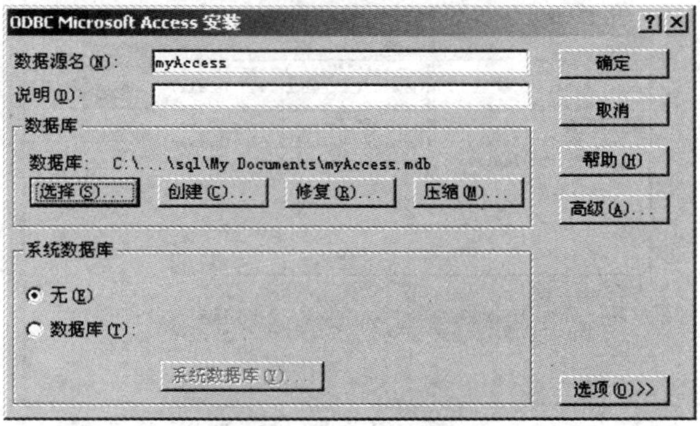

图 13－7 配置 Access 数据库

在图 13－7 中显示出用户所选择的数据库，此时用户也可以为数据源增加用户名及密码。如果想增加这个设置，单击“高级”按钮，弹出如图 13－8 所示的“设置高级选项”对话框。

如果读者感兴趣，可以自己设置一下，但有一点请读者务必清楚，在图 13－8 中设置的用户名及密码并不是数据库本身的用户名与密码。通过设置数据源，用户也可以看到数据源与数据库是不同的。数据源只是我们访问数据库的一个中间环节。

在图 13－7 中，单击“确定”按钮后返回到如图 13－3 所示的页面，此时新的数据源出现在数据源列表中，如图 13－9 所示。

到此为止，数据源设置完成。

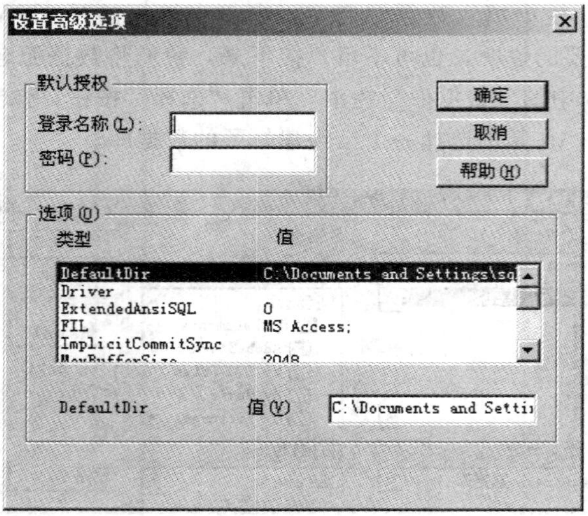

图 13-8 “设置高级选项”对话框

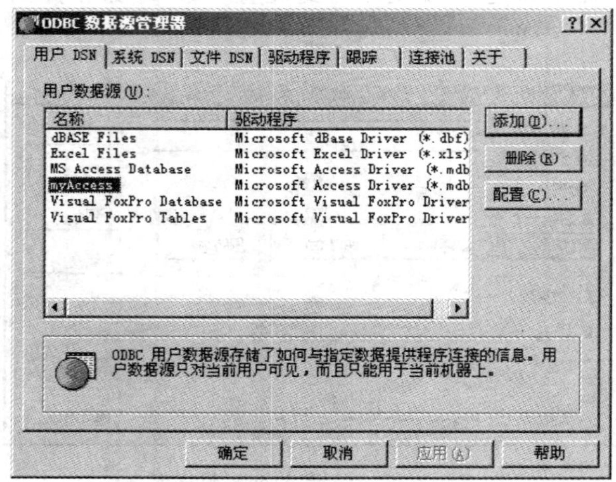

图 13-9 数据源设置完成

13.1.2 数据库 URL

要连接一个数据库，必须要指定源数据库，有时也需要指定相应的参数。例如，网络协议驱动程序需要指定端口、ODBC 驱动程序等。

JDBC 一般使用类似于常见的 Net URL 句法去描述数据库。例如，我们可以通过 JDBC-ODBC 桥连接一个 Access 数据库 myAccess，代码如下：

```
jdbc:odbc:myAccess
```

JDBC 常规的 URL 句法如下：

```
jdbc:subprotocol name:datasource
```

连接到 Oracle 数据库及 SQL Server 的 URL 分别如下：

- Oracle 数据库

```
jdbc:oracle:thin:@127.0.0.1:1521:wangwd
```

连接 Oracle 数据库一般是通过客户端进行的，因此 Oracle 客户端也被称为瘦型机(thin)，127.0.0.1 就是本地 IP 地址。也就是说，Oracle 数据库是安装在本机上的。当然，在这里用户也可以采用如下格式：

```
jdbc:oracle:thin:@localhost:1521:wangwd
```

其中，1521 是 Oracle 访问端口号，wangwd 是建立的 Oracle 数据库的名字，用户可以换成自己喜欢的名字。

- SQL Server 数据库

```
jdbc:microsoft:sqlserver://localhost:1433
```

在这里采用默认的数据库。如果是用户自己创立数据库，如 myBook，可以采用如下格式：

```
jdbc:microsoft:sqlserver://localhost:1433;DatabaseName = myBook
```

13.1.3 建立连接

要想操纵一个数据库，首先应该建立一个到数据库的连接。不同的数据库是由不同的厂商研发的，因此也有不同的数据库驱动程序。Sun 公司提供支持 SQL 访问数据库的 Java API，通过这个 API 与数据库驱动程序通信，由数据库驱动程序连接数据库的驱动程序管理器，实现数据库的相关操作。

可以看出，在这个流程中最关键的是 Sun 公司的 API，它是以接口形式实现的。所有对数据库操作的类及接口都位于 java.sql 包中，当我们查看这个包时，发现其大部分内容都是接口，还有少量的几个类。

驱动程序管理器（DriverManager）类是负责选择数据库驱动程序和建立到数据库的连接的类，但驱动程序管理器只能激活已登录的驱动程序。

登录驱动程序的方法如下：

装入一个驱动程序类以登录驱动程序。例如，可以用以下方式登录 Oracle 驱动程序。

```
Class.forName("oracle.jdbc.driver.OracleDriver");
```

用户也可以用下面的方式登录一个 SQL Server 驱动程序：

```
Class.forName("com.microsoft.jdbc.sqlserver.SQLServerDriver");
```

登录我们刚刚建立的 ODBC 数据源，方法如下：

```
Class.forName("sun.jdbc.odbc.JdbcOdbcDriver");
```

通过这种方法登录数据库驱动程序会抛出 ClassNotFoundException 异常。这个异常的含义就是没有找到配置的驱动程序类，所以在使用的时候应该捕获并处理这个异常，代码如下所示：

```
try
{
    Class.forName(…);
}
catch(ClassNotFoundException e)
{
⋮
}
```

成功地登录驱动程序后，可以用驱动程序管理器类的一个静态 getConnection（URL，用户名，密码）方法得到一个数据库的连接：

```
String url = …;                //数据库 URL
String userName = …;           //登录数据库用户名
String password = …;           //用户密码
Connection con = DriverManager.getConnection(url, userName, password);
```

现在仍然回到我们建立的 ODBC 数据源中。在建立数据源时，我们没有设定数据源的用户名及密码，所以该用户名及密码都是空的，如果以刚才所建的数据源建立一个到数据库的连接，代码如下：

```
Class.forName("sun.jdbc.odbc.JdbcOdbcDriver");        //登录 JDBC - ODBC 驱动程序
String url = "jdbc:odbc:myAccess";                    //数据库 URL
String userName = "";                                 //登录数据库用户名
String password = "";                                 //用户密码
Connection con = DriverManager.getConnection(url, userName, password);
```

假设安装了 Oracle 数据库，数据库名字为 wangwd，则得到一个数据库的连接如下：

```
Class.forName("oracle.jdbc.driver.OracleDriver");           //登录 Oracle 数据库驱动程序
String url = "jdbc:oracle:thin:@localhost:1521:wangwd";    //数据库 URL
String userName = "scott";                                  //登录数据库用户名
String password = "tiger";                                  //用户密码
Connection con = DriverManager.getConnection(url, userName, password);
```

接着，我们再以安装的 SQL Server 为例，新建一个名为 studentmanager 的数据库：

```
Class.forName("com.microsoft.jdbc.sqlserver.SQLServerDriver");
String url = "jdbc:microsoft:sqlserver://localhost:1433;
DatabaseName = studentmanager";
String userName = "sa";
```

```
String password = "";
Connection con = DriverManager.getConnection(url, userName, password);
```

这样我们就建立了到数据库的连接。

13.1.4 建立会话

数据库建立连接后，要想操纵数据库，必须跟它建立一个会话。所谓会话，就是从建立一个数据库连接到关闭数据库连接进行的所有动作的总称。可以通过如下代码得到一个会话：

```
try{Statement st = con.createStatement();}
catch(SQLException e){}
```

通过这段代码我们可以知道，创建一个会话是建立在数据库连接的基础上的。现在我们得到了一个默认的会话，接下来就可以进行数据库的具体操作了。

13.1.5 操作数据库

如果把数据库（database）看做是一个仓库，那到数据库的连接（Connection）就可以假想成一条通往仓库的大道，而会话（Statement）也相应地可以看做是跑在这条大道上的一辆货车。我们对数据库进行不同的操作（SQL 语句），就是对这辆货车发出不同的指令（update、delete、query 等）。执行结果就是从数据库中返回操作结果，这个结果类似于从仓库拉回不同的货物。

1. 查询

查询操作语句是数据库中最基本的语句，通过如下语句可以对数据库执行一个查询，查询的结果是以结果集（ResultSet）的形式返回的。

```
String sql = "select * from student";
ResultSet result = st.executeQuery(sql);
```

result 返回了一个结果集，在结果集中可以使用访问器得到数据记录的每个字段的值。通过查阅文档，读者可以看到 ResultSet 接口中有很多以 get 开头的方法。一般来说，表中不同类型的字段在 ResultSet 中都有一个与之相对应的、不同的 get（）方法（如表 13－1 所示）。例如在 student 表中，姓名字段是字符型的，因此就有一个 getString（）方法；出生日期是日期型的，那 ResultSet 中就有一个 getDate（）方法与之对应。得到一个记录中不同字段的值一般有两种方式，如果我们要得到姓名和出生日期，可以采用如下的代码：

```
String name = result.getString("姓名");
Date date   = result.getDate("出生日期");
```

表 13－1 ResultSet 类的若干方法

返回类型	方法名称
boolean	getBoolean (int columnIndex)
boolean	getBoolean (String columnName)
byte	getByte (int columnIndex)
byte	getByte (String columnName)
Date	getDate (int columnIndex)
Date	getDate (String columnName)
double	getDouble (int columnIndex)
double	getDouble (String columnName)
float	getFloat (int columnIndex)
float	getFloat (String columnName)
int	getInt (int columnIndex)
int	getInt (String columnName)
long	getLong (int columnIndex)
long	getLong (String columnName)
String	getString (int columnIndex)
String	getString (String columnName)

在 ResultSet 中有一个很重要的方法：next ()，它会从当前的位置向下移动一个指针并返回一个 boolean 型的值。如果指针到达了结尾，就返回 false。所以我们可以将不确定循环与 next () 方法结合来遍历所有的记录，并得到所有字段的值，代码如下：

```
while(result.next())
{
String name = result.getString("姓名");
⋮
}
```

现在利用学过的知识，以前面建立的 ODBC 数据源为例，写一个完整的数据库查询示例。

【例 13－1】 程序清单：QueryODBCTest.java。

```
/*
    这个程序向读者展示比较完整的 JDBC 数据库操作的顺序,在这个例子中主要展示的查询及格
    式输出
*/
import java.sql.SQLException;
```

```
import java.sql.Connection;
import java.sql.Statement;
import java.sql.ResultSet;
import java.sql.DriverManager;
import java.sql.Date;
public class QueryODBCTest
{
    private Connection con;
    public static void main(String args[])
    {
        QueryODBCTest test = new QueryODBCTest();
        Connection con = test.getConnection();
        String sql = "select * from student";
        test.getStudent(con, sql);
    }
    public void getStudent(Connection con, String sql)
    {
        try
        {
            Statement st = con.createStatement();
            ResultSet rs = st.executeQuery(sql);
            while(rs.next())
            {
                String name = rs.getString("姓名");
                String number = rs.getString("学号");
                Date date = rs.getDate("出生日期");
                String spe = rs.getString("专业");
                String address = rs.getString("籍贯");
                System.out.println( "\n 姓名:" + name + "\t 学号:" +
                    number + "\t 出生日期:" + date + "\t 专业:" +
                    spe + "\t 籍贯:" + address );
            }
            st.close();
            con.close();
        }
        catch(SQLException e)
        {
            e.printStackTrace();
        }
    }
    public Connection getConnection()
    {
```

```
        String url = "jdbc:odbc:myAccess";            //数据库 URL
        String userName = "";                         //登录数据库用户名
        String password = "";                         //用户密码
        try
        {
            //登录 JDBC - ODBC 驱动程序
            Class.forName("sun.jdbc.odbc.JdbcOdbcDriver");
            con = DriverManager.getConnection(url, userName,
                                                    password);
        }
        catch(SQLException e)
        {
            e.printStackTrace();
        }
        catch(ClassNotFoundException ex)
        {
            ex.printStackTrace();
        }

        return con;
    }
}
```

输出结果：

```
姓名:张丽    学号:20021020    出生日期:1976 - 08 - 10    专业:计算机      籍贯:山东
姓名:胡小元  学号:20021021    出生日期:1976 - 08 - 20    专业:计算机      籍贯:河南
姓名:王成    学号:20021022    出生日期:1977 - 06 - 10    专业:英语        籍贯:河北
姓名:李义    学号:20021023    出生日期:1977 - 10 - 03    专业:计算机      籍贯:江西
姓名:小红    学号:20021024    出生日期:1980 - 02 - 13    专业:应用管理    籍贯:北京
姓名:张成    学号:20021025    出生日期:1975 - 03 - 29    专业:计算机      籍贯:辽宁
```

在我们处理完数据库返回的结果集后，调用了两个 close（）方法，分别关闭会话与连接。请注意，用户在操作数据库时为了节约网络资源，使用完成后一定要在适当的时机将会话与连接关闭。关闭顺序一定是先关闭会话，再关闭连接。

2. 建表

下面将利用数据库的相关操作在 SQL Server 中建立一个 student 表，并插入相关的记录。

在创建一个表格时，我们是通过语句 st.execute（sql）；来实现的。execute（）方法的返回值是一个 boolean 型的。如果执行成功，就返回 true；否则，返回 false。

在执行插入记录的操作时，我们是通过语句 st.executeUpdate（sql）；来实现的。它的返回值是一个 int 型的数值，表示当前操作完成的记录数。

到现在为止，我们已经接触了 execute 系列的 3 种方法，它们之间的主要区别如下所示：executeQuery（）方法是用于查询数据库的，主要用的语句是 select 语句；executeUpdate（）方法主要用于数据库记录的相关操作，具体指数据库记录的增加、删除、修改等，所以可以用一个 int 型的数值来表示操作完成了多少条记录；而 execute（）方法则主要对应于数据库及表的建立，表结构的修改等操作，它是针对数据库及表本身的，所以只能返回一个参数用来代表操作是否成功。

下面代码是通过程序来建立一个表结构并插入数据记录。

【例 13-2】 程序清单：CreatTableTest.java。

```
/*
    这个程序向读者展示比较完整的 JDBC 数据库操作的顺序。在这个例子中，主要展示通过属性
    文件加载数据库驱动程序、表结构的创建与记录的插入
 */
import java.sql.SQLException;
import java.sql.Connection;
import java.sql.Statement;
import java.sql.ResultSet;
import java.sql.DriverManager;
import java.sql.Date;
import java.util.Properties;
import java.io.FileInputStream;
import java.io.IOException;
import java.io.FileNotFoundException;
public class CreatTableTest
{
    private Connection con;
    private String url;                   //数据库 URL
    private String userName;              //登录数据库用户名
    private String password;              //用户密码

    public static void main(String args[])
    {
        CreatTableTest test = new CreatTableTest();
        test.getProperty();
        Connection con = test.getConnection();
        test.createTable(con);
        test.getStudent(con);

    }

            /*
              在数据库 studentmanager 中创建一个表 student,并向表中插入一条记录
```

```
    */
    public void createTable(Connection con)
{
    try
    {
        Statement st = con.createStatement();
        String sql =
            "CREATE TABLE student(姓名 varchar(12) NOT NULL," +
             "学号 varchar(10) NOT NULL," +
             "出生日期 datetime NOT NULL,专业 varchar(10) NULL," +
             "籍贯 varchar(30) NULL)";
        System.out.println("输出的 SQL 语句是:");
        System.out.println(sql);
        st.execute(sql);

        sql = "insert into student values(
                '王成','20021022','1977-6-10','英语','河北')";
        st.executeUpdate(sql);
        st.close();

    }
    catch(SQLException e)
    {
        e.printStackTrace();
    }
}

/*
    从表中查询出所有记录
*/
public void getStudent(Connection con)
{
    try
    {
        Statement st = con.createStatement();
        String sql = "select * from student";
        ResultSet rs = st.executeQuery(sql);

        while(rs.next())
        {
            String name = rs.getString("姓名");
            String number = rs.getString("学号");
```

```
            Date date = rs.getDate("出生日期");
            String spe = rs.getString("专业");
            String address = rs.getString("籍贯");

            System.out.println( "\n姓名:" + name + "\t学号:" +
                number + "\t出生日期:" + date + "\t专业:" +
                spe + "\t籍贯:" + address );
        }

        st.close();
        con.close();
    }
    catch(SQLException e)
    {
        e.printStackTrace();
    }
}

/*
    返回到数据库的一个连接。在一个系统或类中,如果经常进行数据库的相关操作,会把
    建立数据库的连接作为一个单独的方法
 */
public Connection getConnection()
{
    try
    {
        con = DriverManager.getConnection(url, userName,password);
    }
    catch(SQLException e)
    {
        e.printStackTrace();
    }

    return con;
}

/*
    读取属性配置文件
 */
public void getProperty()
{
    Properties prop = new Properties();
```

```
        try
        {
            FileInputStream in = new FileInputStream("
                                Driver.properties");
            prop.load(in);

            String driver = prop.getProperty("drivers");
            if(driver != null)
                System.setProperty("jdbc.drivers", driver);
            url = prop.getProperty("url");
            userName = prop.getProperty("user");
            password = prop.getProperty("password");
        }
        catch(FileNotFoundException e)
        {
            e.printStackTrace();
        }
        catch(IOException e)
        {
            e.printStackTrace();
        }
    }
}
```

输出结果：

```
输出的 SQL 语句是：
CREATE TABLE STUDENT(姓名 varchar(12)NOT NULL,学号 varchar(10)NOT NULL,出生日期 datetime
NOT NULL,专业 varchar(10)NULL,籍贯 varchar(30)NULL)
姓名:王成    学号:20021022    出生日期:1977-06-10    专业:英语    籍贯:河北
```

通过程序运行结果我们可以看到，程序实现了我们的最初要求。用户再打开 SQL Server 的企业管理器时，就会看到通过 JDBC 建立的表及插入的记录。

在上面的程序中，属性文件的配置如下所示：

```
drivers=com.microsoft.jdbc.sqlserver.SQLServerDriver
url=jdbc:microsoft:sqlserver://localhost:1433;DatabaseName=studentmanager
user=sa
password=411516wwd
```

我们将其保存为 driver.properties 的文件，并与 CreatTableTest.java 放到同一目录中。如果不是放到同一目录中，那要通过路径来指定属性文件的位置，用户可以通过下面代码来配置路径。

```
FileInputStream in = new FileInputStream("Driver.properties");
```

值得注意的是，属性文件配置中的等号“＝”左右都不能有空格，这是按照值对的形式存放信息的一种情况。习惯上我们把等号左边的称为键，等号右边的称为值。

在上面的例子中，我们连接的是 SQL Server 数据库，执行了建表、插入记录等操作。现在我们再以连接 Oracle 数据库为示例，来体现一下记录的更新（update）与删除（delete）。

从本质上说，执行这两个操作并没有新的内容出现，也是使用 executeUpdate（）方法，只不过执行的 SQL 语句不同而已。这里仅仅向读者展示一下 Oracle 数据库的连接方式、URL 及驱动程序的加载，我们仍然采用通过配置文件来加载数据库驱动程序的方式，所以在例 13－2 中的 getStudent（Connection con）、getProperty（）与 getConnection（）等方法都没有变化，只是把 createTable（Connection con）方法去掉。注意：在这段代码中，我们将会话与连接的关闭放在了 main（）方法中。

由于需要根据不同的 SQL 语句执行不同的动作，因此这里没有单独写一个方法，但如果完全按照面向对象的思想，我们应当将所有的动作封装到一个方法中。这个工作就留给读者自己去实现。

【例 13－3】 程序清单：DoUpdateTest.java。

```
/*
    这个程序向读者展示比较完整的 JDBC 数据库操作的顺序，主要展示通过属性文件加载数据库
    驱动程序，记录的插入、修改、删除等操作
*/
import java.sql.SQLException;
import java.sql.Connection;
import java.sql.Statement;
import java.sql.ResultSet;
import java.sql.DriverManager;
import java.sql.Date;
import java.util.Properties;
import java.io.FileInputStream;
import java.io.IOException;
import java.io.FileNotFoundException;

public class DoUpdateTest
{
    private Connection con;
    private String url;              //数据库 URL
    private String userName;         //登录数据库用户名
    private String password;         //用户密码

    public static void main(String args[])
    {
        DoUpdateTest test = new DoUpdateTest();
```

```
        test.getProperty();
        Connection con = test.getConnection();
        try
        {
            Statement st = con.createStatement();
            String sql = sql = "insert into student values(
                    '张丽','20021023','1978-6-10','英语','山东')";
            st.executeUpdate(sql);
            System.out.println("执行修改前的记录:");
            test.getStudent(con);
            System.out.println("执行修改后的记录:");
            sql =
            " update student set 姓名 ='张小元' where 姓名 ='王成'";

            st.executeUpdate(sql);
            test.getStudent(con);
            System.out.println("执行删除后的记录:");
            sql = "delete student where 姓名 ='张丽'";
            st.executeUpdate(sql);
            test.getStudent(con);

            st.close();
            con.close();

        }
        catch(SQLException e)
        {
            e.printStackTrace();
        }

    }

    /*
        从表中查询出所有记录
     */
    public void getStudent(Connection con)
    {
        try
        {
            Statement st = con.createStatement();
            String sql = "select * from student";
            ResultSet rs = st.executeQuery(sql);
```

```
            while(rs.next())
            {
                String name = rs.getString("姓名");
                String number = rs.getString("学号");
                Date date = rs.getDate("出生日期");
                String spe = rs.getString("专业");
                String address = rs.getString("籍贯");

                System.out.println( "\n姓名:" + name + "\t学号:" + number +
                        "\t出生日期:" + date + "\t专业:" +
                        spe + "\t籍贯:" + address );
            }
            st.close();
        }
        catch(SQLException e)
        {
            e.printStackTrace();
        }
    }

    /*
        返回到数据库的一个连接。在一个系统或类中,如果经常进行数据库的相关操作,会把
        建立数据库的连接作为一个单独的方法
     */
    public Connection getConnection()
    {
        try
        {
            con = DriverManager.getConnection(url, userName,password);
        }
        catch(SQLException e)
        {
            e.printStackTrace();
        }

        return con;
    }

    /*
        读取属性配置文件
     */
```

```
    public void getProperty()
    {
        Properties prop = new Properties();
        try
        {
            FileInputStream in = new FileInputStream(
                                            "Driver.properties");
            prop.load(in);

            String driver = prop.getProperty("drivers");
            if(driver != null)
                System.setProperty("jdbc.drivers", driver);
            url = prop.getProperty("url");
            userName = prop.getProperty("user");
            password = prop.getProperty("password");
        }
        catch(FileNotFoundException e)
        {
            e.printStackTrace();
        }
        catch(IOException e)
        {
            e.printStackTrace();
        }
    }
}
```

如果需要加载 Oracle 的驱动程序与 URL，则只需要修改属性配置文件中的部分内容即可。代码如下：

```
drivers = oracle.jdbc.driver.OracleDriver
url = jdbc:oracle:thin:@localhost:1521:studentstore
user = wangwd
password = 411516wwd
```

在这里，访问的数据是 studentstore，用户名及密码分别为 wangwd 与 411516wwd。

3. 创建数据库

在前面的示例中，我们都是直接将 SQL 语句嵌入到程序本身中去，习惯上将这种编码方式称为硬编码。硬编码看起来比较容易编写，但存在一个很大的缺点，即兼容性不强，这里的兼容性是指程序的兼容性。假如我们按照以下的形式创建了一张表：

```
String sql = "CREATE TABLE SUTDENT(姓名 varchar(12)NOT NULL," +
             "学号 varchar(10)NOT NULL," +
```

```
"出生日期 datetime NOT NULL,专业 varchar(10)NULL," +
"籍贯 varchar(30)NULL)";
```

当由于某种原因需要将籍贯的字段长度更改为 50 位字符长时，我们只能重新修改程序代码，并重新编译、发布，这样做无疑是非常麻烦的。现在，可以将类似的 SQL 语句也通过配置文件进行配置，此时如果修改数据库结构，只需简单地修改一下属性文件就可以了。

这样做的好处是显而易见的。现代软件的设计需要掌握一个原则：尽量将不方便留给程序员，而将方便留给使用者。虽然这样做会大大地增加程序设计者的工作量，但这种人性化的程序设计会受到使用者的欢迎。

13.2 预查询

接下来，我们再介绍一下 JDBC 在进行查询数据库操作方面的一个新特性：预查询（prepared statement）。根据字面的意思，预查询就是在执行查询工作之前先做一部分准备工作，以适应真正的查询，这样做的目的是减少数据库操作的时间。

现在，假设我们想从建立的数据库中查询符合条件的一条记录：

```
select 姓名,学号,专业,籍贯 from student where 姓名 = 需要用户输入的信息
```

在这个 SQL 语句中，只有需要用户输入的信息是可变的，其他信息基本不变。所以我们可以考虑把前面的信息先输入到数据库中，而用户只需输入想查询的人名就可以了。这种情况就像数据库在等待填空一样。

在 JDBC 中，预查询是用“?”来替代未知条件，那么上面的 SQL 语句就可以实现为：

```
select 姓名,学号,专业,籍贯 from student where 姓名 = ?
```

注意，预查询会话的建立与正常查询有所不同。预查询的会话是通过接口 PreparedStatement 来实现的，该接口是 Statement 接口的一个子接口，它也是通过连接来进行的。代码实现如下：

```
PreparedStatement pre = con.prepareStatement(String sql);
```

按照正常查询，接下来就是执行查询动作了。但对于预查询来说，这却是不可以的。因为用户现在的 SQL 语句中还有一个问号没有赋值，数据库不知道用户想做的工作，所以在真正的查询之前，我们要把问号，即空格给填上。

比如，我们想查询的姓名为张丽，需要通过语句 pre.setString（1，" 张丽"）；将这条 SQL 语句补充完整，整个的过程如下所示：

```
String sql = " select 姓名,学号,专业,籍贯 from student where 姓名 = ?";
PreparedStatement pre = con.prepareStatement(String sql);
pre.setString(1, "张丽");
ResultSet rs = pre.executeQuery();
```

这样，就实现了预查询的功能。如果想再查询姓名为王成的记录，只要通过语句 pre. setString (1，" 王成")；就可以实现了，不必再重新输入整个 SQL 语句。

以上说明了只有一个问号的情况，如果有更多的变元，处理过程也是一样的。只要在变元的位置放入相应的“?”就可以了。例如，我们想根据一个人的姓名与专业来查询记录：

```
select 姓名,学号,专业,籍贯 from student where 姓名 = ? and 专业 = ?
```

设置不同位置的不同变元时，在预查询操作中是根据问号的序列来设置变元的。例如：

```
pre.setString(1, "张丽");
pre.setString(2, "英语");
```

预查询中的设置器与 ResultSet 中的访问器类似，也要根据数据的不同而采用不同的设置器。这一点请读者查阅相关的 API 资料。

从本质上讲，预查询是一种优化了的查询方式。只有在构建比较大型的数据库或数据量比较大时，这种查询方式才会体现出优势。具体何时使用什么样的查询方式，请读者根据实际情况自己选择。

练 习 题

简答题

1. 解释下列名词：数据库、关系型数、据库、记录、SQL、JDBC。
2. 简述 JDBC 的功能和特点。
3. 简述使用 JDBC 完成数据库操作的基本步骤。

编程题

1. 编写一个建立数据库的程序，建立用户所在班级的表结构。
2. 编写一个数据库操作程序，插入用户所在班级的所有同学信息。
3. 根据前面设计的学生类，将相应的信息通过程序在数据库中完全实现。

第 14 章 多线程机制

■ **本章导读**

在现实生活中，很多事情都是同时进行的。为了模拟这种情况，在 Java 中引入了多线程机制。简单地说，当程序同时完成多件事情时，就是所谓的多线程程序。多线程应用相当广泛，使用多线程可以创建窗口程序、网络程序等。

■ **学习目标**

(1) 了解进程与线程的概念；
(2) 掌握线程的状态；
(3) 掌握多线程的实现方法；
(4) 掌握如何通过继承 Thread 类实现多线程；
(5) 掌握如何通过 Runnable 接口实现多线程；
(6) 掌握线程的调度方法；
(7) 掌握线程的同步实现。

14.1 Java 中的线程

随着计算机发展的日新月异，个人计算机操作系统也纷纷采用多任务和分时设计，并且引入早期只有大型计算机才具有的系统特性。一般可以在同一时间内执行多个程序的操作系统都有进程的概念。一个进程就是一个执行中的程序，而每一个进程都有自己独立的一块内存空间、一组系统资源。在进程概念中，每一个进程的内部数据和状态都是完全独立的。Java 程序通过流控制来执行程序流，程序中单个顺序的流控制称为线程。多线程指的是在单个程序中可以同时运行多个不同的线程，执行不同的任务。多线程意味着一个程序的多行语句几乎可以在同一时间内运行。

14.1.1 进程与线程

进程是程序的一次动态执行过程，它对应了从代码加载、执行至执行完毕的一个完整过程。这个过程也是进程本身从产生、发展至消亡的过程。如果把公司一天的工作比作一个进程，那么早上公司开门上班是进程的开始，晚上下班关门是进程的结束。

线程是比进程更小的执行单位。一个进程在其执行过程中，可以产生多个线程，形成多条执行线索。每条线索，即每个线程也有它自身的产生、存在和消亡的过程，也是一个动态的概念。例如，公司开始一天的工作后，可以有多个不同的线程进行运作，如财务部门、开发部门、销售部门等。我们知道，每个进程都有一段专用的内存区域，与此不同的是，线程之间可以共享相同的内存单元（包括代码与数据），并利用这些共享单元来实现数据交换、实时通信与必要的同步操作。比如，公司开始一天的工作后，财务部门、开发部门和销售部门这 3 个线程可以共享公司的内部网络资源，财务部门、销售部门可以共享公司的账目数据等。多线程的程序能更好地表达和解决现实世界的具体问题，是计算机应用开发和程序设计的一个必然发展趋势。

14.1.2 线程的状态

线程主要有创建、运行、中断和死亡 4 种状态。

1. 创建（New Thread）

Java 的线程是通过 java. lang. Thread 类来实现的。当生成一个 Thread 类的对象之后，一个新的线程就产生了。执行下列语句时，线程就处于创建状态：

```
Thread myThread = new MyThreadClass();
```

当一个线程处于创建状态时，它仅仅是一个空的线程对象，系统不为它分配资源。

2. 运行（Runnable）

线程创建之后就具备了运行的条件。一旦轮到它来享用 CPU 资源时，就可以脱离创建它的主线程独立开始自己的生命周期了。执行下列语句时，线程就处于运行状态：

```
Thread myThread = new MyThreadClass();
myThread.start();
```

当一个线程处于可运行状态时，系统为这个线程分配了它所需的系统资源，安排其运行并调用线程运行方法，这样就使得该线程处于可运行（Runnable）状态。需要注意的是，这一状态并不是运行中状态（Running），因为实际上线程也许并未真正运行。由于很多计算机都是单处理器的，所以要在同一时刻运行所有处于可运行状态的线程是不可能的，Java 的运行系统必须实现调度来保证这些线程共享处理器。

3. 中断（Not Runnable）

一个正在执行的线程可能被人为地中断，使其让出 CPU 的使用权，暂时中止自己的执行，进入阻塞状态。阻塞时，它不能进入排队队列。只有当引起阻塞的原因被消除时，线程才可以转入就绪状态，重新进到线程队列中排队等待 CPU 资源，以便从原来终止处开始继续运行。进入中断状态的原因有如下几条：

(1) 调用了 sleep () 方法；

(2) 调用了 suspend () 方法；

（3）为等候一个条件变量，线程调用 wait（）方法；

（4）输入/输出流中发生线程阻塞。

4．死亡（Dead）

处于死亡状态的线程不具有继续运行的能力。线程死亡的原因有两个：一是正常运行的线程完成了它的全部工作；二是线程被提前强制性地终止。所谓死亡状态，就是线程释放了实体，即释放分配给线程对象的内存。

Java 线程的不同状态以及状态之间转换所调用的方法如图 14－1 所示。

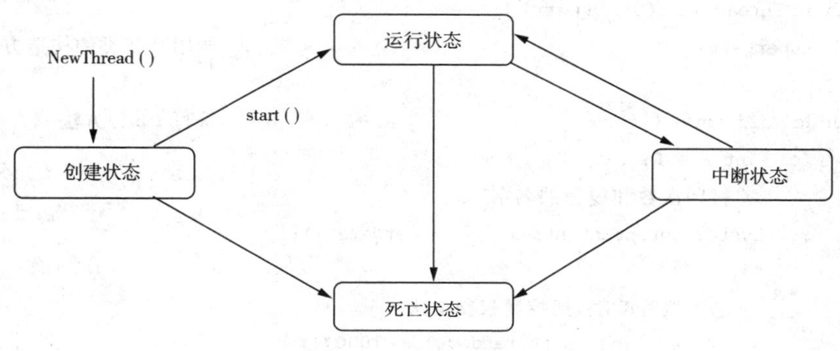

图 14－1 线程的状态

处于就绪状态的线程首先进入就绪队列排队等候处理器资源，同一时刻在就绪队列中的线程可能有很多个。多线程系统会给每个线程自动分配一个线程的优先级，任务较紧急的重要线程，其优先级就较高；相反，则较低。

14.1.3 多线程的实现方法

在 Java 中，创建线程的方法有两种：一是通过创建 Thread 类的子类来实现；二是通过实现 Runnable 接口的类来实现。具体方法如下所示。

方法一：定义一个线程类，它继承线程类 Thread 并重写其中的方法 run（）。在初始化这个类的实例时，目标 target 可为 null，表示由这个实例来执行线程体。由于 Java 只支持单重继承，用这种方法定义的类不能再继承其他父类。

方法二：提供一个实现接口 Runnable 的类作为一个线程的目标对象。在初始化一个 Thread 类或者 Thread 子类的线程对象时，把目标对象传递给这个线程实例，由该目标对象提供线程体 run（）。这时，实现接口 Runnable 的类仍然可以继承其他父类。

14.2 通过继承 Thread 类实现多线程

通过继承 Thread 类实现多线程的方法首先要设计 Thread 的子类，然后根据工作需要重新设计线程的 run（）方法，再使用 start（）方法启动线程，将执行权转交给 run（）方法。

【例 14 - 1】 程序清单：TwoThreads_Test.java。

```
public class TwoThreads_Test {
    public static void main(String args[]) {
        new Thread_Test("线程 1").start();          // 第 1 个线程的名字为"线程 1"
        new Thread_Test("线程 2").start();          // 第 2 个线程的名字为"线程 2"
    }
}
class Thread_Test extends Thread {
    public Thread_Test(String str) {
        super(str);                                 // 调用其父类的构造方法
    }
    public void run() {                             // 重写 run()方法
        for (int i = 0; i < 10; i++) {
            // 打印次数和线程的名字
            System.out.println(i + " " + getName());
            try {
                // 线程睡眠,把控制权交出去
                sleep((int)(Math.random() * 1000));
            } catch (InterruptedException e) {
            }
        }
        // 线程执行结束
        System.out.println("执行结束!" + getName());
    }
}
```

输出结果：

```
0 线程 1
0 线程 2
1 线程 1
2 线程 1
1 线程 2
3 线程 1
2 线程 2
4 线程 1
3 线程 2
4 线程 2
5 线程 1
6 线程 1
7 线程 1
5 线程 2
8 线程 1
```

```
6 线程 2
9 线程 1
7 线程 2
执行结束！线程 1
8 线程 2
9 线程 2
执行结束！线程 2
```

仔细分析一下运行结果，会发现两个线程是交错运行的，感觉就像是两个线程在同时运行。实际上，一台计算机通常只有一个 CPU，在某个时刻只能有一个线程在运行。Java 语言在设计时，充分考虑到线程的并发调度执行。对于程序员来说，在编程时要注意给每个线程执行的时间和机会，主要通过让线程睡眠的办法（调用 sleep（）方法）来让当前线程暂停执行，然后由其他线程来争夺执行的机会。如果上面的程序中没有用到 sleep（）方法，则就是第一个线程先执行完毕，然后第二个线程再执行。所以熟练掌握 sleep（）方法是学习线程的一个关键。

14.3 通过 Runnable 接口实现多线程

通过 Runnable 接口实现多线程的方法首先要设计一个实现 Runnable 接口的类，然后根据工作需要重新设计线程的 run（）方法。再建立该类的对象，以此对象为参数建立 Thread 类的对象。最后调用 Thread 类对象的 start（）方法启动线程，将执行权转交给 run（）方法。

【例 14－2】 程序清单：Runnable _ Test. java。

```
import java.applet.Applet;
import java.awt.Graphics;
import java.util.Date;
public class Runnable_Test extends Applet implements Runnable {  //实现接口
    Thread thread;
    public void start() {
        if (thread == null) {
            //线程体是 Clock 对象本身,线程名字为"Clock"
            thread = new Thread(this, "小时钟");
            thread.start();                                  //启动线程
        }
    }
    public void run() {                       // run()方法中是线程执行的内容
        while (thread != null){
            repaint();                        // 刷新显示画面
            try {
                thread.sleep(1000);           // 睡眠 1 秒,即每隔 1 秒执行一次
            } catch (InterruptedException e) {
```

```
            }
        }
    }
    public void paint(Graphics g) {
        Date now = new Date();                    // 获得当前的时间对象
        g.drawString(now.getHours() + ":" + now.getMinutes() + ":"
                + now.getSeconds(), 5, 10);  // 显示当前时间
    }
    public void stop() {
        thread.stop();
        thread = null;
    }
}
```

程序运行结果如图 14-2 所示。

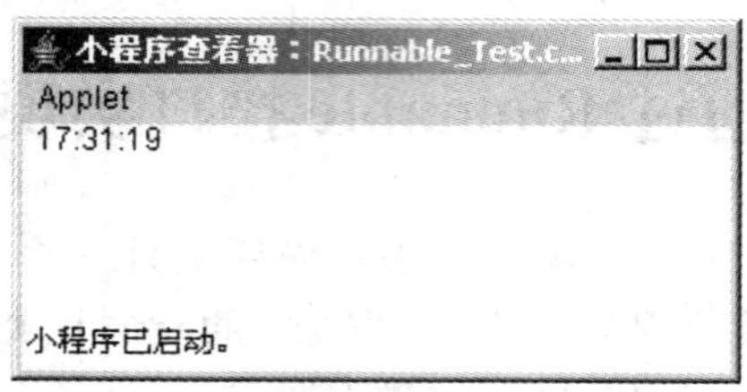

图 14-2　通过 Runnable 接口实现多线程

上面这个例子中，每隔 1 秒种就执行线程的刷新画面功能，显示当前时间，其效果类似于一个时钟。由于采用的是实现接口 Runnable 的方式，所以该类 Clock 还继承了 Applet，因此 Clock 就可以用 Applet 的方式运行。

下面我们来对构造线程体的两种方法进行比较。

1. 直接继承 Thread 类

(1) 不能再从其他类继承；

(2) 编写简单，可以直接操纵线程，无需使用 Thread.currentThread ()。

2. 使用 Runnable 接口

(1) 可以将 CPU、代码和数据分开，形成清晰的模型；

(2) 还可以从其他类继承；

(3) 能够保持程序风格的一致性。

14.4　线程的调度

Java 提供一个线程调度器，用来监控程序启动后进入就绪状态的所有线程。线程调度器按照线程的优先级决定应先调度哪些线程来执行。

正如我们前面所讲的，处于就绪状态的线程首先进入就绪队列排队等候处理器资

源。同一时刻，在就绪队列中的线程可能有多个。在线程排队时，优先级高的线程可以排在较前位置，这样能优先享用到处理器资源；而优先级较低的线程则只能等到排在它前面的高优先级线程执行完毕，才能获得处理器资源。对于优先级相同的线程，则遵循队列的“先进先出”原则，即先进入就绪状态排队的线程被优先分配到处理器资源，随后才为后进入队列的线程服务。

当一个在就绪队列中排队的线程被分配到处理器资源而进入运行状态时，这个线程就称为是被调度或被线程调度管理器选中了。线程调度管理器负责管理线程排队和处理器在线程间的分配，一般都配有一个精心设计的线程调度算法。在 Java 系统中，线程调度也是在优先级的基础上服从“先到先服务”原则。

下面几种情况下，当前线程会放弃 CPU。

- 线程调用了 yield () 或 sleep () 方法时，主动放弃。
- 抢先式系统下，由高优先级的线程参与调度；时间片方式下，当前时间片用完，由同优先级的线程参与调度。
- 当前线程进行 I/O 访问、外存读写、等待用户输入等操作，导致线程阻塞；或者是为等候一个条件变量，以及线程调用 wait () 方法。

Thread 类的 setPriority (int a) 方法可以设置线程优先级，使之符合程序的特定需要。其中，a 取值可以是 Thread. MIN _ PRIORITY、Thread. MAX _ PRIORITY、Thread. NORM _ PRIORITY。线程的默认级别是 Thread. NORM _ PRIORITY。

下述方法可以对优先级进行操作：

```
int getPriority();                        //得到线程的优先级
void setPriority(int newPriority);        //当线程被创建后,可通过此方法改变线程的优先级
```

例 14 - 3 中生成 3 个不同线程。其中，一个线程在最低优先级下运行，而另两个线程在最高优先级下运行。

【例 14 - 3】 程序清单：ThreadPriority _ Test. java。

```
class ThreadPriority_Test{
    public static void main(String args[]){
        Thread thread1 = new MyThread("Thread1");
        thread1.setPriority(Thread.MIN_PRIORITY);          // 设置优先级为最小
        thread1.start();
        Thread thread2 = new MyThread("Thread2");
        thread2.setPriority(Thread.MAX_PRIORITY);          // 设置优先级为最大
        thread2.start();
        Thread thread3 = new MyThread("Thread3");
        thread3.setPriority(Thread.MAX_PRIORITY);          // 设置优先级为最大
        thread3.start();
    }
}
class MyThread extends Thread {
    String message;
```

```
    MyThread(String message){
        this.message = message;
    }
    public void run(){
        for(int i = 0; i < 3; i++)
            // 获得线程的优先级
            System.out.println(message + " " + getPriority());
    }
}
```

输出结果：

```
Thread2 10
Thread2 10
Thread2 10
Thread3 10
Thread3 10
Thread3 10
Thread1 1
Thread1 1
Thread1 1
```

这里要提醒用户：在所有系统中运行 Java 程序时，并不是都采用时间片策略调度线程。所以一个线程在空闲时应该主动放弃 CPU，以使其他同优先级和低优先级的线程得到执行。

14.5 线程的同步

14.5.1 基本的线程控制

1. 终止线程

线程终止后，其生命周期结束，即线程进入死亡状态。终止后的线程不能再被调度执行。以下两种情况，线程将进入终止状态：

(1) 线程执行完其 run () 方法后，会自然终止；

(2) 通过调用线程的实例方法 stop () 来终止线程。

2. 测试线程状态

可以通过 Thread 中的 isAlive () 方法来测试线程是否处于活动（Alive）状态。线程由 start () 方法启动后，直到其被终止之间的任何时刻都处于活动状态。

3. 线程的暂停和恢复

以下几种方法可以暂停一个线程的执行，在适当的时候再恢复其执行。

(1) sleep () 方法

通过调用 sleep（）方法使当前线程睡眠（停止执行）若干毫秒，线程由运行状态进入不可运行状态，停止执行时间到后线程进入可运行状态。

（2）suspend（）方法和 resume（）方法

通过调用线程的 suspend（）方法使线程暂时由可运行状态切换到不可运行状态。若此线程想再回到可运行状态，必须由其他线程调用 resume（）方法来实现。注意：从 JDK 1.2 开始就不再使用 suspend（）方法和 resume（）方法。

（3）join（）方法

当前线程等待调用该方法的线程结束后，再恢复执行。例如：

```
TimerThread tt = new TimerThread(100);
tt.start();
⋮
public void timeout(){
tt.join();              // 当前线程等待线程 tt 执行完后,再继续往下执行
⋮
}
```

14.5.2 多线程的同步实现

在编写一个类时，如果该类中的代码可能运行于多线程环境下，那么就要考虑同步问题。首先编写一个非常简单的多线程程序，来模拟银行中的多个线程同时对同一个储蓄账户进行存款、取款操作。

在程序中，我们使用了一个简化版本的 Account 类，用来代表一个银行账户的信息，账户上现有余额 2000 元。在主程序中，首先生成了 1000 个线程，然后启动它们，每一个线程都对 Mike 账户进行存 100 元的操作，然后马上又取出 100 元。这样，对于 Mike 账户来说，最终账户的余额应该还是 2000 元，然而运行结果却超出我们的想象，下面来看看演示代码。

【例 14-4】 程序清单：Synchronized_Test.java。

```
public class Synchronized_Test {
    private static int NUM_OF_THREAD = 1000;
    static Thread[] threads = new Thread[NUM_OF_THREAD];
    public static void main(String args[]) {
        final Account acc = new Account("Mike", 2000.0f);
        for (int i = 0; i < NUM_OF_THREAD; i++) {
            threads[i] = new Thread(new Runnable() {
                public void run() {
                    acc.deposit(100.0f);
                    acc.withdraw(100.0f);
                }
            });
            threads[i].start();
```

```
            }
            for (int i = 0; i < NUM_OF_THREAD; i++) {
                try {
                    threads[i].join();        // 等待所有线程运行结束
                } catch (InterruptedException e) {     }
            }
            System.out.println("最终，Mike 的银行卡上还剩：" + acc.getBalance());
        }
    }
    class Account {
        String name;
        float amount;
        public Account(String name, float amount) {
            this.name = name;
            this.amount = amount;
        }
        public void deposit(float amt) {
            float tmp = amount;
            tmp += amt;
            try {
                Thread.sleep(100);             // 模拟其他处理所需要的时间，比如刷新数据库等
            } catch (InterruptedException e) {}
            amount = tmp;
        }
        public void withdraw(float amt) {
            float tmp = amount;
            tmp = tmp - amt;
            try {
                Thread.sleep(100);             // 模拟其他处理所需要的时间，比如刷新数据库等
            } catch (InterruptedException e) {}
            amount = tmp;
        }
        public float getBalance() {
            return amount;
        }
    }
```

值得注意的是，在 Account 类的 deposit () 和 withdraw () 方法中，之所以要把对 amount（数额）的运算使用一个临时变量先存储，睡眠（sleep）一段时间后再赋值给 amount，是为了模拟真实系统运行时的情况。因为在真实系统中，账户信息肯定是存储在数据库中，此处的睡眠时间相当于比较耗时的数据库操作。最后，把临时变量 tmp 的值赋值给 amount，相当于把 amount 的改动写入数据库中。运行 Synchronized

_Test，代码如下：

```
D:\java\bin>java Synchronized_Test
最终，mike 的银行卡上还剩:2200.0
D:\java\bin>java Synchronized_Test
最终，mike 的银行卡上还剩:2100.0
D:\java\bin>java Synchronized_Test
最终，mike 的银行卡上还剩:2500.0
D:\java\bin>java Synchronized_Test
最终，mike 的银行卡上还剩:2400.0
D:\java\bin>java Synchronized_Test
最终，mike 的银行卡上还剩:2200.0
D:\java\bin>java Synchronized_Test
最终，mike 的银行卡上还剩:2000.0
```

我们发现，程序每一次运行的结果都会不同，这就是多线程中的同步问题。在程序中，Account 类中的 amount 会同时被多个线程访问，即竞争资源，通常称作竞态条件。对于这样的多个线程共享资源，我们必须进行同步，以避免一个线程的改动被另一个线程所覆盖。

在 Java 中，实现同步操作的方法很简单，只需在共享内存变量的方法前加修饰符 synchronized 即可。在程序运行过程中，如果某一线程调用经 synchronized 修饰的方法，在该线程结束此方法的运行之前，其他所有线程都不能运行该方法。只有等该线程完成此方法的运行后，其他线程才能引入该方法的运行。

在这个程序中，Account 类中的 amount 是一个竞态条件，所以对 amount 的所有修改访问都要进行同步。我们将 deposit () 方法和 withdraw () 方法进行同步，修改代码如下：

```
public synchronized void deposit(float amt){
    float tmp = amount;
    tmp + = amt;
    try {
        Thread.sleep(1);        //模拟其他处理所需要的时间,比如刷新数据库等
    } catch(InterruptedException e){}
    amount = tmp;
}
  public synchronized void withdraw(float amt){
    float tmp = amount;
    tmp - = amt;
    try {
        Thread.sleep(1);        //模拟其他处理所需要的时间,比如刷新数据库等
    } catch(InterruptedException e){}
    amount = tmp;
}
```

此时再运行程序就能够得到正确结果了。Account 中的 getBalance（）方法也访问了 amount，为什么不对 getBalance（）方法进行同步呢？这是因为 getBalance（）方法并不会修改 amount 的值，所以同时多个线程对它访问不会造成数据的混乱。

练　习　题

选择题

1. 比较线程和进程，下列说法中有误的是（　　）。

A. 系统产生线程负担要比进程小得多，所以线程也被称为“轻型进程”

B. 线程和进程不能同时出现在同一个系统或程序中

C. 进程是一个内核级的实体，线程是一个用户级的实体

D. 线程不包含进程地址空间中的代码和数据，线程是计算过程在某时刻的状态

2. 下列方法中，能使线程停止执行，然后调用 resume（）方法恢复线程的方法是（　　）。

A. interrupt（）　　B. stop（）　　C. suspend（）　　D. yield（）

简答题

1. 建立线程有哪几种方法？
2. 怎样设置线程的优先级？
3. 在多线程中，为什么要引入同步机制？
4. 在什么地方，wait（）、notify（）及 notifyAll（）方法可以被使用？

编程题

1. 编写一个小应用程序。在小应用程序的主线程中有两个线程：一个负责模仿垂直上抛运动；另一个模仿 45°的抛体运动。

第 15 章 网络编程

■ **本章导读**

Java 语言与传统语言（如 C 语言）相比，最大的区别在于 Java 具有支持 Internet 和 WWW 等的完整软件包。使用 Java 语言可以非常容易地完成网络编程，这一特点也正是 Java 语言风行全球的原因之一。本章将介绍 java. net 包，以及它提供在 Internet 上进行通信的基本功能。

■ **学习目标**

(1) 掌握网络编程基础知识；
(2) 学会基于 URL 的 Java 网络编程；
(3) 学会基于套接字的 Java 网络编程；
(4) 熟悉数据报。

15. 1 网络编程的基本概念

Java 语言的网络功能是由类库中的 java. net 包实现的。它通过扩充 I/O 流来支持 TCP/IP 协议，同时提供对其他协议的支持，如 FTP、HTTP 和 WWW 等。

15.1.1 网络基础知识

计算机网络形式多样，内容繁杂。网络上的计算机要互相通信，必须遵循一定的协议。目前使用最广泛的网络协议是 Internet 上使用的 TCP/IP 协议。

TCP/IP 协议即传输控制协议/互联网络协议（Transmission Control Protocol/Internet Protocol），是 Internet 最基本的协议之一。简单地说，它就是由底层的 IP 协议和 TCP 协议组成的协议。在 Internet 没有形成之前，各个地方已经建立了很多小型的网络，称为局域网。而 Internet 是网际网，它实际上就是将全球各地的局域网连接起来而形成的一个网。在连接之前，各式各样的局域网存在不同的网络结构和数据传输规则。将这些小网连接起来后，各网之间要通过什么样的规则来传输数据呢？这就像世界上有很多个国家，每个国家的人说各自的语言，那么世界上任意两国的人要怎样沟通呢？如果全世界的人都能够说同一种语言（即世界语），这个问题即可迎刃而解，TCP/IP 协议正是 Internet 上的“世界语”。TCP/IP 协议的开发工作始于 20 世纪 70 年代，是用于互联网的第一套协议。

网络编程的目的是直接或间接地通过网络协议与其他计算机进行通信。网络编程中有两个主要问题：一个是如何准确的定位网络上一台或多台主机，另一个就是找到主机后如何可靠、高效地进行数据传输。在 TCP/IP 协议中，IP 层主要负责网络主机的定位、数据传输的路由，由 IP 地址可以唯一地确定 Internet 上的任何一台主机；而 TCP 层则提供面向应用的、可靠或非可靠的数据传输机制，这是网络编程的主要对象，一般网络编程不需要关心 IP 层是如何处理数据的。

目前较为流行的网络编程模型是客户机/服务器（C/S）结构，即通信双方的一方作为服务器等待客户提出请求并予以响应，客户则在需要服务时向服务器提出申请。服务器一般作为守护进程始终运行，监听网络端口。一旦客户有请求，就会启动一个服务进程来响应该客户，同时自己继续监听服务端口，使后来的客户也能得到及时服务。

15.1.2 网络基本概念

- IP 地址：即给每个连接在 Internet 上的主机分配一个在全世界范围内唯一的 32bit 地址。IP 地址使我们可以在 Internet 上很方便地寻址。通常，IP 地址用更直观的、以圆点分隔的 4 个十进制数字表示。例如，北京大学的域名是 pku. edu. cn，对应的 IP 地址为 162. 105. 129. 30。
- 主机名（HostName）：网络地址的助记名，按照域名进行分级管理。例如，洪恩主页为 www. hongen. com、新浪主页为 www. sina. com. cn。
- 端口号（Port Number）：网络通信时同一机器上的不同进程的标识。端口号被规定为一个 0～65535 之间的整数。例如：HTTP 服务使用的是 80 端口，FTP 服务使用的是 21 端口，SMTP 服务使用的是 25 端口。客户机必须通过 80 端口才能连接到服务器的 HTTP 服务，而通过 21 端口才能连接到服务器的 FTP 服务器，通过 25 端口可以接收和发送邮件。
- 服务类型（Service）：网络的各种服务。例如，超文本传输协议（HTTP）、文件传输协议（FTP）、远程登录（Telnet）、简单邮件传输协议（SMTP）。

为了更加形象地表示以上几个概念，我们可以用图 15-1 来描述。

在 Internet 上，IP 地址和主机名是一一对应的，通过域名解析可以由主机名得到机器的 IP 地址。由于机器名更接近自然语言，容易记忆，所以使用比 IP 地址广泛。但是对机器而言，只有 IP 地址才是有效的标识符。

一台主机上通常总是有很多个进程需要网络资源进行网络通信。准确地讲，网络通信的对象不是主机，而是主机中运行的进程。这时候，光用主机名或 IP 地址来标识这么多个进程显然是不够的。端口号就是为了在一台主机上提供更多的网络资源而采取的一种手段，也是 TCP 层提供的一种机制。只有通过主机名或 IP 地址与端口号的组合才能唯一地确定网络通信中的对象——进程。

服务类型是在 TCP 层上面应用层的概念。基于 TCP/IP 协议可以构建出各种复杂的应用，服务类型是那些已经被标准化了的应用，一般都是网络服务器（软件）。读者可以编写自己的、基于网络的服务器，但这些服务器都不能被称作标准的服务类型。

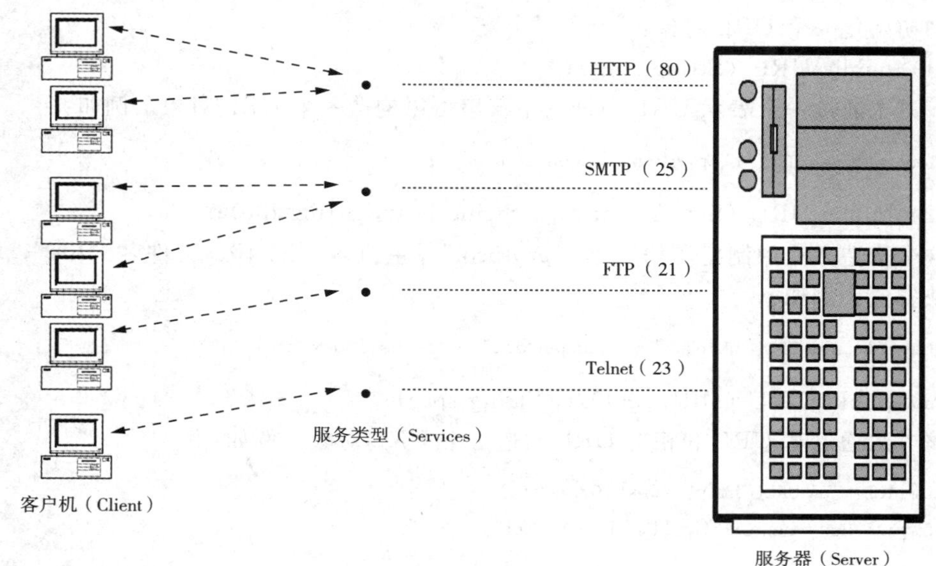

图 15－1 客户机/服务器（C/S）结构

15.2 基于 URL 的 Java 网络编程

URL（Uniform Resource Locator）是统一资源定位器的简称，它表示 Internet 上某一资源的地址。通过 URL，我们可以访问 Internet 上的各种网络资源，比如最常见的 WWW、TP 站点等。通过解析给定的 URL，浏览器可以在网络上查找相应的文件或其他资源。

URL 通常由 Internet 资源类型、服务器地址、端口和路径组成，具体介绍如下。

● Internet 资源类型（scheme）：指出客户程序用来操作的工具。如 http：//表示 WWW 服务器，ftp：//表示 FTP 服务器，gopher：//表示 Gopher 服务器，而 new：表示 Newgroup 新闻组。

● 服务器地址（host）：指出 WWW 页所在的服务器域名。

● 端口（port）：对某些资源的访问来说，需给相应的服务器提供端口号。

● 路径（path）：指明服务器上某资源的位置（其格式与 DOS 系统中的格式一样，通常由目录/子目录/文件名这样的结构组成）。与端口一样，路径并非总是需要的。

URL 地址格式排列为 scheme：//host：port/path。例如，http：//www.sina.com.cn/download/index.jsp 就是一个典型的 URL 地址。

15.2.1 URL 类

1. 创建 URL

为了使用 URL 进行通信，java.net 中实现了 URL 类。我们可以通过下面的构造方法来初始化一个 URL 对象：

(1) public URL (String spec)；

该方法通过一个表示 URL 地址的字符串可以构造一个 URL 对象。例如：

```
URLmyurl = new URL("http://www.hongen.com/");
```

(2) public URL (String protocol，String host，String file)；

这个构造方法中制定了协议名 “protocol”、主机名 “host”、文件名 “file”，端口使用缺省值。例如：

```
URLmyurl = new URL("http", "www.hongen.com", "/pages/index.html");
```

(3) public URL (URL context，String spec)；

该方法通过基 URL 和相对 URL 构造一个 URL 对象。例如：

```
URLmyurl = new URL("http://www.163.net/");
URLmyurl_new = new URL(myurl, "index.html")
```

(4) public URL (String protocol，String host，int port，String file)；

与构造方法 (2) 比较，该构造方法中多了一个端口号 “port”。例如：

```
URL gamelan = new URL("http", "www.gamelan.com", 80, "Pages/Gamelan.network.html");
```

注意：类 URL 的构造方法都声明抛弃非运行时例外 (MalformedURLException)，因此生成 URL 对象时，必须要对这一例外进行处理，通常用 try－catch 语句进行捕获。格式如下：

```
try{
URL myurl =  new URL(…)
}catch(MalformedURLException e){
⋮                                        //对异常进行处理
}
```

2. URL 类的常用方法

一个 URL 对象生成后，其属性是不能被改变的，但是我们可以通过类 URL 提供的方法来获取这些属性：

- public String getProtocol () 获取该 URL 的协议名。
- public String getHost () 获取该 URL 的主机名。
- public int getPort () 获取该 URL 的端口号，如果没有设置端口，返回－1。
- public String getFile () 获取该 URL 的文件名。
- public String getRef () 获取该 URL 在文件中的相对位置。

- public String getQuery () 获取该 URL 的查询信息。
- public String getPath () 获取该 URL 的路径。
- public String getAuthority () 获取该 URL 的权限信息。
- public String getUserInfo () 获得使用者的信息。
- public String getRef () 获得该 URL 的锚。

下面的例子中，用户可以在一个文本框中输入网址，然后单击“确定”按钮链接到指定的页面。

【例 15－1】 程序清单：URL_Test.java。

```
import java.applet.Applet;
import java.awt.Button;
import java.awt.Label;
import java.awt.TextField;
import java.awt.event.ActionEvent;
import java.awt.event.ActionListener;
import java.net.MalformedURLException;
import java.net.URL;
    public class URL_Test extends Applet implements ActionListener {
    Button button;
    URL url;
    TextField text;
    public void init(){
        text = new TextField(18);
        button = new Button("确定");
        add(new Label("输入网址:"));
        add(text);
        add(button);
        button.addActionListener(this);
    }
    public void actionPerformed(ActionEvent e){
        if(e.getSource() = = button){
            try {
                url = new URL(text.getText().trim());
                getAppletContext().showDocument(url);
        } catch(MalformedURLException g){
                text.setText("不正确的 URL:" + url);
                }
        }
    }
}
```

15.2.2 URLConnetction 类

通过 URL 的 openStream（）方法，我们只能从网络上读取数据。如果同时还想输出数据，例如向服务器端的 CGI 程序发送一些数据，就必须先与 URL 建立连接，然后才能对其进行读写，这时就要用到 URLConnection 类了。CGI 是公共网关接口（Common Gateway Interface）的简称，是用户浏览器和服务器端的应用程序进行连接的接口。

URLConnection 类也在包 java. net 中定义，它表示 Java 程序和 URL 在网络上的通信连接。当与一个 URL 建立连接时，首先要在一个 URL 对象上通过 openConnection（）方法生成对应的 URLConnection 对象。例如，下面的程序段首先生成一个指向地址 http：//new. sohu. com/index. html 的对象，然后用 openConnection（）打开该 URL 对象上的一个连接，返回一个 URLConnection 对象。如果连接过程失败，将产生 IO-Exception 异常。

```
Try{
    URL netchinaren = new URL("http：//new. sohu. com/index. html")；
    URLConnectonn tc = netchinaren. openConnection()；
}catch(MalformedURLException e){                    //创建 URL()对象失败
    ⋮
}catch(IOException e){                              //openConnection()失败
    ⋮
}
```

类 URLConnection 提供了很多方法来设置或获取连接参数，程序设计时最常使用的是 getInputStream（）方法和 getOurputStream（）方法，其定义为：

```
InputSteram getInputSteram()；
OutputSteram getOutputStream()；
```

通过返回的输入/输出流，我们可以与远程对象进行通信。看下面的例子：

```
URLmyurl = new URL("http://new. sohu. com/index. html ")；//创建一 URL 对象
URLConnectin con = url. openConnection()；                //由 URL 对象获取 URLConnection 对象
//由 URLConnection 获取输入流，并构造 DataInputStream 对象
DataInputStream dis = new DataInputStream(con. getInputSteam())；
//由 URLConnection 获取输出流，并构造 PrintStream 对象
PrintStream ps = new PrintSteam(con. getOutupSteam())；
String line = dis. readLine()；                            //从服务器读入一行
ps. println("client…")；                                   //向服务器写出字符串 "client…"
```

基于 URL 的网络编程在底层其实还是基于 Socket 接口的。WWW、FTP 等标准化的网络服务都是基于 TCP 协议的，所以从本质上讲，URL 编程也是基于 TCP 的一种应用。

15.3 基于套接字的 Java 网络编程

15.3.1 Socket 通信简介

网络上的两个程序通过一个双向的通信连接实现数据的交换，这个双向链路的一端称为一个套接字（Socket）。套接字通常用来实现客户方和服务方的连接，它是 TCP/IP 协议的一个十分流行的编程界面。一个套接字由一个 IP 地址和一个端口号唯一确定。

在传统的 UNIX 环境下，可以操作 TCP/IP 协议的接口不止套接字一个，套接字所支持的协议种类也不光 TCP/IP 一种，因此两者之间没有必然联系。在 Java 环境下，套接字编程主要是指基于 TCP/IP 协议的网络编程。

需要提示用户的是，套接字编程是低层次网络编程，但这并不等于它功能不强大。恰恰相反，正因为其层次低，套接字编程比基于 URL 的网络编程提供了更强大的功能和更灵活地控制，但是也要更复杂一些。

15.3.2 创建 Socket 和 ServerSocket

Java 在包 java. net 中提供了类 Socket 和 ServerSocket，分别用来表示双向连接的客户端和服务端。

1. 客户端的 Socket

客户端的程序使用 Socket 类建立服务器的套接字连接。Socket 类常用的构造方法如下：

```
Socket(InetAddress address, int port);
Socket(InetAddress address, int port, boolean stream);
Socket(String host, int prot);
Socket(String host, int prot, boolean stream);
Socket(SocketImpl impl);
Socket(String host, int port, InetAddress localAddr, int localPort);
Socket(InetAddress address, int port, InetAddress localAddr, int localPort);
```

其中，address、host 和 port 分别是双向连接中另一方的 IP 地址、主机名和端口号；stream 指明 Socket 是流 Socket 还是数据报 Socket；IocalPort 表示本地主机的端口号；localAddr 和 bindAddr 是本地机器的地址（ServerSocket 的主机地址）；Impl 是 Socket 的父类，既可以用来创建 ServerSocket，又可以用来创建 Socket；count 则表示服务端所能支持的最大连接数。

当建立 Socket 时可能发生 IOException 异常，因此应像下面那样建立到服务器的套接字连接。例如：

```
try{
    Socket client = new Socket("127.0.0.1", 80);
    ServerSocket server = new ServerSocket(80);
}catch(IOException e){
```

```
    ⋮
}
```

注意：在选择端口时，必须小心。每一个端口提供一种特定的服务，只有给出正确的端口，才能获得相应的服务。0～1023 的端口号为系统所保留，所以我们在选择端口号时，最好选择一个大于 1023 的数，防止发生冲突。

2. 服务器端的 ServerSocket

我们已经知道客户负责建立客户到服务器的套接字连接，因此服务器必须建立一个等待接受客户套接字的 ServerSocket 对象。ServerSocket 的构造方法是如下：

```
ServerSocket(int port);
```

下面是一个典型的创建 Server 端 ServerSocket 的过程。

```
ServerSocket server = null;
try {
    //创建一个 ServerSocket 在端口 1890 监听客户请求
    server = new ServerSocket(1890);
}catch(IOException e){
    System.out.println("出错提示:" + e);
}
Socket socket = null;
try {
/*
    accept()是一个阻塞性方法,一旦有客户请求,它就会返回一个 Socket 对象用于同客户进行
    交互
*/
socket = server.accept();
}catch(IOException e1){
    System.out.println("出错提示:" + e1);
}
```

以上程序是 Server 的典型工作模式，只不过在这里 Server 只能接收一个请求，接受完后 Server 就退出了。实际应用中总是让 Server 不停地循环接收，一旦有客户请求，Server 总是会创建一个服务线程来服务新来的客户，而自己继续监听。程序中的 accept () 是一个阻塞性方法，所谓阻塞性方法就是说该方法被调用后将等待客户的请求，直到有一个客户启动并请求连接到相同的端口时，该方法返回一个对应于客户的 Socket。这时，客户方和服务方都建立了用于通信的 Socket，接下来就是由各个 Socket 分别打开各自的输入/输出流。

3. 打开输入/输出流

类 Socket 提供了方法 getInputStream () 和 getOutStream () 来得到对应的输入/输出流以进行读/写操作，这两个方法分别返回 InputStream 和 OutputSteam 类对象。为了便于读写数据，我们可以在返回的输入/输出流对象上建立过滤流，例如 DataInputStream、DataOutputStream 或 PrintStream 类对象。对于文本方式流对象，可以采用 InputStreamReader 和 OutputStreamWriter、PrintWirter 等处理。例如：

```
PrintStreambos = new PrintStream(new BufferedOutputStreem(
                                        socket. getOutputStream()));
DataInputStreamgis = new DataInputStream(socket. getInputStream());
PrintWriter out = new PrintWriter(socket. getOutStream(),true);
BufferedReader in = new ButfferedReader(new InputSteramReader(
                                        Socket. getInputStream()));
```

每一个 Socket 存在时，都将占用一定的资源，在 Socket 对象使用完毕时，要将其关闭。关闭 Socket 可以调用 Socket 的 close () 方法。在关闭 Socket 之前，应将与 Socket 相关的所有输入/输出流全部关闭，以释放所有的资源。而且要注意关闭的顺序，与 Socket 相关的所有输入/输出流应首先关闭，然后再关闭 Socket。

```
bos. close();
gis. close();
socket. close();
```

尽管 Java 有自动回收机制，网络资源最终是会被释放的。但是为了更有效地利用资源，建议读者按照合理的顺序主动释放资源。

15.3.3 举例：Socket 简单应用

下面通过一个简单的例子说明上面所讲的知识点。在例 15-2 中，客户端向服务器发出信息："你好，我是客户端"。然后每隔 1 秒，客户端向服务器发送一个随机数。服务器将回答："你好，我是服务器"，并将客户发来的数据返回给客户。首先我们将例 15-2 中服务器的 Server _ Test. java 编译通过并运行起来，等待客户的呼叫，然后运行客户端程序。

【例 15-2】 程序清单：Client _ Test. java、Server _ Test. java。

客户端程序

```
import java. io. DataInputStream;
import java. io. DataOutputStream;
import java. io. IOException;
import java. net. Socket;
public class Client_Test {
    public static void main(String args[]) {
        String s = null;
        Socket mysocket;
        DataInputStream in = null;
        DataOutputStream out = null;
        try {
            mysocket = new Socket("localhost", 2345);
```

```
            in = new DataInputStream(mysocket.getInputStream());
            out = new DataOutputStream(mysocket.getOutputStream());
            out.writeUTF("你好,我是客户端");      // 通过 out 向"线路"写入信息
            while (true) {
                s = in.readUTF();                  // 通过使用 in 读取服务器放入"线路"里
                                                      的信息。堵塞状态,除非读取到信息
                out.writeUTF(":" + Math.random());
                System.out.println("客户收到:" + s);
                Thread.sleep(1000);
            }
        } catch (IOException e) {
            System.out.println("无法连接");
        } catch (InterruptedException e) {
        }
    }
}
```

服务器端程序

```
import java.io.DataInputStream;
import java.io.DataOutputStream;
import java.io.IOException;
import java.net.ServerSocket;
import java.net.Socket;
public class Server_Test {
    public static void main(String args[]) {
        ServerSocket server = null;
        Socket you = null;
        String s = null;
        DataOutputStream out = null;
        DataInputStream in = null;
        try {
            server = new ServerSocket(2345);
        } catch (IOException e1) {
            System.out.println("出错提示:" + e1);
        }
        try {
            you = server.accept();
            in = new DataInputStream(you.getInputStream());
            out = new DataOutputStream(you.getOutputStream());
            while (true) {
                s = in.readUTF();      // 通过使用 in 读取客户放入"线路"里的信息。堵塞状
                                          态,除非读取到信息
```

```
                out.writeUTF("你好:我是服务器");      // 通过 out 向"线路"写入信息
                out.writeUTF("你说的数是:" + s);
                System.out.println("服务器收到:" + s);
                Thread.sleep(1000);
            }
        } catch (IOException e) {
            System.out.println("" + e);
        } catch (InterruptedException e) {
        }
    }
}
```

15.4 数据报

数据报是一种无连接的通信方式，速度比较快。但正是由于不建立连接，因此不能保证所有数据都能送到目的地，数据报一般用于传送非关键性的数据。发送和接收数据报需要使用 Java 类库中的 DatagramPacket 类和 DatagramSocket 类，下面将详细介绍。

1. DatagramPacket 类

DatagramPacket 类是进行数据报通信的基本单位，包含了需要传送的数据、数据长度、IP 地址和端口等。DatagramPacket 类的常用构造方法有以下两种：

- DatagramPacket（byte [] buf，int length）构造一个用于接收数据报的 DatagramPacket 类，byte [] 类型的参数是接收数据报的缓冲区，int 类型的参数是接收的字节数。
- DatagramPacket（byte [] buf，int length，InetAddress address，int port）构造一个用于发送数据报的 DatagramPackte 类，byte [] 类型参数是发送数据的缓冲区，int 类型参数是发送的字节数，InetAddress 类型参数是接收机器的 Internet 地址，最后一个参数是接收的端口号。

2. DatagramSocket 类

DatagramSocket 类是用来发送数据报的 Socket，它的常用构造方法有两种：

- DatagramSocket（）构造一个用于发送数据报的 DatagramSocket 类；
- DatagramSocket（int port）构造一个用于接收数据报的 DatagramSocket 类。

构造完 DatagramSocket 类后，就可以发送和接收数据报。

3. *发送和接收过程*

发送数据报，需要在接收端先建立一个接收的 DatagramSocket 类，在指定端口上监听，构造一个 DatagramPacket 类指定接收的缓冲区（DatagramSocket 的监听将阻塞线程）。在发送端首先需要构造 DatagramPacket 类，指定要发送的数据、数据长度、接收主机地址及端口号，然后使用 DatagramSocket 类来发送数据报。接收端接收到后，将数据保存到缓冲区，发送方的主机地址和端口号一并保存。随后将接收到的数据报返回给发送方，并附上接收缓冲区地址，缓冲长度、发送方地址和端口号等信息，等待新的数据。例如：

接收端的程序

```
byte [] inbuffer = new byte[1024];        //接收缓冲
DatagramPacket inpacket = new DatagramPacket(inbuffer, inbuffer.length);
DatagramSocket insocket = new DatagramSocket(80);
insocket.receive(inpacket);               //监听数据
//将接收的数据存入字符串 s
String s = new String(inbuffer, 0, 0, inpacket.getlength);
```

发送端的程序

```
DatagramPacket outpacket = new DatagramPacket(message,
200,"201.121.88.71",80);
DatagramSocket outsocket = new DatagramSocket();
outsocket.send(outpacket);
```

上面是一个发送和接收数据报的例子，接收端的 IP 地址是 201.121.88.71，端口号是 80，发送的数据在缓冲区 message 中，长度为 200。

在下面的例 15-3 实现了两个主机（可用本地机模拟）互相发送和接收数据报的相关操作。

【例 15-3】 程序清单：UDP_Shanghai.java、UDP_Beijing.java。

主机一

```
import java.awt.Button;
import java.awt.Frame;
import java.awt.TextArea;
import java.awt.TextField;
import java.awt.event.ActionEvent;
import java.awt.event.ActionListener;
import java.awt.event.WindowAdapter;
import java.awt.event.WindowEvent;
import java.net.DatagramPacket;
import java.net.DatagramSocket;
import java.net.InetAddress;
public class UDP_Shanghai {
    public static void main(String args[]) {
        Shanghai_Frame shanghai_win = new Shanghai_Frame();
        shanghai_win.addWindowListener(new WindowAdapter() {
            public void windowClosing(WindowEvent e) {
                System.exit(0);
            }
        });
```

```
        shanghai_win.pack();
    }
}
class Shanghai_Frame extends Frame implements Runnable, ActionListener {
    TextField out_message = new TextField("将数据发送到北京:");
    TextArea in_message = new TextArea();
    Button b = new Button("发送数据包到北京");
    Shanghai_Frame() {
        super("我是上海");
        setSize(200, 200);
        setVisible(true);
        b.addActionListener(this);
        add(out_message, "South");
        add(in_message, "Center");
        add(b, "North");
        Thread thread = new Thread(this);
        thread.start();                                  //线程负责接收数据报
    }
    //单击按钮发送数据报
    public void actionPerformed(ActionEvent event) {
        byte buffer[] = out_message.getText().trim().getBytes();
        try {
            InetAddress address = InetAddress.getByName("localhost");
            //数据报的目标端口是999(那么接收方(北京)需在这个端口接收)
            DatagramPacket data_pack = new DatagramPacket(buffer,
                    buffer.length, address, 999);
            DatagramSocket mail_data = new DatagramSocket();
            in_message.append("数据报目标主机地址:" + data_pack.getAddress() +"\n");
            in_message.append("数据报目标端口是:" + data_pack.getPort() + "\n");
            in_message.append("数据报长度:" + data_pack.getLength() + "\n");
            mail_data.send(data_pack);
        } catch (Exception e) {
        }
    }
    //接收数据报
    public void run() {
        DatagramPacket pack = null;
        DatagramSocket mail_data = null;
        byte data[] = new byte[8192];
        try {
            pack = new DatagramPacket(data, data.length);
            //使用端口555来接收数据报(因为北京发来的数据报的目标端口是555)
```

```
            mail_data = new DatagramSocket(555);
        } catch (Exception e) {
        }
        while (true) {
            if (mail_data == null)
                break;
            else
                try {
                    mail_data.receive(pack);
                    int length = pack.getLength();        //获取收到的数据的实际长度
                    //获取收到的数据报的始发地址
                    InetAddress adress = pack.getAddress();
                    int port = pack.getPort();          //获取收到的数据报的始发端口
                    String message = new String(pack.getData(), 0, length);
                    in_message.append("收到数据长度:" + length + "\n");
                    in_message.append("收到数据来自:" + adress + "端口:" + port + "\n");
                    in_message.append("收到数据是:" + message + "\n");
                } catch (Exception e) {
                }
        }
    }
}
```

主机二

```
import java.awt.Button;
import java.awt.Frame;
import java.awt.TextArea;
import java.awt.TextField;
import java.awt.event.ActionEvent;
import java.awt.event.ActionListener;
import java.awt.event.WindowAdapter;
import java.awt.event.WindowEvent;
import java.net.DatagramPacket;
import java.net.DatagramSocket;
import java.net.InetAddress;
public class UDP_Beijing {
    public static void main(String args[]) {
        Beijing_Frame beijing_win = new Beijing_Frame();
        beijing_win.addWindowListener(new WindowAdapter() {
            public void windowClosing(WindowEvent e) {
                System.exit(0);
            }
```

```
        });
        beijing_win.pack();
    }
}
class Beijing_Frame extends Frame implements Runnable, ActionListener {
    TextField out_message = new TextField("将数据发送到上海:");
    TextArea in_message = new TextArea();
    Button b = new Button("发送数包报到上海");
    Beijing_Frame() {
        super("我是北京");
        setSize(200, 200);
        setVisible(true);
        b.addActionListener(this);
        add(out_message, "South");
        add(in_message, "Center");
        add(b, "North");
        Thread thread = new Thread(this);
        thread.start();                              // 线程负责接收数据报
    }
    // 单击按钮发送数据报
    public void actionPerformed(ActionEvent event) {
        byte buffer[] = out_message.getText().trim().getBytes();
        try {
            InetAddress address = InetAddress.getByName("localhost");
            // 数据报的目标端口是 555(那么接收方(上海)需在这个端口接收)
            DatagramPacket data_pack = new DatagramPacket(buffer,
                    buffer.length, address, 555);
            DatagramSocket mail_data = new DatagramSocket();
            in_message.append("数据报目标主机地址:" + data_pack.getAddress() + "\n");
            in_message.append("数据报目标端口是:" + data_pack.getPort() + "\n");
            in_message.append("数据报长度:" + data_pack.getLength() + "\n");
            mail_data.send(data_pack);
        } catch (Exception e) {
        }
    }
    public void run() {
        DatagramSocket mail_data = null;
        byte data[] = new byte[8192];
        DatagramPacket pack = null;
        try {
            pack = new DatagramPacket(data, data.length);
            // 使用端口 999 来接收数据报(因为上海发来的数据报的目标端口是 999)
```

```
            mail_data = new DatagramSocket(999);
        } catch (Exception e) {
        }
        while (true) {
            if (mail_data == null)
                break;
            else
                try {
                    mail_data.receive(pack);
                    int length = pack.getLength();      // 获取收到的数据的实际长度
                    // 获取收到的数据报的始发地址
                    InetAddress adress = pack.getAddress();
                    int port = pack.getPort();          // 获取收到的数据报的始发端口
                    String message = new String(pack.getData(), 0, length);
                    in_message.append("收到数据长度:" + length + "\n");
                    in_message.append("收到数据来自:" + adress + "端口:" + port + "\n");
                    in_message.append("收到数据是:" + message + "\n");
                } catch (Exception e) {
                }
        }
    }
}
```

程序运行效果如图 15-2 所示。

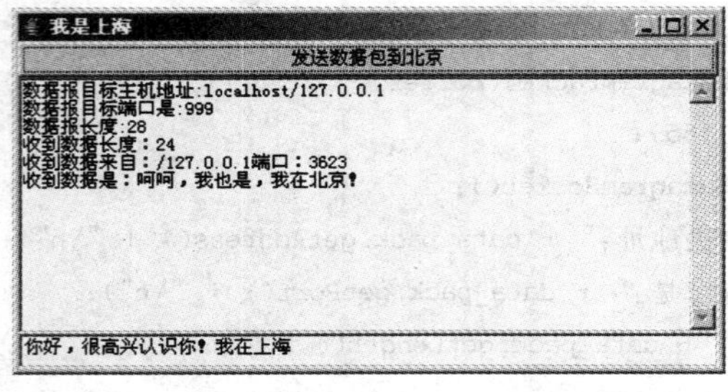

a）从上海往北京发送数据

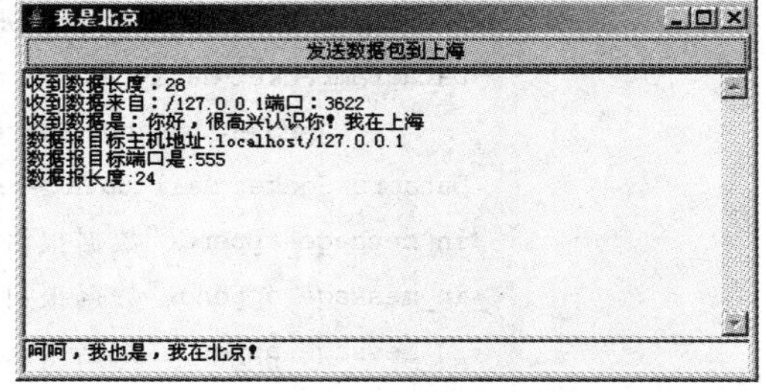

b）从北京往上海发送数据

图 15-2　两端数据接收

练　习　题

简答题

1. 什么是 TCP/IP 协议，它有什么特点？
2. 一个完整的 URL 地址由哪几部分组成？

第 16 章 Java 中的数据结构

■ **本章导读**

数据与程序的关系相当紧密。在面向对象的编程过程中，将数据封装在不同的类中，如何处理封装在类中的数据成为一个很重要的问题。在这一章中，我们只是介绍标准 Java 库关于数据处理的几个基本结构，希望学完本章后，读者能根据不同的情况有效地组织数据，以实现传统的数据结构。

■ **学习目标**

（1）了解 Collection 接口和 Iterator 接口的概念；

（2）掌握链表、散列表、树集的使用方法。

16.1 Collection 接口与 Iterator 接口

在 Java 程序设计中，所有的类都来源于 Object 类，所有有关数据结构的处理都来源于 Collection 接口与 Iterator 接口，也就是集合与遍历。

集合是用来组织数据的容器，在组织数据的过程中可能会有很多种方式，这就是我们后面讲述的针对于各个具体组织数据的类；数据放到了集合中，我们会根据需要查看数据，也就需要遍历。所谓遍历，就是根据某一特征查看所有集合中数据的一个过程。集合和遍历是数据处理中最重要的两个特征，因此在 Java 中将这两个设计为不同的接口，并作为数据处理的起始。

16.1.1 Collection 接口

Java 数据结构类的基本接口就是 Collection 接口，它的基本方法有以下几种：

1. 添加元素

```
boolean add(Object obj)
boolean addAll(Collection c)
```

add () 方法是向一个集合中添加一个元素，如果添加成功，返回 true；否则，返回 false。例如，向集合中添加一个已经存在的元素，由于集合不允许相同元素存在，所以添加动作失败，返回值是 false。添加的元素必须是对象类型，并且系统自动将元素抽象为 Object 类，这也就意味着可以向同一个集合中添加不同对象的类型（因为所有的对象都是 Object 类的子类）。例如，既可以向集合中添加一个学生对象，也可以向同一集合中添加一个整数型对象。代码如下：

```
c.add(new Student("Tom", "20021024"));
c.add(new Integer(1));                    //通过对象包装器将整数 1 转变为对象类型
```

因为对象添加到集合后将会转变成 Object 类的实例，所以我们再从集合中取出相应的元素，必须进行类型转换。这一点尤其重要，初学者往往会忽略到这一细节。添加到集合时系统自动完成类型的转换，但取出对象时必须手动将对象转换成本来的类型。

addAll（）方法是将一个指定的集合添加到集合中，这种添加是将原来集合中的元素添加到当前集合，并不是将一个集合添加到另一个集合中。

2. 测试是否包含元素

这类方法的共同特征就是测试集合中是否包含指定的对象，如果包含则返回 true，否则返回 false。这类方法也被称为判断方法，主要目的是在向一个集合中添加对象之前，检测是否包含特定的元素，以便进行有效地程序控制，捕捉相应的异常。判断方法有两种构造形式，具体代码如下：

```
boolean contains(Object o)
boolean containsAll(Collection c)
```

这两个方法的区别在于，contains（）用于测试是否包含一个元素，而 containsAll（）则用于测试是否包含一个集合的元素。我们就以 containsAll（）方法为例，说明该类方法的使用。

containsAll（）方法测试的是现有集合是否包含指定集合的所有元素。由于接口本身不能例化，所以在此我们只是给出代码的一个框架，接口中的方法会在实现接口的类中具体实现。

```
Collection c = new …;                      //生成实现了接口的类的实例
try
{
    if(c.containsAll(another collection));
    {
        c.retainAll(another collection);
    }
}
catch(ClassCastException e)
{
    ⋮
}
catch(NullPointerException ex)
```

```
{
  ⋮
}
```

在此我们使用了 retainAll () 方法。这个方法的功能是在现在的集合中只保留指定集合的对象，也就是说不属于指定集合的对象将从现有集合中删除。

3. 其他比较常用的方法

- 判断集合是否为空：boolean isEmpty ()；
- 得到集合中元素的个数：int size ()；
- 清空集合中所有元素：void clear ()；
- 遍历集合中的所有对象：Iterator iterator ()；

最后一个方法非常重要，它的本质就是我们以前所说的工厂方法，返回的是一个 Iterator 实例。下面我们就再分析一下这个接口。

16.1.2 Iterartor 接口

Collection 接口是用于容纳元素的容器，而 Iterator 接口则是用于遍历集合中每一个元素的数据结构。

Iterator 接口的方法比较简单，也比较少，只有 3 个，但这 3 个方法都是非常重要的：

```
boolean hasNext();
Object next();
void remove();
```

根据方法的名字，我们也可以猜测出这 3 个方法的含义与使用。但为了能使读者有个更加详细地认识，我们做一下简单地解释。

(1) boolean hasNext ()；

当调用 Collection 接口中的 iterator () 方法时，会得到 Iterator 接口的实例，这时集合将返回集合所有的元素。可以用 hasNext () 方法来判断一下，我们是否已经到了集合的末尾，如果到了集合的末尾，就会返回 false。

要正确的理解 hasNext () 方法，我们仍然需要采用 C 语言中的指针来说明这个问题。当通过 iterator () 方法得到 Iterator 接口的实例时，系统指针会指向集合中第一个元素的前面。每当执行一次 next () 方法，指针就会向下移动一个元素的位置，也就是指向第一个与第二个元素的中间。依此类推，当指针指向了集合的尾部时，再调用 hasNext () 方法就会返回 false 值，我们的遍历过程也就结束了。

(2) Object next ()；

这个函数理解起来是有点难度的，它返回当前指针跳过的那个元素。

在 Java 数据结构中，虽然我们可以利用指针来理解这几个方法，但这里所说的指针与 C 语言中的指针还是有很大的区别的。在 C 语言中，指针是指向元素的，通过指针可以操纵元素；但在 Java 中，指针是指向两个元素之间的，每执行一次 next () 方法，指针就会跳过一个元素，指向跳过元素与下一个元素之间的位置并返回跳过元素的地址。所以在Java中，如果想操纵某一个元素，唯一的方法就是调用next（）方法，跳过这个元素，从而实现对其进行操纵。

通常情况下，这两个方法会结合在一起使用。代码结构如下：

```
while(c.hasNext())
{
    Student student = (Student)c.next();
    ⋮;                                        //do other things
}
```

（3）void remove（）；

对于remove（）方法，就是从集合中删除一个元素。在每一次调用next（）方法后，得到的是跳过的元素，也就是说我们只有能力操纵这个刚刚跳过的元素，所以删除的元素是刚刚跳过的元素。换句话说，如果用户想删除某一个元素，一定要调用next（）方法跳过这个元素，然后再调用remove（）方法删除这个元素。

对于这3个方法的详细使用，在下面具体的类中会多次讲解与示范。

16.2 链　表

在前面几章的例子中，我们经常会用到数组来组织数据，但数组这样的数据结构有一个很大的缺陷，即删除数组中的某个元素时系统开销非常大。数组中的元素都是按序排列的，当删除其中的一个元素时，后面的元素都要依次向前移动一个位置。在这种情况下，如果数组中的元素比较多，系统要做的工作就非常大。那有没有一种数据结构能很好的解决这个问题呢？现在我们就来学习一种新的数据结构——链表(LinkedList)。链表可以很好地解决以上的这个问题。

在Java中，链表中的元素是存储在链中的节点上。每个链表中的元素不仅保存着下一个元素的地址，同时也保存着上一个元素的地址。如果删除其中的一个元素，只要修改元素前后结点的指针就可以了，而不需要再对其他的元素进行移动。链表中元素存储如图16－1所示。

通过图16－1我们可以看出，在每个元素的next指针会指向下一个元素，而下一个元素的previous指针会指向上一个元素。如此循环下去，所有的元素就像是串在一条数据链中。

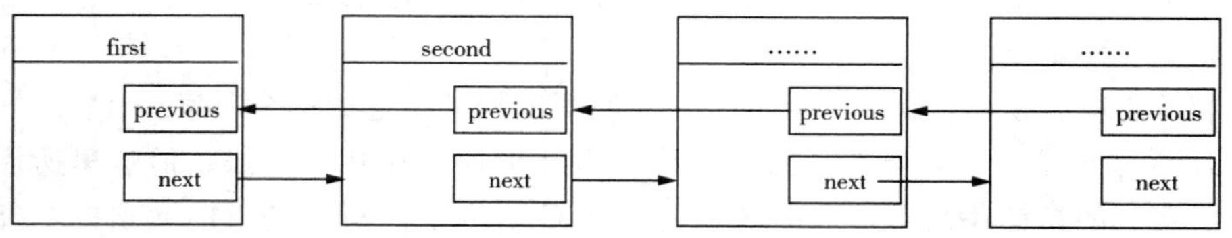

图16－1　链表中元素的关系

LinkedList 类实现了 Collection 接口，它是一种有顺序的数据结构。当调用 add () 方法时，会按照顺序将新元素添加到链表的末尾。用 Collection 接口的方法可实现链表中的某些操作。例如，向链表中追加 3 个元素，然后删除第三个元素，再将链表中的元素打印出来。

【例 16-1】 程序清单：AddAndRemove. java。

```
/*
    通过这个程序,测试元素的添加与删除
 */
import java.util.LinkedList;
import java.util.Iterator;
public class AddAndRemove
{
    public static void main(String args[])
    {
        AddAndRemove test = new AddAndRemove();
        test.addAndRemove();
    }
    public void addAndRemove()
    {
        LinkedList list = new LinkedList();
        list.add("Tom");
        list.add("John");
        list.add("Smith");
        Iterator iterator = list.iterator();
        System.out.println("the elements in the collection are:");

        while(iterator.hasNext())
        {
         System.out.println(iterator.next());
        }

        iterator.remove();
        System.out.println("after deleter one element,
                        the elements in the collection are:");

        for(int i = 0; i < list.size(); i++)
        {
            System.out.println(iterator.next());
        }
    }
}
```

输出结果：

```
the elements in the collection are:
Tom
John
Smith
after deleter one element,the elements in the collection are:
Exception in thread "main" java.util.NoSuchElementException
```

程序运行出现错误。我们再仔细分析一下程序，当添加完元素之后，通过工厂方法得到了 Iterator 接口的实例，然后通过调用 next () 方法输出每一个元素。在调用最后一个元素时，数据结构指针已经指向了链表的末尾。此时我们仍然想通过刚才的实例得到现在元素的输出，但只有指针在该实例的头部时才可以通过 next () 方法逐个遍历元素，而实际情况是指针已经到了链表的末尾。此时再调用 next () 方法就会抛出 NoSuchElementException 异常。所以问题的关键就是我们如何将指针重新置回到链表的开始。

下面的程序说明了 next () 方法与指针的关系。

【例 16-2】 程序清单：AddAndRemove2.java。

```
/*
    通过这个程序,测试元素的添加与删除
*/
import java.util.LinkedList;
import java.util.Iterator;
public class AddAndRemove2
{
    public static void main(String args[])
    {
        AddAndRemove2 test = new AddAndRemove2();
        test.addAndRemove();
    }
    public void addAndRemove()
    {
        LinkedList list = new LinkedList();
        list.add("Tom");
        list.add("John");
        list.add("Smith");
        Iterator iterator = list.iterator();
        System.out.println("the elements in the collection are:");

        while(iterator.hasNext())
        {
            System.out.println(iterator.next());
```

```
            }

            iterator.remove();
            System.out.println("after deleter one element,
                        the elements in the collection are:");

            Iterator iter = list.iterator();
            for(int i = 0; i < list.size(); i++)
            {
                System.out.println(iter.next());
            }
        }
    }
```

输出结果：

```
the elements in the collection are:
Tom
John
Smith
after deleter one element,the elements in the collection are:
Tom
John
```

以上代码通过我们熟悉的一个方式来遍历了链表，但链表作为一种顺序数据结构(ordered collection)，对象的位置在数据结构中起着很重要的作用。LinkedList 类中的 add () 方法每次都把对象插入到链表的尾部，但有时我们需要把对象插入到指定的位置，这时可以通过 next () 等方法实现指针的跳转。

指针在链表中很重要，它记录着数据对象在链表中的位置。我们可以用指针来实现这种可以插入指定位置的 add () 方法，Iterator 接口没有提供类似的 add () 方法，但是 Java 数据结构库中提供了一个 Iterator 子接口——ListIterator，由它定义了一个 add () 方法。这个方法与 Collection 接口中的 add () 方法是不同的，不返回布尔值，它总是假定 add () 操作是成功的。

在 ListIteraotr 接口中，还定义了另外两个方法：

```
Object previous()
boolean hasPrevious()
```

在 Iterator 接口中定义的 next () 和 hasNext () 两个方法，实现了指针向后跳转的操作。而 ListIterator 接口又完善了指针操作的方法，使指针可以实现向前跳转的操作。以上两个方法就实现了这种操作。

在 LinkedList 类中的 listIterator () 方法返回了一个实现了 ListIterator 接口的对象，然后通过调用 add () 方法可以实现将新元素插入到指针指定位置前面的操作。例如：

```
ListIterator iter = list.listIterator();
iter.next();        //将指针向后跳转一个元素,此时指针指向第一个元素与第二个元素之间
iter.add("Jason");
```

操作的最后结果就是在第一个元素与第二个元素中间插入了新元素 Jason。

链表不支持效率较高的随机访问，如果要访问链表中第 n 个元素时，必须从链表头开始跳过前 n－1 个元素。因此，LinkedList 类提供了一个 get（）方法，用于访问某个特定的元素：

```
Object obj = list.get(n);
```

下面的例子构造了一个含有 4 个节点的链表，并输出节点中的数据。

【例 16－3】 程序清单：LinkedList _ Test.java。

```
import java.util.LinkedList;
public class LinkedList_Test {
    public static void main(String args[]){
        LinkedList mylist = new LinkedList();
        mylist.add("I");                    // 链表中的第 1 个节点
        mylist.add("am");                   // 链表中的第 2 个节点
        mylist.add("a");                    // 链表中的第 3 个节点
        mylist.add("student");              // 链表中的第 4 个节点
        int number = mylist.size();         // 获取链表的长度
        for(int i = 1; i <= number; i++){
        String temp = (String)mylist.get(i);
        System.out.println("第" + i + "节点中的数据是：" + temp);
        }
    }
}
```

输出结果：

```
第 1 节点中的数据是:I
第 2 节点中的数据是:am
第 3 节点中的数据是:a
第 4 节点中的数据是:student
```

16.3 散列表

散列表（hash table）是一种可以快速实现查找特定元素的数据结构。散列表是通过键值的形式存储元素的，影响散列表性能的两个因素是初始容量与装填因子。如果用户知道散列表最终会插入多少元素，可以把初始容量设为待插入元素的 1.5 倍。例如，要在散列表中储存 100 个表项，散列表的初始容量最好设为 150。

在很多情况下，用户并不知道需要储存多少个元素。如果初始容量设置得过低，

而一个散列表中的元素过多时，就需要再散列它。再散列一个表时，需要创建一个表容量更大的散列表，然后把原表中的所有元素插入到新表中，并放弃原来的表。在Java 编程语言中，由装填因子（load factor）来决定什么时候再散列一个表。例如，一个散列表的装填因子是 0.75（这是默认值），当散列表中的装填元素已经超过了 75%时，那么这个散列表就会被再散列，新表的初始容量是原表的两倍。对于大多数应用程序来说，装填因子设为 0.75 是最合适的。

接下来，我们具体探讨一下散列表的应用。

16.3.1 构造器

散列表一共提供了四种构造器，下面我们逐一作介绍。

● Hashtable ()

构建一个空的散列表，初始化容量为 11，装填因子为 0.75。

● Hashtable (int initialCapacity)

构建一个指定容量的散列表。按照前面的讲述，初始容量最好是一个质数。它的装填因子也是 0.75。

● Hashtable (int initialCapacity, float loadFactor)

根据指定的初始化容量与装填因子，构建一个散列表。

● Hashtable (Map t)

根据映像所包含的元素，构建一个散列表。新构建的散列表会自动创建足够大的容量，以包含映像中所有的元素，它的装填因子也是自动为 0.75。

通过学习散列表的构造器可以看出，影响散列表的两个因素是初始容量与装填因子的大小。通常情况下，我们并不需要去指定装填因子的大小，而是采用系统默认的值 0.75，这是经过很多程序验证的一个比较合理的值。

16.3.2 主要方法

对于一个数据结构，最重要的方法就是向数据结构中添加元素及从数据结构中查找到相应的元素。

在散列表中，用于完成这些操作的方法是 put () 与 get ()。

put () 方法是向一个散列表中添加元素。在散列表中，由于是根据所添加元素的键值来定位元素的，所以当我们向一个散列表中添加一个元素时，应该确定一个键值。这个键值是唯一的，当然它代表的实际对象可以是重复的。所以 put () 方法是这样实现的：

```
Object put(Object key, Object value)
```

读者应该注意到，put () 方法的两个参数全部是对象类型的，我们可以按照如下代码实现：

```
Hashtable table = new Hashtable();
table.put("one", new Integer(1));
```

```
table.put("two", new Integer(2));
```

但绝对不可以按照如下代码实现：

```
Hashtable table = new Hashtable();
table.put(1, new Integer(1));
table.put(2, new Integer(2));
```

因为对于 1 或 2 来讲，它是基本类型，不是对象类型。

既然我们是通过键值来储存元素的，所以如果想取得某一个元素，则可以直接通过键值来取得。例如：

```
Integer one = (Integer)table.get("one");
```

> **注意：**
> 通过 get () 方法得到是一个 Object 类型，所以我们必须强制转型，使对象还原到它原来的类型。

需要说明的是，正是由于我们通过键值的形式保存数据，所以不必去关心元素到底是以什么顺序储存的。只要能得到键，我们就可以根据键找到相应的元素，所以说散列表是一种无序的结构。这种无序的结构从查找特定元素的执行效率上来讲，比前面介绍的链表高效得多。

下面例子是使用 Hashtable () 方法创建一个散列表存放 Student 对象，用该对象的学号作为关键字。

【例 16-4】 程序清单：Hashtable_Test.java。

```
import java.util.Enumeration;
import java.util.Hashtable;
class Student {
    int english = 0;
    String name, number;
    Student(String num, String name1, int grade){
        english = grade;
        name = name1;
        number = num;
    }
}
public class Hashtable_Test {
    public static void main(String args[]){
        Hashtable hashtable = new Hashtable();
        hashtable.put("200601", new Student("200601", "张三", 99));
        hashtable.put("200602", new Student("200602", "王二", 80));
        hashtable.put("200603", new Student("200603", "李小小", 73));
```

```
        hashtable.put("200604", new Student("200604", "李四", 48));
        hashtable.put("200605", new Student("200605", "王晓刚", 69));
        hashtable.put("200606", new Student("200606", "董小青", 90));
        hashtable.put("200607", new Student("200607", "潘大全", 45));
        hashtable.put("200608", new Student("200608", "孙勇", 86));
        Student student = (Student)hashtable.get("200602");     // 检索一个元素
        System.out.println(student.number + "  " + student.name + "  "
         + student.english);
        hashtable.remove("200606");                             // 删除一个元素
        System.out.println("散列表中现在含有:" + hashtable.size() + "个元素");
        Enumeration enum = hashtable.elements();
        while(enum.hasMoreElements())                           // 遍历当前散列表
        {
            Student s = (Student)enum.nextElement();
            System.out.println(s.number + "  " + s.name + "  " + s.english);
        }
    }
}
```

输出结果：

```
200602  王二  80
散列表中现在含有:7 个元素
200602  王二  80
200601  张三  99
200608  孙勇  86
200607  潘大全  45
200605  王晓刚  69
200604  李四  48
200603  李小小  73
```

16.4 树 集

树集（TreeSet）类似于散列表，但它的对象是一种有序的数据结构。用户可以以任何次序在这种数据结构中添加元素，但遍历它时元素出现的次序是有序的。这种有序的排列是系统自动完成的。

下面我们通过一个小程序，对树集插入的无序性与遍历的有序性简单地了解一下。

【例 16－5】 程序清单：TreeSetTest.java。

```
/*
    通过这个程序,测试树集添加元素的无序性与遍历的有序性
*/
import java.util.TreeSet;
```

```
import java.util.Iterator;
public class TreeSetTest
{
    public static void main(String args[])
    {
        TreeSet tree = new TreeSet();
        tree.add("China");
        tree.add("America");
        tree.add("Japan");
        tree.add("Chinese");
                Iterator iter = tree.iterator();
        while(iter.hasNext())
        {
            System.out.println(iter.next());
        }
    }
}
```

输出结果：

```
America
China
Chinese
Japan
```

通过程序运行结果读者可以看出，程序的输出并不是按照我们添加元素的顺序，而是按照排序后的情况进行的。

这种排序是通过一种树形结构实现的。每当向树集中添加一个元素时，排序方法就把它放到合适的插入位置。因此遍历这类树集中的元素时，它们出现的序列是有序的。

在例 16 - 5 的程序中，我们向树集中添加的是字符串对象，它们已经实现了 Comparable 接口。字符串的 compareTo () 方法是按照字典顺序访问比较字符串的，所以当我们向树集插入字符串时，树集会按照字典顺序比较字符串并把它们放到相应的位置上。

如果想在树集中插入自己设计的对象，那就需要实现 Comparable 接口，定义自己的排序方法，Object 类没有定义 compareTo () 方法的默认实现。如果将我们设计的学生类根据姓名进行排序，程序如下：

```
class Student implements Comparable
{
    ⋮
    public int compareTo(Object other)
    {
```

```
            Student student = (Student)other;
            return strName.compareTo(student.strName());
        }
        ⋮
    }
```

通过实现 Comparable 接口的 compareTo () 方法，可以实现对象的比较操作。但用这个接口实现对象的排序有一个明显的局限性，那就是只能实现一次接口。如果在一个数据结构中，我们想按照学生姓名排序，但在另外一个数据结构中，需要按照学号进行排序，那该怎么办呢？遇到这种情况，我们可以将一个比较器传送给树集，所以在树集中有这样一个构造器：

```
TreeSet(Comparator c)
```

通过指定一个比较器的方法来构造一个树集，那该树集就会按照指定比较器中的排序方法来实现对象的比较。

比较器（Comparator）接口中，定义了一个有两个参数的 compare () 方法：

```
int compare(Object a, Object b)
```

这与 compareTo () 方法是一样的。当 a＞b 时，返回一个正数；当 a＝b 时，返回 0；当 a＜b 时，返回一个负数。

一般情况下，我们会使用 Comparator 接口中的 compare () 方法，实现自己定义的比较方法。例如：

```
class StudentComparator implements Comparator
{
    public compare(Object a, Object b)
    {
        Student aStudent = (Student)a;
        Student bStudent = (Student)b;
        String aNumber = aStudent.getStudentNumber();
        String bNumber = bStudent.getStudentNumber();
                return aNumber.compareTo(bNumber);
            //字符串类已经实现了 Comparable 接口
    }
}
```

将这个比较器类的实例传送给树集：

```
StudentComparator  comp = new StudentComparator();
TreeSet set = new TreeSet(comp);
```

这样我们就构建了一个按照自定义比较器实现的一个树集。当向树集中添加元素时，元素会按照比较器规定的排序方法进行排序。

下面例子中，树集按着英语成绩从低到高存放 4 个 Student 对象。

【例 16-6】 程序清单：TreeSet_Test.java。

```
import java.util.Comparator;
import java.util.Iterator;
import java.util.TreeSet;
class TreeSet_Test {
    public static void main(String args[]) {
        TreeSet mytree = new TreeSet(new Comparator() {
            public int compare(Object a, Object b) {
                Students stu1 = (Students) a;
                Students stu2 = (Students) b;
                return stu1.compareTo(stu2);
            }
        });
        Students st1, st2, st3, st4;
        st1 = new Students(90, "赵一");
        st2 = new Students(66, "王二");
        st3 = new Students(86, "李三");
        st4 = new Students(76, "李四");
        mytree.add(st1);
        mytree.add(st2);
        mytree.add(st3);
        mytree.add(st4);
        Iterator te = mytree.iterator();
        while (te.hasNext()) {
            Students stu = (Students) te.next();
            System.out.println("" + stu.name + " " + stu.english);
        }
    }
}
class Students implements Comparable {
    int english = 0;
    String name;
    Students(int e, String n) {
        english = e;
        name = n;
    }
    public int compareTo(Object b) {
        Students st = (Students) b;
        return (this.english - st.english);
    }
}
```

输出结果：

```
王二  66
李四  76
李三  86
赵一  90
```

16.5 Vector类

Vector类类似于ArrayList类，它也是实现了动态数组的追加。但Vector类与数组列表有一个很大的不同，即Vector类是线性同步的，也就是说它支持多线程的访问。我们可以通过指定Vector类的初始化容量与增量来构建一个Vector类的实例：

```
Vector vec = new Vector(100, 10);
```

这样就构建了一个初始化容量为100，每次增量为10的Vector实例。也就是说，如果当前对象中有100个元素，那么再添加一个元素的时候，该对象会再添加10个元素的容量，而此时对象中元素的个数仍然是101。所以读者应该明白，容量是指该对象具有容纳多少个元素的能力，而习惯上称实际容纳的元素个数为大小，它是通过size()方法得到的。

在得到了一个Vector实例后，我们可以向该对象中添加元素。添加元素的方法列举如下：

```
void addElement(Object obj)
boolean add(Object obj)
```

自从JDK 1.2发布以后，上面代码的第一个方法已经被第二个方法完全取代。两个方法实现的功能是相同的，但采用add()方法可以返回一个boolean值，以确定添加的元素是否成功；而addElement()方法总是假设添加元素的操作是成功的。

另外，我们还可以在指定的位置插入指定的元素。

```
void add(int index, Object obj)
```

在例16-7和例16-8中使用了前面讲过的Student类，具体请参见第7章的例7-1。直接将例7-1中Student类的代码拷贝到本例代码的最后，或将例7-1编译得到的student.class拷贝到VectorTest1.java所在的目录，才能通过编译运行。

【例16-7】 程序清单：VectorTest1.java。

```
/*
    通过这个程序，测试Vector类的添加元素及插入元素
*/
import java.util.Vector;
public class VectorTest1
{
```

```
    public static void main(String args[])
    {
        Vector vec = new Vector();
        Student tom = new Student("Tom","20020410");
        Student jack = new Student("Jack","20020411");
        Student smith = new Student("Smith","20020412");
        vec.add(tom);
        vec.add(0, jack);        //插入一个新的元素
        vec.add(0, smith);            //又插入一个新的元素
        for(int i = 0; i < vec.size(); i++)
        {
            System.out.println(vec.get(i));
        }
    }
}
```

输出结果：

```
学生姓名 = Smith，学号 = 20020412
学生姓名 = Jack，学号 = 20020411
学生姓名 = Tom，学号 = 20020410
```

可以看出，在当前位置插入一个元素时，当前的元素会自动向后移动一个位置，空出当前位置以便新元素插入，并且 Vector 实例的大小增加 1。

在 Vector 类中还有一个比较有用的方法：

```
boolean retainAll(Collection c)
```

现在我们编写一个程序测试一下这个方法的功能。

【例 16-8】 程序清单：VectorTest2.java。

```
/*
    通过这个程序,测试 Vector 的 ratainAll()方法
*/
import java.util.Vector;
public class VectorTest2
{
    public static void main(String args[])
    {
        VectorTest2 test = new VectorTest2();
        Vector vec1 = new Vector();
        Vector vec2 = new Vector();
        Student tom = new Student("Tom","20020410");
        Student jack = new Student("Jack","20020411");
        Student smith = new Student("Smith","20020412");
```

```
        Student rose = new Student("Rose","20020413");
        vec1.add(tom);
        vec1.add(jack);
        vec1.add(smith);
        vec1.add(rose);
        System.out.println("第一个 Vector 中的元素分别是:");
        test.display(vec1);
        vec2.add(rose);
        vec2.add(tom);
        System.out.println("第二个 Vector 中的元素分别是:");
        test.display(vec2);
        System.out.println("调用 retainAll()方法后,
                            第一个 Vector 中的元素分别是:");
        vec1.retainAll(vec2);
        test.display(vec1);
    }
    public void display(Vector vec)
    {
        for(int i = 0; i < vec.size(); i++)
        {
            System.out.println(vec.get(i));
        }
    }
}
```

输出结果

```
第一个 Vector 中的元素分别是:
学生姓名 = Tom，学号 = 20020410
学生姓名 = Jack，学号 = 20020411
学生姓名 = Smith，学号 = 20020412
学生姓名 = Rose，学号 = 20020413
第二个 Vector 中的元素分别是:
学生姓名 = Rose，学号 = 20020413
学生姓名 = Tom，学号 = 20020410
调用 retainAll()方法后,第一个 Vector 中的元素分别是:
学生姓名 = Tom，学号 = 20020410
学生姓名 = Rose，学号 = 20020413
```

由于调用了 retainAll () 方法，在第一个 Vector 中只保留了与第二个 Vector 相同的元素，形成了一个对象的拷贝。

练 习 题

编程题

1. 编写一个程序。用散列表实现学生成绩单的存储与查询，将若干个查询结果存放到一个树集中。通过树集实现对查询结果的自动排序，并将排序结果用表格显示出来。

参考文献

[1] Bruce Eckel. 陈昊鹏，译 . Java 编程思想 . 第 4 版 . 北京：机械工业出版社，2007.

[2] 孙鑫 . Java Web 开发详解——XML＋XSLT＋Servlet＋JSP 深入剖析与实例应用 . 北京：电子工业出版社，2006.

[3] 梁栋 . Java 加密与解密的艺术 . 北京：机械工业出版社，2010.

[4] 刘新 . Java 开发技术大全 . 北京：清华大学出版社，2009.

[5] Rogers Cadenhead. 袁国衷，译 . 21 天学通 Java 2. 北京：人民邮电出版社，2004.

[6] 黄斐 . Java 面向对象程序设计 . 北京：机械工业出版社，2007.

[7] 汪远征 . Java 语言程序设计教程 . 北京：机械工业出版社，2009.

[8] 焦玲，胡晓辉 . Java 语言程序设计 . 北京：机械工业出版社，2009.

[9] 范玫，马俊 . Java 语言面向对象程序设计实验指导与习题问答 . 北京：机械工业出版社，2009.

[10] 刘聪 . 零基础学 Java Web 开发 . 北京：机械工业出版社，2009.

[11] 邵丽萍 . Java 语言程序设计 . 第 3 版 . 北京：清华大学出版社，2010.

[12] 陈锐 . Java 程序设计 . 北京：机械工业出版社，2011.

[13] 李钟蔚，周小彤，陈丹丹 . Java 从入门到精通 . 第 2 版 . 北京：清华大学出版社，2010.

[14] 李尊朝，苏军 . Java 语言程序设计 . 北京：中国铁道出版社，2004.

[15] 辛运帏，饶一梅，马素霞 . Java 程序设计 . 北京：清华大学出版社，2006.

[16] Y. Daniel Liang. 梁勇，李娜，译 . Java 语言程序设计（基础篇）. 北京：机械工业出版社，2011.

[17] 雍俊海 . Java 程序设计教程 . 北京：清华大学出版社，2007.

[18] 耿祥义，张跃平 . Java 程序设计实用教程 . 北京：人民邮电出版社，2010.

[19] 郎波 . Java 语言程序设计 . 第 2 版 . 北京：清华大学出版社，2010.